“十三五”国家水体污染控制与治理科技重大专项“天津滨海工业带水生态修复技术集成体系及模式研究”（2017ZX07107-001-004）项目成果

滨海工业带区域水环境生态修复集成技术模式研究及案例分析

周　滨　段云霞　编著

图书在版编目(CIP)数据

滨海工业带区域水环境生态修复集成技术模式研究及案例分析 / 周滨, 段云霞编著. -- 天津 : 天津大学出版社, 2022.9

十三五国家水体污染控制与治理科技重大专项“天津滨海工业带水生态修复技术集成体系及模式研究”（2017ZX07107-001-004）项目成果

ISBN 978-7-5618-7312-0

Ⅰ. ①滨… Ⅱ. ①周… ②段… Ⅲ. ①水环境—生态恢复—研究—滨海新区 Ⅳ. ①X171.4

中国版本图书馆CIP数据核字(2022)第168659号

出版发行 天津大学出版社
地　　址 天津市卫津路92号天津大学内（邮编:300072）
电　　话 发行部:022-27403647
网　　址 www.tjupress.com.cn
印　　刷 北京盛通商印快线网络科技有限公司
经　　销 全国各地新华书店
开　　本 787mm×1092mm　1/16
印　　张 13.25
字　　数 322千
版　　次 2022年9月第1版
印　　次 2022年9月第1次
定　　价 39.00元

主编

周　滨　段云霞

编委

前　言

天津处于海河流域最下游，素有“九河下梢”之称，是海河流域各河流入海的主要通道，京津冀区域永定河—潮白河—永定新河、北运河—南运河—海河、大清河—独流减河三条河流生态廊道全部经由天津入海。从河流的汇入关系来看，天津与三条河流生态廊道既有紧密联系，又有其独立性。天津市以3.5%的流域面积承接着京津全部、河北大部等8省区市、1.2亿人、8万亿GDP产生的废水，约占海河流域下泄污水的70%，是流域水污染物入海前的最后屏障，且成为京津冀区域入海河流的最后屏障。

天津市作为海河流域下游城市，人均水资源量不到全国的1/10，属于严重资源型缺水城市。海河流域入境水“量少质差”，且在区域上分布不均，优质水资源缺口巨大，水资源短缺问题长期难以得到根治。天津滨海工业带虽然拥有众多水库洼淀等湿地，但由于常年缺水，湿地缺乏新鲜置换水量，基本无水可蓄；水生态环境构建困难，部分河流处于断流状态，水环境容量已近枯竭，水生态环境脆弱，河流生态用水严重不足，再生水回用“量少率低”，无法满足水环境改善的要求，生态环境水体自净能力难以发挥，水体的流动性往往较差，导致河道底泥淤积严重，水体复氧能力衰退，局部水域或水层亏氧，形成适宜蓝绿藻快速繁殖的水动力条件，增加了水华爆发风险。水体中的微生物和藻类残体分解有机物及NH_3-N速度相应加快，导致水体富营养化。水资源短缺、水生态环境保护压力巨大是天津滨海工业带在京津冀及环渤海区域经济发展中实现战略服务功能需要解决的关键问题。

城市水体治理工作是一项系统的工作，水体治理不仅涉及污水治理技术、污水再生利用技术、水体生态系统恢复技术、景观园林构建技术、水资源平衡及利用技术等，还涉及人文、地理、景观、城市发展及居民生活质量等，因此水体治理体系建立必须全方位地考虑、全方位地设计和全方位地治理。对于城市中不同种类的湖库、河道和园区水体，在具体的生态治理技术与方法上，需要因地制宜地采用不同组合的生态修复技术。即使对于同一条河道，在生态修复工程的不同阶段，由于其水生态环境状况的变化，修复工作所面对的环境条件也会发生极大的变化。

本书第1章和第2章系统介绍了我国和滨海工业带的水环境污染现状、水体污染成因及水体治理修复面临的主要问题；通过第3章水生态修复适用技术筛选与评价，筛选出应用较多、效果较好、实用性强的水体治理及生态修复技术；通过水生态修复和生境恢复技术评估体系，构建了第4章基于生态多样性及水质保持的北方浅水型湖库生态修复集成技术的湖库水体生态修复模式，基于水质稳定改善的大水量、富营养化水体生态修复集成技术模式，基于水量小、停滞时间较长水体的生态修复集成技术模式，基于微小流量、农村沟渠、断流水体的生态修复集成技术模式、工业园区水生态修复技术模式以及产业复合园区水生态修复技术模式等多种；第5~7章通过天津地区不同类型水体治理及水生态修复技术的案例展示了几种不同类型河道-湖库园区水生态治理及修复技术模式的应用，为滨海工业带以及其他地区类似河道－湖库生态治理及水生态修复技术的推广应用提供了实践指南。本书中每项技术均从技术机理、技术优缺点、适用范围、效率、成本和工程案例等方面进行阐述，力求简明扼要、图文并茂、深入浅出，具有较强的实用性和指导性，以期为相关管理者、科研工作者、工程技术人员、高校师生提供参考。

本书是在“十三五”国家水体污染控制与治理科技重大专项“天津滨海工业带水生态修复技术集成体系及模式研究”（2017ZX07107-001-004）项目的支持下完成的，由天津市生态环境科学研究院周滨博士、段云霞博士编著。

本书参考了大量的政策、标准、规范、论文、专著等相关资料，在此对这些文献的作者一并表示感谢！

本书涉及面广，由于编者水平有限，虽经多次修改与完善，不足之处仍在所难免，敬请读者批评指正。

编者

2022 年 7 月 7 日

目　录

第 1 章　绪论

1.1　水环境污染现状

我国是一个水资源缺乏的国家，人均水资源占有量仅为世界平均水平的 1/4，全国大约一半的城市都存在缺水问题。其次，我国水资源时空分布不均匀，年内和年际分布极不均匀，年际最大和最小径流的比值，长江以南中等河流在 5 以下，北方地区多在 10 以上，径流量的年际变化存在明显的连续丰水年和连续枯水年，年内分布则是夏秋季水多、冬春季水少。我国水资源南多北少、东多西少，水资源地区分配的不均匀，造成了水资源与我国的人口、耕地资源分布不匹配，进一步加剧了我国水资源的供需矛盾。此外，我国的水资源利用率低下，浪费现象严重，农业水灌溉利用系数仅为 0.3~0.4，而发达国家则可达到 0.6~0.8。

与此同时，伴随着我国社会经济的快速发展，工业企业数量迅猛增加，工业用水量、排水量逐年增大，排放的废水和污染物也逐年增多。随着社会生活水平的提高，人们的生活用水、排水量越来越大，生活污水对环境污染的分担率逐年增大，而水环境的污染则未得到有效的控制，我国一些城市周围的湖泊，大多处于富营养化状态，许多湖泊已经丧失供水、旅游、水产等功能，这也极大地影响到人们的生存环境。

据《2020 中国生态环境状况公报》介绍，2020 年，长江、黄河、珠江、松花江、淮河、海河、辽河七大流域以及浙闽片河流、西北诸河、西南诸河监测的 1 614 个水质断面中，Ⅰ~Ⅲ类水质断面占 87.4%，比 2019 年上升 8.3%；劣Ⅴ类占 0.2%，比 2019 年下降 2.8%（图 1-1）。其中，西北诸河、浙闽片河流、长江流域、西南诸河和珠江流域水质为优，黄河流域、松花江流域和淮河流域水质良好，辽河流域和海河流域为轻度污染（图 1-2）。

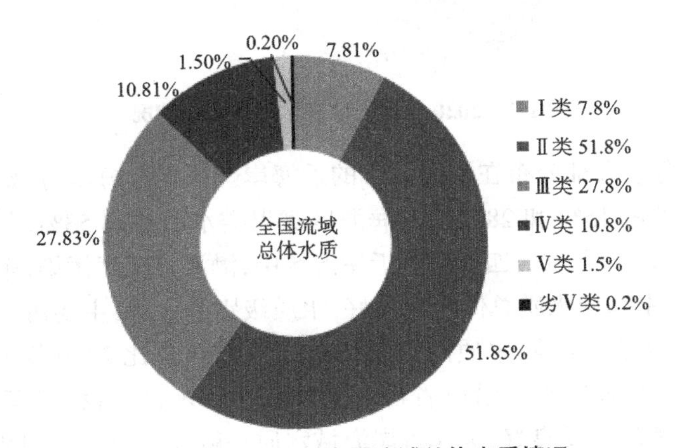

图 1-1　2020 年全国流域总体水质情况

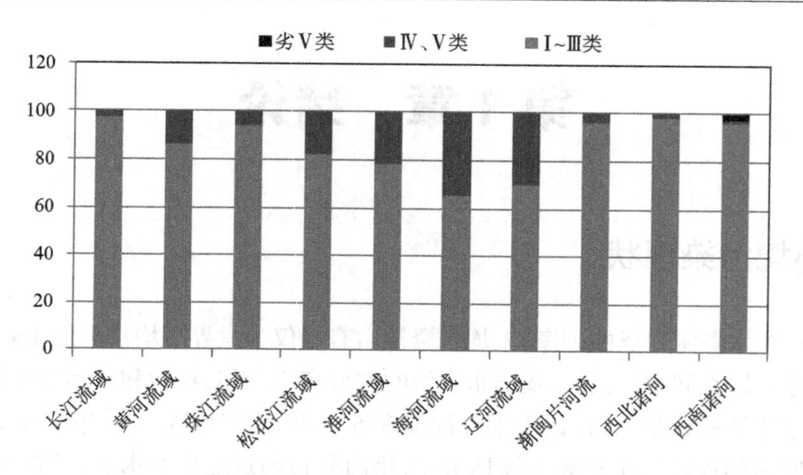

图 1-2　2020 年七大流域和浙闽片河流、西北诸河、西南诸河水质状况

由于过度开采，造成地下水水位大幅下降，从而引发了地面塌陷，且使得我国的地下水水质不断恶化。据《2020 中国生态环境状况公报》介绍，2020 年，全国地表水监测的 1 937 个水质断面（点位）中，Ⅰ~Ⅲ类水质断面（点位）占 83.5%，比 2019 年上升 8.5%；劣Ⅴ类占 0.6%，比 2019 年下降 2.8%（图 1-3）。

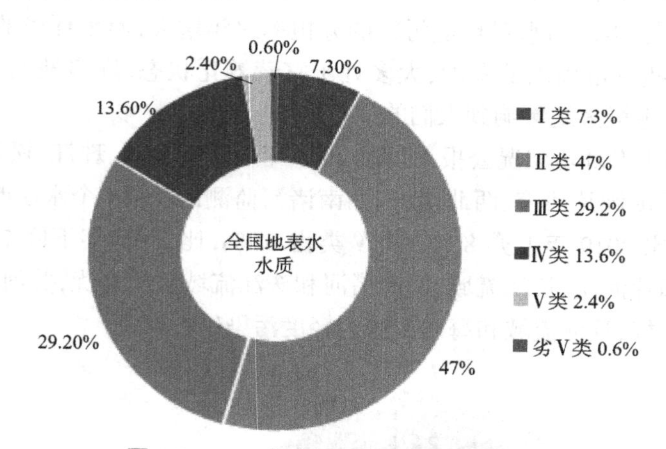

图 1-3　2020 年全国地表水总体水质状况

我国被污染的海域大都分布在沿海城市的近海岸。根据近海岸海域监测结果显示，Ⅳ类和劣Ⅴ类海水分别占 15% 和 28.5%，东海海区劣Ⅳ类水质达到 53%，上海、浙江、广东等省市近海岸海域污染较为严重。四大海区近岸海域中，渤海为轻度污染，东海为重度污染。

2020 年，全国近岸海域水质总体稳中向好，水质级别为一般，主要污染指标为无机氮和活性磷酸盐。优良（Ⅰ类、Ⅱ类）水质海域面积比例为 77.4%，比 2019 年上升 0.8%；劣Ⅳ类为 9.47%，比 2018 年下降 2.3%。沿海省份辽宁、河北、山东、广西和海南近岸海域水质为优，福建和广东近岸海域水质良好，天津近岸海域水质一般，江苏和浙江近岸海域水质差，上海近岸海域水质极差（图 1-4）。面积大于 100 km² 的 44 个海湾中，8 个海湾春、夏、秋三期检测均出现劣Ⅳ类水质，比 2019 年减少 5 个。

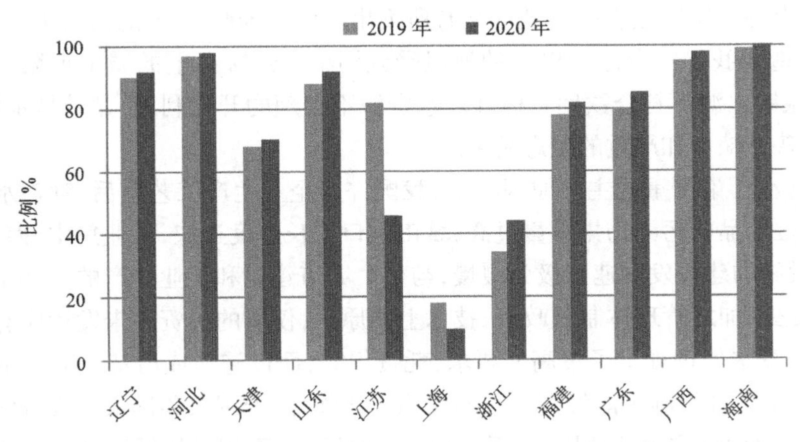

图 1-4　2020 年沿海省份近岸海域优良水质海域面积年际比较

2020 年，Ⅰ类水质海域面积占管辖海域面积的 96.8%，与 2019 年基本持平；劣Ⅳ类水质海域面积为 30 070 km^2，比 2019 年减少 1 730 km^2。主要污染指标为无机氮和活性磷酸盐。渤海海域未达到Ⅰ类海水水质标准的海域面积为 13 490 km^2，比 2019 年增加 750 km^2；劣Ⅳ类水质海域面积为 1 000 km^2，比 2019 年减少 10 km^2（表 1-1）。

表 1-1　渤海海域未达到Ⅰ类海水水质标准的各类海域面积　单位：km

年份	Ⅱ类	Ⅲ类	Ⅳ类	劣Ⅳ类	合计
2020	9 170	2 300	1 020	1 000	13 490
2019	8 770	2 210	750	1 010	12 740

总之，从以上图表中水资源质量、数量来看，尽管 2020 年我国的水环境局部有所改善，但是水资源依然短缺，导致我国生态环境严重恶化，阻碍了社会的可持续发展。要走出我国目前面临的水资源短缺和环境恶化的困境，必须在可持续发展的理念指引下，探索我国社会经济的可持续发展模式，对水资源进行综合开发利用和保护，使其最大限度地适应自然规律，并充分利用水生生态系统功能，持续提供优质的水资源以满足人畜饮水、工业生产、农田灌溉、养殖等各种不同用途的需要，从而实现经济、社会和环境福利的最大化以及社会的可持续发展。

1.2　水体污染源与富营养化形成机制

1.2.1　水体污染源及成因分析

由于历史原因和众多的主、客观原因，纵观全国，水污染仍呈发展趋势。传统的污染物（COD、BOD）未能控制住，富营养化和有毒化学物质的污染却相继增加；点源污染还没有有效控制住，非点源污染问题在一些地区又有所突出。由于80%以上的污水未经处理就直接排入水域，已造成我国三分之一以上的河段受到污染，90%以上的城市水域严重污染，近50%的重点城镇水源不符合饮用水标准。水资源不合理的开发利用，尤其是水污染的不断加重，引起了普遍缺水和严重的生态后果。

造成我国水污染严重的主要原因在于：我国许多企业生产工艺落后，管理水平较低，物料消耗高，单位产品的污染物排放量过高；城市人口增长速度过快，工业集中，而城市下水道和污水处理设施的建设发展速度极为缓慢，与整个城市建设和工业生产的发展不相适应；防治水污染投资少，加之管理体制和政策、技术上的原因，仅有的投资亦未发挥应有的效果；有些地方对工业废水处理提出了过高的要求，耗资很大，而设施建成后却不能正常运行，不少新建的城市污水处理设施不能发挥应有的作用。此外，由于用水和排水的收费偏低，使得人们（包括工矿企业）不重视节约用水、不合理利用水资源、不积极降低污染物排放量，造成水资源严重浪费和水污染不能得到有效控制的局面。

随着社会经济的迅猛发展，废水及其排放量不断增加，截污治污设施建设滞后于城市开发建设，这是造成水体污染最直接的原因。快速城镇化带来人口的大量聚集，大量无法处理的污水直接排入城市河道，大量垃圾堆积在河道两岸，直接造成水体的污染。由于以上原因，城市人口增加和工业发展使得排入城市水体的污染物超过水体环境承受能力和自净能力，使水体污染影响水中生物生存，使水生植被退化甚至灭绝，使浮游植物、浮游动物、底栖动物大量消失，只有少量耐污动植物种类存在。水体中食物链断裂，生态系统结构严重失衡，水体自净功能严重退化甚至丧失，在污染物不停排入的情况下，水体进入恶性循环阶段。工业废水、城市污水、垃圾倾倒、农田废水、暴雨径流、大气沉降等是河流水体污染的主要外部原因，此外由河流底泥溶出以及藻类过度繁殖等内源引起的河流水质恶化也不容忽视。一些有机物含量水平较高，加大了水质致畸、致突变的风险，严重地影响人们的健康。

1.2.2 水体富营养化形成机制

1. 富营养化的定义

水体富营养化问题产生已久，但直到20世纪60年代才引起人们的注意。富营养化概念最早是由Lindeman提出的，他认为富营养化是湖泊发展过程中的自然过程，也称之为自然富营养化。Vollenweider率先用氮、磷作为湖泊营养状态的定量依据提出一个分类系统，随后有大量的学者和组织如Nixon、Sommer和欧盟等，对富营养化进行定义。目前，被广泛认可的是由国际经济合作与发展组织（OECD）提出的概念，其将富营养化定义为由于水体营养盐的富集而引起的一系列征兆变化，主要表现为藻类和高等水生植物的大量繁殖，并影响水质和生物多样性，降低水资源的使用价值。

2. 富营养化的影响因子

水体富营养化是一个十分复杂的现象，是多种因素长期相互作用的结果。引起水体富营养化的主要因子包括气候因子（水温、光照、降雨等）、地理因子（江湖水库的地质情况、水动力学特征、土壤类型等）、营养因子（氮、磷等限制营养物质）和生态因子（滨岸缓冲带植物类型、水生生物构成和数量等）。其中，水温和光照辐射是富营养化的必要条件，它们决定了藻类的光合作用。前者影响细胞内酶促反应的速率，后者则提供其代谢的能量，二者的共同作用决定水体生物生产力的水平。藻类的生长繁殖都有其一定的温度和光照适宜范围，温度和光照过高、过低都不会出现富营养化。另外，溶解氧是藻类生长和生物降解有机物不可缺少的条件，适宜的 pH 值（8.0~9.0）和缓慢的流速也为藻类的生长提供了有利条件。

水体中外源性营养物质的过量输入并富集，一直被认为是水体富营养化的主要外因。丹麦著名生态学家 Jorgensen 指出，浮游藻类的生长是富营养化的关键过程，研究氮、磷负荷与浮游藻类生产力的相互作用和关系是揭示湖泊富营养化形成机理的主要途径。国际上一般认为，当水体中的总氮和总磷分别达到 0.2 mg/L 和 0.02 mg/L 时，从营养盐单因子考虑就有发生富营养化现象的可能，上述浓度也成为富营养化发生的营养盐阈值。大量事实还表明，氮、磷浓度的比值与藻类增殖有着密切关系。此外，研究证明，其他营养元素（铁、铜、硅等）可以单独或与氮、磷共同影响藻类的生长，鱼类及其他水生动物也能通过食物网结构影响水体初级生产力。

3. 富营养化的形成机制

几十年来，国内外学者在富营养化形成机制方面展开了较为深入的研究。但由于富营养化演变过程十分复杂，包含一系列物理、化学、生物的变化过程，并受众多因素影响，富营养化的研究涉及的学科多种多样，所以对富营养化形成机理至今还停留在探索阶段。近年来，普遍为人们所接受的一种理论——生命周期理论，更适合解释我国水体富营养化状况。该理论认为，氮和磷等营养物质过多地排入水体，引起藻类大量繁殖，藻类的分解又会消耗水中的氧，导致鱼类、浮游生物缺氧死亡，其尸体腐烂又进一步造成水质污染，从而破坏了原有的生态平衡。然而，同为过多氮、磷等营养物质所造成的富营养化，城市黑臭河道的富营养化有别于传统意义上湖库等水体的“富营养化”，其形成过程分别如图 1-5（a）和（b）所示。由图 1-5 所知，光照、温度和营养物质是水体富营养化不可缺少的基本条件。然而，城市河道由于水底高负荷，且其边界条件复杂，外界干扰大，在富营养化形成机制上与湖库迥异。

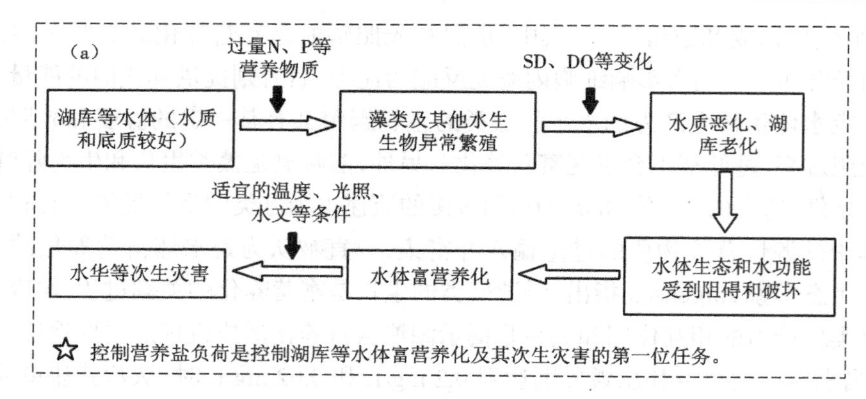

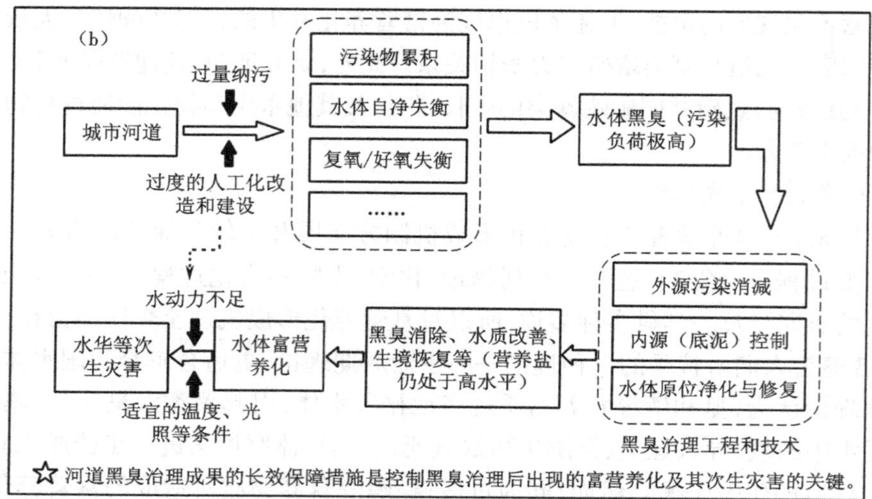

图 1-5 不同类型富营养化形成的过程（图片来自陈玉辉）

(a)水体从低污染负荷到富营养化的形成过程 (b)水体从高污染负荷到富营养化的形成过程

1.3 国内外研究进展

1.3.1 国外河流生态修复研究进展及现状

发达国家的水环境治理开始的时间较国内要早得多，经过多年的理论研究和实践积累，目前已经具备了相当丰富的水环境治理经验，并且形成了较为完善的理论体系。在发展过程中涌现出一批较为典型的水环境综合治理及生态修复的案例，如泰晤士河、莱茵河、多瑙河等。英国泰晤士河的治理，先后历时 150 多年，经历了分散治理、协调治理、综合治理及修复三个阶段，甚至可以说该河的治理历程就是一部人类流域治理逐步认识、逐步修正的发展史。莱茵河的治理则是一个多国协作的成功案例，该河由于流经瑞士、奥地利、德国、法国和荷兰多个国家，靠一个和几个国家显然是无法实现流域的综合治理的。于是，1950 年，流域沿线国家联合成立了保护莱茵河国际委员会。该委员会统筹安排总体规划，制订了莱茵河行动计划，明确各国消减目标和财力支持，污染物排放量得到有效控制。随着水质的不断改善，该委员会又提出了开展流域生态修复，从生态系统角度保护全流域的健康。莱茵河治理案例为多部门协作流域治理提供了宝贵的经验。

从发展历程来看，西方发达国家水环境综合治理大概经历了以下几个阶段。

第一阶段（20世纪30—50年代），为河流生态修复理论的雏形阶段。

现代意义上的流域综合治理的概念最早提出的时候并非是用于水环境污染治理，而是用于水资源调度、防洪、航运等单一目标，其侧重点在于水资源的大规模开发利用。

早期的水利工程主要以“治水”和“用水”为目标，防治水患灾害和满足航运、灌溉，是对河流掠夺式的开发，大量使用混凝土、石块等硬质材料，造成河道渠化。这样的河流开发利用不顾河流生态系统的健康，打破了河流生态系统的平衡，造成河流水质恶化。面对日益严重的水质恶化现象，20世纪30年代起，很多西方国家对传统水利工程导致自然环境被破坏的做法进行了反思，开始有意识地着手对遭受破坏的河流自然环境进行修复。1938年，德国的Seifert首先提出“近自然河溪治理”的概念，这标志着河流生态修复研究的开端。“近自然河溪治理”是指能够在完成传统河道治理任务的基础上达到近自然、经济并保持景观美的一种治理方案。至此，西方国家对河流治理的重点放在了污水处理和河流水质保护上。

同时，西方国家也大范围开展了河道生态整治工程的实践。德国、美国、法国、瑞士、奥地利、荷兰等国家纷纷大规模拆除了以前人工在河床上铺设的硬质材料，代之以可以生长灌草的土质边坡，逐步恢复河道及河岸的自然状态。如美国著名的洛杉矶河拆除了混凝土河道；德国在全国范围内开始治理被混凝土渠道化了的河道；瑞士在河流保护的法规中明文规定，优先使用生物材料治理河道；法国要求在城市河道建设时，地面不透水面积不超过3.3%。使用石质和水泥材料来铺设硬化河底、建造陡峭河岸、砍掉河岸边的树木、清理沿岸野生植物的河道治理方法，已被各国普遍否定，目前河流生态修复已经成为国际大趋势。在过去的十几年里，拆除废旧坝（堰）、恢复生态的工作也空前展开。

第二阶段（20世纪60—80年代），侧重于水体污染治理和水质改善的流域治理阶段。

进入20世纪60年代，水体环境治理开始逐步进入人类的视野。这个阶段经济迅猛发展、人口快速增加，大量的工业废水和生活污水排入河流湖泊等水体，使得水体生态严重破坏、水体环境急剧恶化。随着水生态的严重破坏和水环境的急剧恶化，政府开始加强水环境保护和水污染治理。特别是1972年《人类环境宣言》发表后，流域治理开始由水资源开发利用向水环境保护治理的方向倾斜，各国与水环境保护相关的法律法规相继出台。

1965年德国的Emst Bittmann在莱茵河用芦苇和柳树进行生态护岸实验，可以看作最早的河流生态修复实践。20世纪70年代末瑞士苏黎世州河川保护建设局将生态护岸法发展为“多自然河道生态修复技术”，对河流治理重视恢复植被和建设自然护岸之后，此方法在欧美及日本推广。

第三阶段（20世纪90年代至今），生态修复已经从单纯的结构性修复发展到生态系统整体综合修复。

随着修复实践的发展，河流修复已经从单纯的结构性修复发展到了生态系统整体的结构、功能与动力学过程的综合修复；Gore和Shields（1995）认为河流修复是一项综合性、系统性的活动，必须综合考虑水文、土地利用、地貌、水质、生物与生态等，甚至要考虑娱乐、经济和文化等。

随着河流生态修复技术方法的日渐成熟，发达国家于20世纪90年代尝试开展流域尺度下的河流生态修复工程。例如，美国已经开始对基西米河、密西西比河、伊利诺伊河、凯斯密河和密苏里河流域进行整体生态修复，并规划了未来20年长达60万km的河流修复计划；丹麦的斯凯恩河上进行着最大规模的河道复原工程，包括恢复河流和河漫滩的物理及水文动力，包括河流再次弯曲化，重新确定自然水位和河流河谷的水位波动，以及改善动植物的栖息地条件等。

尤其是近年来，德国、英国、日本、澳大利亚等国家开始反思和改进早期水环境治理的理念和模式，提出生态修复和生态治理的理念，相较以前的修复模式更加注重流域水系的自然规律，将治理重点放在水环境自然生态能力的恢复。与此同时，综合治理开始更加注重自然与人文要素结合，除了水资源的综合利用和开发，更加注重流域生态环境的保护和修复，自然景观和人文要素相结合 。

另外，在河流生态修复的方法与具体措施上，很多学者也相继开展了研究。如Fischenich(2001)提出了城市河流修复与流域管理的相关技术，其中详细阐述了城市化对城市河流的影响、城市河流水环境质量下降的经济损失及城市河流生态修复面临的挑战等；Deason(2001)提出了污水处理的方法，为其他河流污染治理提供了参考；Casagrande对人类活动在湿地生态修复中的重要作用进行了剖析；Ludwig和Bezirksamt(2001)针对Hamburg河直线化严重、生物多样性消失的现状，对该河中鲑鱼的生活习性进行了研究，以期通过改善其生活条件来达到修复河流生态的目的；Jukka Jormola(2004)对国际上利用流域洪水过程改善城市河流生态环境进行了研究，并列举了利用洪水管理修复城市河流和湿地的实例；Brilly等(2004)研究了修复城市河流鱼类栖息地的方法；Nakamura和Tockner(2004)对日本河流与湿地的生态修复进行了简要的回顾；Battle等(2004)对密西西比河上游开普吉拉多(Cape Girardeau)附近主河槽内的大型无脊椎动物进行了研究；Best等(2004)针对水下大型植物西米和野芹菜由于对光的竞争性所引起的植物体内N、P含量的变化进行了分析，并建立了模型；Brownlee和Anderson(2004)研究了栖息地对珠蚌壳重和大小的影响；Chick等(2004)对密西西比河上游鱼类的时空分布进行了研究，得出了鱼类空间分布与河流的透明度、水温、流速和植物繁茂度有关。澳大利亚、加拿大、新西兰、以色列等国家采用工程措施来弥补河流系统功能的缺失，如可为鱼类及动物提供繁衍生息空间的护岸工程及新型过坝鱼道；为鱼类和鸟类等各类依靠河流生存的物种提供栖息地的人工岛等。

1.3.2　国内河流生态修复研究现状

我国的水环境治理起步较晚，国内对于水环境综合治理的研究主要是在不断总结和学习国外治理经验和研究成果的基础上逐步发展起来的。河流生态修复研究基本经历了两个阶段的发展，分别是依靠单一工程手段的治理阶段和环境治理与生态恢复相结合的流域综合治理阶段。

第一阶段:依靠单一工程手段的治理阶段。

河道治理注重河道的安全性,主要考虑河道的防洪蓄水能力,且生态修复手段单一。初期河道修复采用竹子、柳条等编织成的篮子装上石块来稳固河岸,陈吉泉、王东胜等从不同角度分析了水利工程对生态环境的影响,认为以往的水利工程设计首先是在满足其防洪功能的前提下,着重于工程的结构设计,很少去考虑工程对周边生态环境的影响,使河流在结构和功能上受到损害。河流生态系统结构和功能的损坏及水污染,已经给我国水生态系统的生物多样性与水的可持续利用造成了很大的危害。水利部将"水生态的修复与环境保护"作为"十一五"时期的重要目标,"河流生态的修复与建设"成为水利部当时的重要研究课题之一。

早期的研究中主要是注意到了河流生态系统某个方面的功能,如河岸植被特征及其在生态系统和景观中的作用,基于景观生态学相关理论的河流整治方面的探讨,河岸带植被的特征和保护,河岸带功能及管理。另外,还有一些基于水污染治理角度的研究,如对受污染河道生态修复机理机制的探讨。近年来,河流生态修复已经成为水利学和生态学领域学术讨论的热点问题。

随着我国社会经济的发展,我国生态学和水利学的学者已经深刻认识到水利工程对生态环境的影响,河道治理形式开始多元化,不再局限于只重视防洪抗旱单一功能的水利建设上,更看重河道所蕴含的地域文化及自然景观。河道管理者以"亲近自然"的姿态治理河道,从不同角度积极阐明开展河流生态修复研究的重要性,探索修复受损河流生态系统的技术手段,使之满足人们更多方面的要求。城市河道治理理念的不断变化,使得河流生态环境对河流的作用也受到了更多的重视。

第二阶段:环境治理与生态恢复相结合的流域综合治理阶段。

我国对河流生态修复技术的认知起始于20世纪90年代,其中比较有代表性的是刘树坤1999年提出的"大水利"的理论框架。他认为河流的开发应强调流域的综合整治与管理,同时注重发挥水的资源功能、环境功能和生态功能,流域的开发目标是提高流域自身的舒适度和富裕度,流域的开发与管理应以可持续发展为指导原则,并在其系列报告中详细介绍了日本在河流开发与管理方面的理念和对策,对开展河流的防洪、水资源开发与保护、景观与生态修复、水文化等综合整治的技术措施进行了探讨,同时详细阐述了生态修复的思路、步骤、方法和措施等,为之后我国开展河流生态修复研究奠定了基础。董哲仁于2003年提出了"生态水工学"的概念,分析了仅以水工学为基础的治水工程的弊病,对河流生态系统带来的不利影响,提出在传统水利工程的设计中应结合生态学原理,充分考虑野生动植物的生存需求,保证河流生态系统的健康,建设人水和谐的水利工程。董哲仁出版了《生态水利工程原理与技术》一书,他认为应在水工学的基础上,吸收、融合生态学理论,超前开展"生态水工学"的研究,并探讨了河流生态修复的技术手段和基础研究问题,为我国河流生态修复科研与工程开展提供了重要的理论基础。随后,董哲仁、周怀东、李文奇、彭文启、张祥伟、孙东亚等进一步阐述了河流健康的内涵、评估的原则方法和技术、河流生态修复工程的评估准则、国外河流生态系统健康的定义及评价指标和实例等。2002—2004年,不同研究领域的学者分析了河流治理工程中的生态学问题。

杨文和提出生态治河的新理念,他认为所有的河道治理应该遵循自然、顺应自然,在不破坏河道自然性的基础上改造河道。杨芸在现有的基础上,对生态型河流治理法进行了研究,得出兼顾河流生态环境的河道治理工程,不仅治理效果明显,而且河道恢复速度更快。郑天柱等介绍了受污染水体的生态修复技术,针对新沂河的污水治理实例,分析其修复效果,认为河流流量、含氧量、生物多样性是河流生态修复的关键因素。高甲荣等在分析传统治理概念的基础上,提出了河溪的自然治理原则,并探讨其应用的基本模式。王薇和李传奇从河流廊道的空间结构和生态功能的分析出发,提出了河流生态修复的概念和技术,详细介绍了美国、欧洲和日本的河流生态修复研究进展。王沛芳等探讨了国内外城市水生态系统建设的弊病,提出了水安全、水环境、水景观、水文化和水经济"五位一体"的城市水生态系统建设模式。杨海军等分析了水利工程对河流生态系统带来的压力,详细介绍了河流生态修复研究的内容和方法,认为应开展以恢复动植物栖息环境为目标的河岸生态修复技术研究。夏继红和严忠民重点介绍了植物型生态护岸技术的国内外研究现状,指出该技术存在时间、位置、物种选择方面的限制,同时需要较高水平的技术工人及完善的维护保养。赵彦伟和杨志峰研究了河流生态系统健康的概念、评价方法和发展方向,提出河流健康评价应关注其指标体系的构建、评价标准的判别和流域尺度的研究。达良俊和颜京松针对城市人工水景观建设中缺乏整体性、人工硬化模式严重的弊端,首次在我国提出进行近自然型人工水景观建设的理论与概念。陈庆伟等分析了大坝对河流生态系统造成的胁迫,介绍了水库生态调度技术措施。薛传东等对滇池富营养化水体进行现场修复实验时,采取添加适量石灰粉和粉煤灰的天然红土为覆盖材料,发现修复富营养化水体的效果良好。周莹等选用土壤和硅藻土等天然材料对北京某废弃水库的底泥进行原位修复室内模拟试验,发现两种材料对高度厌氧底泥中 TN、TP 的释放都有减缓作用,为不同污染背景水体选择适宜的控制技术提供了参考。

尽管我国对河流生态修复的研究仅有二三十年时间,但目前已经引起社会各界的高度关注,国内正在兴起河流生态修复的研究和应用推广的热潮,并在水质净化、生态河堤建设、生态景观设计和新材料的应用等研究领域取得了丰硕的成果。天津市南排河分段综合整治工程、福州市白马支河综合整治工程、秦皇岛市抚宁区洋河水库"复合人工湿地修复水库污染水体"示范工程、引江济太和淮河闸坝防污工程及上海市苏州河控制排污工程等,都明显改善了水体水质,减轻了水污染损失。不少城市河道对生态河堤的构建,也都取得了良好的生态和社会效应。比较成功的实例有浙江台州市黄岩永宁江公园右岸的河流生态环境恢复和重建工程、江苏镇江市运粮河生态堤岸示范工程、成都市府南河活水公园的人工湿地工程、太原市汾河生态河堤整治工程及中山市岐江公园亲水生态护岸工程等。四川成都市府南河的治理是城市河流治理的成功范例之一。府南河公园是一个以水的整治为主题的生态环保公园,受到污染的水从府南河抽取上来,经过公园的人工湿地系统进行自然生态净化处理,最后变为"达标"的活水,回归河流。该公园的创意由美国贝·达蒙女士提出,该项目也获得了世界人居奖等 3 项国际大奖。合肥的护城河经过多年的改造和建设,如今形成了由逍遥津公园、包河公园、银河公园、鱼花塘西山公园、玻泊山庄等组成的环形风景区,成为城市中心区市民日常休憩的开放式公园,也使合肥市得到了园林城市的美誉。苏州市在城市发展建设中，保持了“三纵三横加一环”的河网水系及小桥流水的水城特色，保持了路河平行的基本格局和景观，城市改造取得了很好的效果。著名华裔建筑师贝聿铭曾这样评价苏州：“苏州之所以成为苏州的关键在于水，建筑物还是其次的。”其他大中城市如沈阳、哈尔滨、太原、天津等也相继开展了城市河道生态修复和景观重建工作。

综上，我国水生态环境治理修复理念的逐步发展和转变的过程为从单一工程思维到多种技术手段联合实施，再到流域综合治理技术集成。随着我国水环境治理的不断发展和大量的工程实践，我国在水环境治理方面已经积累了丰富的经验。

本章部分图例

说明：为了方便读者查看彩色图例，二维码节选了书中部分内容。二维码中页面左侧的页码表示该段内容在书中的位置。

第 2 章　滨海工业带水环境、水生态现状

2.1　水环境、水生态区域概况

天津市作为海河流域下游城市，属于严重资源型缺水城市。海河流域入境水“量少质差”，且在区域上分布不均；优质水资源缺口巨大，水资源短缺问题长期难以得到根治；河流生态用水严重不足，无法满足改善水环境的要求，生态环境自身的水体自净能力也难以发挥。通过对天津滨海工业带典型区域、典型行业、典型企业、典型水污染物、典型水污染控制与生态修复技术等多层次多角度进行分析研究，因地制宜地提出水污染防控示范模式，提出符合水质目标精细化管理需求的方案和水生态顶层设计方案及路线图，以推动天津水生态环境质量逐步改善。

2.1.1　地理环境及自然资源

1. 地理位置

天津市地处华北平原东北部，北依燕山，东临渤海，陆域四周与河北省和北京市接壤。辖区最南端位于滨海新区太子村乡捷地减河中心线（北纬 38° 33′ 00″），最北端位于蓟州黄崖关（北纬 40° 15′ 02″），最东端位于汉沽盐场东侧涧河口中心线（东经 118° 03′ 35″），最西端位于静海王口乡滩德干渠（东经 116° 42′ 05″）。南北长 188.8 km，东西宽 117 km，海域面积 3 000 km^2，海岸线长约 153.7 km。对内腹地辽阔，辐射华北、东北、西北 13 个省市自治区，对外面向东北亚，是中国北方最大的沿海开放城市。

2. 地质地貌

天津市地势构造复杂，为北高南低，呈现由蓟州北部向南、由武清区西部永定河冲积扇向东、由静海区西南的河流冲积平原向东北呈逐渐下降的趋势。其中平原、洼地约占全市土地面积的 95.5%，均在海拔 20 m 以下，其中三分之二地区为低于海拔 4 m 的洼地。中低山及丘陵分布于蓟州区北部，燕山山脉南侧，面积约 535 km^2，山高多在海拔 750 m 以上，丘陵多为海拔 200 m 左右的缓丘。

3. 气候特征

天津市地处北温带半干旱半湿润季风气候区，属大陆性气候，四季分明。受渤海影响有时也呈现出海洋性气候特征，海陆风现象比较明显，年平均风速为 2~4 m/s。主要气候特征是四季分明，春季多风，干旱少雨；夏季炎热，雨水集中；秋季气爽，冷暖适中；冬季寒冷，干燥少雪。冬季多西北风，气温较低，降水也少；夏季太平洋副热带暖高压加强，以偏南风为主，气温高，降水多。全年平均气温在 11.41~12.9 ℃，7 月最热，月平均温度是 28 ℃，历史最高温度是 41.6 ℃；1 月最冷，月平均温度是 −2 ℃，历史最低温度是 −17.8 ℃。年平均降水量为

520~660 mm，其中 3/4 的降水集中在夏季。日照时间较长，年日照时数在 2 500~2 900 h。

4. 土壤类型及土地利用情况

天津市土壤质地分为砾质土、沙质土、壤质土、黏质土。其中以黏质土和壤质土为主，黏质土主要分布在宁河、东丽、大港、塘沽及武清、蓟州、宝坻部分地区，壤质土主要分布在静海、宝坻及蓟州部分地区。

天津市土地总面积 11 966 km^2。截至 2019 年年底，其中耕地面积 43.69 万公顷（1 公顷 =0.01 km^2），占全市土地总面积的 36.5%；园地面积 29 725 公顷，占 2.5%；林地 54 814 公顷，占 4.6%；牧草地 594 公顷，占 0.05%；居民点及工矿用地 330 926 公顷，占 27.8%；交通用地 30 029 公顷，占 2.5%；水域 315 089 公顷，占 26.43%；未利用土地 15 756 公顷，占 1.3%。在全部土地面积中，国有土地 501.68 万亩（1 亩 = 0.000 67 km^2），占 28.06%；集体土地 1 286.28 万亩，占 71.94%。全市的土地，除北部蓟州区山区、丘陵以外，其余地区都是在深厚沉积物上发育的土壤。在海河下游的滨海地区，有待开发的荒地、滩涂 1 214 km^2，是发展石油化工和海洋化工的理想场地。

2.1.2　生态系统组成以及特点

天津海岸线位于渤海西部海域，南起歧口，北至涧河口，长达 153 km。海洋生物资源主要是浮游生物、游泳生物、底栖生物和潮间带生物。

天津位于海河流域下游，华北平原东北部。天津曾被称为“北国江南，水泽之乡”，20 世纪初期，天津水域连片、河流纵横，属于典型的湿地生态系统；20 年代初，天津全域湿地面积达 5 471 km^2，占全市总面积的 45.9%。天津湿地在天津的生态环境与生产生活方面都发挥着巨大的作用。①提供丰富的自然资源与野生动物资源。据调查，天津有湿地植物 400 余种，野生动物 600 余种，还是东亚—澳大利亚鸟类、亚洲东部候鸟南北迁徙的重要中转站，这些动植物绝大部分都依赖湿地生存。②防旱治涝。湿地能保持大于其土壤本身重量 3~9 倍或更高需水量，天津处于海河流域下游，降雨年内、年际变化大，湿地能起到蓄丰补枯的作用。③美化生态环境。湿地被称为“地球之肾”，能净化水质与改善空气质量，天津湿地对缓解沙尘天气有显著的作用。④提供休闲娱乐场所。人们的旅游与休闲意识日益增强，湿地可陶冶情操的同时，还能为当地增加经济收入。但由于气候变化与城市的发展，人类活动增强，对湿地的开发利用强度增大，使得湿地面积减少，生物生存条件遭到破坏，多样性下降，湿地生态功能受损，不仅造成巨大的经济损失，甚至还威胁居民的身体健康与生命安全，因此保护天津湿地成为当务之急。

天津市植被大致可分为针叶林、针阔叶混交林、落叶阔叶林、灌草丛、草甸、盐生植被、沼泽植被、水生植被、沙生植被、人工林、农田种植植物等 11 种。截至 2006 年 9 月，天津市野生动物共有 497 种，其中国家重点保护动物 73 种。全市野生动物中，有黄鼠狼、大灰狼、獾猪等兽类 41 种，家燕、麻雀、海鸥等鸟类 389 种，癞蛤蟆等两栖类 7 种，家蛇、乌龟等爬行类 19 种，青鳝等鱼类 41 种。

2.1.3 社会经济现状调查分析

1. 行政区划

截至 2019 年年底，天津有 16 个市辖区，共有街道办事处、乡镇政府 245 个。市辖区分为中心城区、环城区和远郊区。天津市辖和平区、河西区、南开区、河东区、河北区、红桥区、滨海新区、东丽区、津南区、西青区、北辰区、武清区、宝坻区、蓟州区、宁河区和静海区 16 个区，共有镇政府 126 个。

《天津市空间发展战略》提出“双城双港、相向拓展、一轴两带、南北生态”城市规划理念。其中，“双城”是指天津市中心城区和滨海新区核心区；“双港”是指天津港和天津南港；“一轴”是指城市发展主轴，即武清新城 - 中心城区 - 滨海新区核心区；“两带”是指东部滨海发展带（宁河—汉沽新城—滨海新区核心区—大港新城）和西部城镇发展带（蓟州新城—宝坻新城—中心城区—静海新城）；“南北”指市域中北部及南部；“北端”指蓟州区北部山地丘陵地带。中心城区是天津的发祥地，也是政治、经济、文化、教育、商业中心。按照服务业功能，中心城区按照“金融和平”“商务河西”“科技南开”“金贸河东”“创意河北”“商贸红桥”的功能进行定位。滨海新区是天津市下辖的副省级区、国家级新区和国家综合配套改革试验区，是北方对外开放的门户、高水平的现代制造业和研发转化基地、北方国际航运中心和物流中心、宜居生态型新城，由原塘沽区、汉沽区、大港区以及天津经济技术开发区等区域整合而成。

2. 人口

根据 2019 年天津市国民经济和社会发展统计公报，截至 2019 年末，全市常住人口 1 561.83 万人，比 2018 年末增加 2.23 万人。常住人口中，城镇人口 1 303.82 万人，城镇化率为 83.48%。常住人口规模继续扩大。

3. 生产总值

根据国家统一初步核算，2020 年天津市生产总值（GDP）为 14 083.73 亿元，按可比价格计算，比 2019 年增长 1.5%。近年来，天津市第三产业发展进一步加快，现代金融、现代物流、科技和信息服务、中介服务、商贸餐饮、旅游、房地产、社区服务、创意产业、会展、楼宇经济和总部经济、服务外包等现代服务产业不断完善。

2.1.4 水资源调查分析

1. 水资源概述

天津市位于海河流域最下游，河网密布，洼淀众多，包括海河和滦河两大流域七大水系，全市面积约占流域面积的 3.7%，是海河流域的漳卫河、子牙河、大清河、永定河、北三河等水系的汇合处和入海口，素有“九河下梢”之称，海河流域 54.6% 流域面积的排水从天津入海。天津市境内共有一级河道 19 条、二级河道 109 条，总长约 2 600 km，分属海河流域的北三河水系、永定河水系、大清河水系、漳卫南运河水系、海河干流水系和黑龙港运东水系。还有子牙新河、独流减河、马厂减河、永定新河、潮白新河、还乡新河 6 条人工河道，总长度为 284.1 km，深渠 1 061 条，总长度为 4 578 km。其中蓟运河、永定新河、海河、独流减河、青静黄排水河、子牙新河、北排水河、沧浪渠 8 条为主要入海河流。滦河位于海河流域东北部，为单独入海河流。

引滦入津输水工程是天津 20 世纪 80 年代兴修的大型水利工程，是把滦河水引到天津，每年向天津输水 10 亿 m^3。全市共有大型水库 3 座、中型水库 12 座、小型水库 60 座、水系干流闸坝 13 座，境内水库总库容为 27.15 亿 m^3。南水北调中线天津干线是南水北调中线工程总干渠的一部分，其主要任务和作用除向天津输水外，还有向沿河北省各县（市）带水任务。天津干线设计输水流量 60 m^3/s，其中含给河北带水 5 m^3/s。

引滦入津和南水北调输水系统为天津市主要饮用水输水河道。海河贯穿市中心，兼有蓄水、行运、排洪、游览及工业用水等多种功能，在经济发展和人民生活中占有极为重要的地位。天津市水资源总量由地表径流量和地下水资源量构成，地表水资源主要来源于上游各河流和本区降水量（表 2-1）。

表 2-1　天津市自然水系概况

序号	水系	主要河流名称	自然概况
1	引滦入津工程	引滦黎河段	引滦隧洞出口到于桥水库入口（果河桥）
		引滦干渠	自于桥水库出口到宜兴阜泵站
		于桥水库	面积 2 060 km^2，库容 4.21 亿 m^3
		尔王庄水库	水面面积 11.03 km^2，总库容 4 500 万 m^3
2	北三河水系	蓟运河	全长 316 km，流域面积 10 288 km^2，天津市境内长度 189 km，流域面积 9 950 km^2
		泃河	天津市境内全长 55 km，流域面积 327 km^2
		还乡河	在江洼口汇入蓟运河，境内段长 8 km
		潮白新河	源头至宁车沽防潮闸全长 467 km，天津境内 81 km
		北运河	源头至大红桥全长 238 km，天津境内为 89.8 km
		青龙湾减河	天津境内庞家湾至大刘坡，全长 45.7 km
		七里海湿地	天津市东部渤海湾西岸的滨海平原，总面积 9.9 万公顷
3	永定河水系	永定河	源头至永定新河入海口全长 747 km，流域面积 47 016 km^2，天津境内全长 29 km
		永定新河	北辰屈家店至塘沽北塘口，全长 62 km
		金钟河	河北区陈家沟至北塘附近注入蓟运河，全长 36.5 km

续表

序号	水系	主要河流名称	自然概况
4	大清河水系	大清河	河源至独流减河工农兵防潮闸，全长 483 km，流域面积 43 060 km²，天津境内全长 15 km
		独流减河	独流减河有南北两个深槽，从进洪闸至工农兵防潮闸止，南槽长 70.3 km，北槽长 67.2 km
		团泊洼水库	静海东北部运东大三角内，该库围堤总长 33.56 km，正常蓄水位 6.0 m，库容 1.8 亿 m³
		北大港湿地	位于天津市原大港区境内，包括北大港水库、独流减河下游、沙井子水库、钱圈水库、官港湖、李二湾、沿海滩涂七部分，总面积 44 240 公顷，占全区面积的 39.7%
		子牙河	发源于山西滹沱河，天津境内 76.1 km
		子牙新河	境内原大港区蔡庄子至海口闸，全长 29 km
5	漳卫南运河	马厂减河	静海区九宣闸至北台，即南运河与独流减河之间的河段，全长 40.3 km
		南运河	上游段九宣闸至十一堡，全长 44 km
			下游段西青区下改道闸至市区金钢桥，全长 40 km
6	黑龙港河及运东水系	北排水河	天津境内无一级河道，两河在天津境内流域面积 40 km²
		沧浪渠	
7	海河干流水系	海河	金钢桥至海河大闸，全长 72 km
		津河	海河三岔口至光华桥处回流入海河，全长 18.5 km
		卫津河	海光寺至海河，全长 19.9 km
		复兴河	纪庄子泵站至复兴门闸桥与海河相连，全长 5.8 km
		月牙河	新开河红星桥泵站至天津钢厂海河泵站，全长 14.2 km
		外环河	全长 66.7 km

2. 降雨及产水情况

山区降水量大于平原降水量。北三河山区降水量明显高于北四河下游平原、大清河淀东平原，北四河下游平原降雨量略高于大清河淀东平原降雨量。降水量年内分配不均，集中在 5~9 月，其中以 7 月、8 月最多，两月降水量达全年的 60% 以上。从 2010—2020 年全天津市降雨总量及降水量折合水量（表 2-2）可以看出，11 年中有 6 年属于枯水年，3 年属于平水年，只有 1 年属于丰水年。

表 2-2 天津市 2010—2020 年年均降水量汇总表

年份	全市平均降水量 /mm	降水量折合水量 / 亿 m³	丰枯水年类别
2010	470.4	56.07	偏枯年
2011	593.1	70.70	平水年
2012	850.3	101.35	丰水年
2013	462.3	55.10	偏枯年
2014	423.1	50.43	偏枯年

续表

年份	全市平均降水量 /mm	降水量折合水量 / 亿 m³	丰枯水年类别
2015	536.2	63.91	偏枯年
2016	654.3	74.15	偏丰年
2017	520.1	61.99	偏枯年
2018	581.8	69.35	平水年
2019	436.2	51.99	偏枯年
2020	534.4	63.69	平水年
均值	551.11	65.34	—

* 注：数据来源于天津市水资源公报。

3. 水资源量

区域内的水资源总量是指当地降水形成的地表和地下产水量，即地表径流量与降水入渗补给量之和，不包括入境水量。据《中国环境状况公报》研究可知，天津市多年平均降水量少，地下水资源可利用量小，人均水资源量仅为 115 m³，为全国平均水平的 1/20。受人类活动和极端气候影响，天津水资源量呈衰减趋势。

（1）地表水资源量

地表水资源量是指地下饱和含水层逐年更新的动态水量，即降水和地表水体入渗补给浅层地下水含水层的动态水量。从表 2-3 中可以看出，地表水资源量在近 11 年中，2012 年最高为 26.54 亿 m³，其次是 2013 年、2016 年和 2018 年分别为 10.80 亿 m³，14.10 亿 m³ 和 11.76 亿 m³，其他 7 年均偏低。

（2）地下水资源量

天津地下水蕴藏量丰富，山区多岩溶裂隙水，水质最好，矿化度低，泉水流量一般在 7.2~14.6 t/h，雨季最大可达 720~800 t/h。浅层地下水包括北部全淡水区第四系含水层组地下水以及南部咸水体上部局部区域浅层地下水。其中，全淡水区包括蓟州区全境、武清区北部、宝坻区中北部、宁河区北部区域；咸水体上部浅层地下水分布的局部区域包括宝坻区、武清区、宁河区、北辰区、西青区、市内六区及静海区部分地区。从水资源分区看，山丘区地下水资源量占比较小，平原区地下水资源量占比较大。从表 2-3 中可以看出，天津市地下水资源量在近 11 年中变化范围在 3.67 亿 ~7.62 亿 m³，变化幅度不是很大。

表 2-3　2010—2020 年天津市水资源情况

年份	水资源总量 / 亿 m³	地表水 / 亿 m³	地下水 / 亿 m³	地表水与地下水资源重复量 / 亿 m³	人均水资源量 /（m³/ 人）
2010	9.20	5.58	4.45	0.83	70.81
2011	15.38	10.89	5.22	0.73	113.54
2012	32.92	26.54	7.62	1.24	232.95
2013	14.64	10.80	5.01	1.17	145.82

续表

年份	水资源总量/亿 m³	地表水/亿 m³	地下水/亿 m³	地表水与地下水资源重复量/亿 m³	人均水资源量/(m³/人)
2014	11.37	8.33	3.67	0.63	111.84
2015	12.82	8.70	4.87	0.75	124.84
2016	18.92	14.10	6.08	1.26	121.12
2017	13.01	8.80	5.54	1.33	83.60
2018	17.58	11.76	7.33	1.51	112.72
2019	8.09	5.12	4.16	1.19	51.80
2020	13.30	8.60	5.76	1.07	95.92
平均	15.20	10.84	5.43	1.06	114.996

注:数据来源于天津市统计年鉴。

4. 出入境水量

(1)入境水量

天津市入境河流主要包括:北三河山区的泃河、淋河、沙河、黎河,北四河下游平原的泃河、潮白新河、北运河、龙凤河(原称北京排污河)、永定河、还乡河,大清河淀东平原的南运河、子牙河、大清河、子牙新河、北排水河。

入境水量是天津市地表水资源的重要组成部分。天津地处海河流域下游,入境水量受上游地区水利工程和水资源开发的影响,20 世纪五六十年代随着工农业发展,用水量不断增加,上游地区进行了大规模的水利工程建设,入境水量随之减少。特别是 1963 年特大洪水后,海河流域进行了大规模流域治理工程,开挖多条直接入海通道,使流域发生改变,入境水量日趋减少。

此外,为保证城市生产生活,天津还通过引水工程进行引水。天津市引水主要包括引滦水、引黄水以及南水北调水量,由于引水量受人工调控以及人为影响较大,具有很强的随机性。2012 年和 2016 年本地水资源量出现峰值,相对应的引水量也出现了局部最低值。

(2)出境和入海水量状况

天津市的出境水量除蓟运河山区泃河流入北京市外,其他均注入渤海。天津市目前有主要入海河道 9 条,其中:海河北系 4 条,包括蓟运河、潮白新河、龙凤河、永定新河;海河南系 5 条,包括海河、金钟河、独流减河、子牙新河、北排水河。

入海水量是指流域的地表径流扣除流域内各种人类活动影响和天然损失之后排入海洋的水量。入海水量是随着流域内人类活动的影响而变化的,具体体现为随着流域水资源开发利用程度的提高,入海水量呈明显减少的趋势。对天津市而言,入海水量主要为过境水,入海水量的大小基本反映出入境水量的大小,入海水量的变化也客观反映了天津市水资源条件的变化,即入海水量多的年份,用水条件较好,反之用水就比较困难。从表 2-4 中可以看出,地表水资源量在近 11 年中,出境和入海水量随着入境量和地表水量的增加而增加,2012 年出境和入海水量高为 40.65 亿 m³,结合表 2-2 可知,2012 年降雨量是 11 年中最高为

850.3 mm，入境量也是最高，相对应的出境和入海水量也为最高，2015—2020 年引滦调水量和引江调水量逐年增加（表 2-4）。

表 2-4　2010—2020 年天津市出入境水量情况

年份	水资源总量 / 亿 m³	入境水量 / 亿 m³	引滦调水量 / 亿 m³	引江调水量 / 亿 m³	出境和入海水量 / 亿 m³
2010	9.20	19.34	5.78	2.28	9.46
2011	15.38	22.61	6.27	3.33	17.13
2012	32.92	29.22	4.325	0.0651	40.65
2013	14.64	29.12	5.4580	—	23.57
2014	11.37	21.37	9.4160	0.1079	13.11
2015	12.82	21.65	4.51	3.999	13.05
2016	18.92	20.96	1.95	8.88	28.17
2017	13.01	18.78	1.3690	10.0605	17.26
2018	17.58	38.9	3.26	11.04	32.592
2019	8.09	25.76	7.02	11.83	17.42
2020	13.30	36.46	6.90	12.88	19.55

注：数据来源于天津市统计年鉴。

5. 供用水情况

供水量指各种水源工程为用户提供的包括输水损失在内的供水量，按受水区分地表水资源、地下水资源和其他水源（指污水处理回用、雨水利用和海水淡化量）统计。海水直接利用量另行统计，不计入总供水量。全市供水主要来源为引滦、引黄外调水，其他地表水供水构成中新增加了再生水、海水淡化水，但所占比例极小。

（1）地表水源供水量

地表水源主要包括两部分水量：一是当地地表水和入境水量，这部分水主要用于农业灌溉和生态用水；二是引滦水量（2014 年之前年份还包括引黄水）和引江水量（2015 年之后），这部分水是城市生活和工业用水的主要水源。

从区域水资源开发利用情况来看，南部地区地表水资源开发利用率高于北部地区，2000 年以来南部地区地表水资源量很少，大清河、子牙河、南运河一般年份已无入境水量，而已建工程蓄水能力较大，已经超过可利用的水资源量，该区地表水资源已无进一步开发的潜力。北部地区地表水资源相对丰富，北运河、潮白河、蓟运河入境水量较多，已建工程蓄水能力较小，地表水资源尚有一定的开发潜力。

2014—2018 年当地地表水和入境水量大于 2010—2013 年。但是 2019—2020 年当地地表水和入境水量小于 2014—2018 年，供水量的下降直接影响了天津市生态用水量以及河道流量。

（2）地下水源供水量

地下水源供水量包括浅层水、深层水和地热水三部分水量。从表 2-5 可以看出，

2010—2020年天津市地下水源供水量逐年下降。

（3）污水处理回用量

污水处理回用量指经过污水处理厂集中处理后的回用量，不包括企业内部废污水处理的重复利用量。污水处理回用量主要用于农业和生态，其中深度处理的污水主要用于工业生产。截至2020年年底，全市已建设深度处理再生水厂28座，总计为全市新增再生水产能49.09万 m^3/d，2020年深度处理的污水回用量达到5.163 1亿 m^3。

（4）海水淡化水

海水淡化供水量指海水经过淡化设施处理后供水的水量。2018—2020年3年全市海水淡化供水量大于2010—2020年均值0.352 7亿 m^3，维持在0.414 1亿~0.465 3亿 m^3。

表2-5　天津市2010—2020年供水情况　　单位：亿 m^3

年份	总供水量	地下水供水量	地表水供水量	其他水源供水量	
				污水回用量	海水淡化水
2010	22.42	5.87	16.16	0.17	0.22
2011	23.1	5.82	16.77	0.23	0.28
2012	23.127	5.491 9	15.989 0	1.236 9	0.279 2
2013	23.756	5.690 7	16.230 3	1.520 8	0.314 2
2014	26.182 2	5.339 6	18.033 5	2.443 7	0.365 4
2015	26.772 0	4.923 5	18.955	2.893 5	0.410 8
2016	27.652 2	4.727	19.494 9	3.075 6	0.354 7
2017	28.740 3	4.608 5	20.242 4	3.543 7	0.354 7
2018	28.423 5	4.406 5	19.463 3	4.139 6	0.414 1
2019	28.448 3	3.907 2	19.155 8	4.920 0	0.465 3
2020	27.820 4	3.009 6	19.225 9	5.163 1	0.421 8
均值	26.040 2	4.890 4	18.156 4	2.666 9	0.352 7

注：数据来源于天津市统计年鉴。

6. 用水情况

用水量指各类用水户取用的包括输水损失在内的毛水量之和，按生活、工业、农业和生态环境用水四大类统计，不包活海水直接利用量。生活用水包括城镇生活用水和农村生活用水，其中城镇居民生活用水由居民用水和公共用水（含第三产业及建筑业等用水）组成，农村生活用水指居民生活用水；工业用水指工矿企业在生产过程中用于制造、加工、冷却、空调、净化、洗涤等方面的用水，按新水取用量计，不包括企业内部的重复利用；农业用水包括农田灌溉和林、果、草地灌溉、鱼塘补水及牲畜用水；人工生态环境补水仅包括人为措施供给的城镇环境用水和部分河湖、湿地补水，而不包括降水、径流自然满足的水量。

2020年，全市总用水量28.448 3亿 m^3，按生活、工业、农业和生态环境用水划分，全市生活用水为6.631 0亿 m^3，工业用水为4.460 4亿 m^3，农业用水为10.298 8亿 m^3，人工生态环境补水为6.430 2亿 m^3。从用水比例上看，农业用水占全部用水量的37.0%，其次是生活用水占 23.9%，生态环境用水占 23.1%，最后是工业用水占 16.0%。

2010—2020 年，农业用水量和工业用水量基本保持一个稳定的状态，如图 2-1 所示。生活用水量稳中有升，2010—2017 年中除 2013 年外，稳定在 3.5 亿 ~3.7 亿 m^3 的水平，2018—2020 年提高到 6.6 亿 ~7.5 亿 m^3。从组成比例上比较，生活用水的比例稳中有涨，生态环境用水的比例则在不断增加，尤其是近几年的生态环境用水比例增速明显提升，农业用水的比例则在相应下降，但是比例仍然最高。

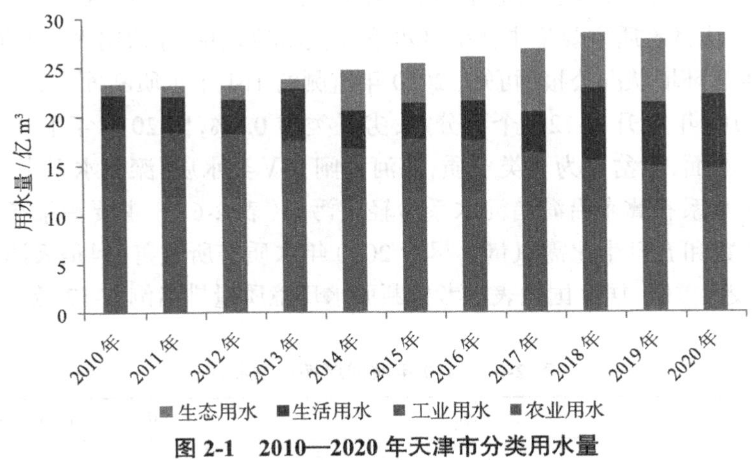

图 2-1 2010—2020 年天津市分类用水量

2010—2013 年，由于当地地表水和入境水的供水量有大幅度下降（平均下降 2 亿 m^3 左右），虽然通过引水工程进行了水量补充，但是影响了总供水量水平，生态用水量保持稳定，没有显著增加。从 2014 年起，由于当地地表水和入境水的供水量回升，恢复到了 7.16 亿 m^3 的水平，同时污水回用供水量有大幅增加（比 2013 年提高了 1 亿 m^3 的供水量），生态用水量显著提高，达到了 4.17 亿 m^3，比往年的平均值增加了 3 倍以上。2020 年，生态环境用水 6.226 4 亿 m^3，占全市总用水量的 23.1%（图 2-2）。

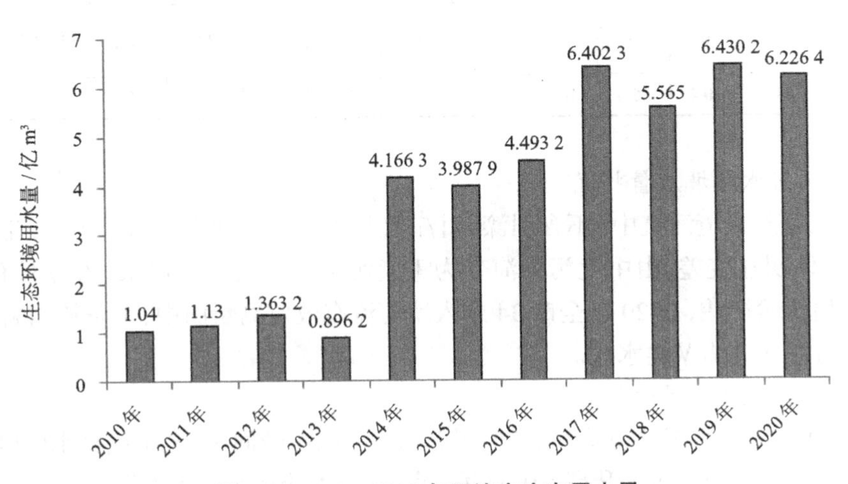

图 2-2 2010—2020 年天津市生态用水量

2.2　水环境、水生态现状

1. 境内河流水环境现状

近年来，天津市地表水监测网络虽有一定变化，但基本客观地反映了全市主要河流的水环境状况。国考断面监测数据显示，自“十一五”以来，天津市地表水环境质量阶段性好转，主要污染物浓度整体呈下降趋势，但水质总体仍较差，距水环境功能区目标和全国平均水平仍有较大差距。优良水质主要集中在引滦水系、南水北调中线等饮用水和海河干流。

据《中国生态环境状况公报》可知，2020 年监测的 161 个水质断面中，Ⅰ~Ⅲ类水质断面占 64.0%，比 2019 年上升了 12.1 个百分点；劣Ⅴ类占 0.6%，比 2019 年下降 6.9 个百分点。其中，干流 2 个断面，三岔口为Ⅱ类水质，海河大闸为Ⅴ类水质；滦河水系水质为优，主要支流、徒骇马颊河水系和冀东沿海诸河水系为轻度污染（表 2-6）。主要污染指标为化学需氧量、高锰酸盐指数和五日生化需氧量。尽管 2020 年水质有所改善，但是天津市和全国整体平均水平仍有较大差距，居全国地表水考核断面水环境质量排名倒数 17 位。

表 2-6　2020 年海河流域水质状况

水体	断面个数 / 个	比例 /%						相对于 2019 年的变化 /%					
		Ⅰ类	Ⅱ类	Ⅲ类	Ⅳ类	Ⅴ类	劣Ⅴ类	Ⅰ类	Ⅱ类	Ⅲ类	Ⅳ类	Ⅴ类	劣Ⅴ类
流域	161	10.6	26.7	26.7	27.3	8.1	0.6	3.7	-2.1	10.5	-0.2	-5.0	-6.9
干流	2	0	50.0	0	0	50.0	0	0	0	0	0	0	0
主要支流	125	11.2	25.6	24.8	28.8	8.8	0. 8	3.1	3.0	7.9	0.6	-5.7	-8.9
滦河水系	17	17.6	47.1	29.4	5.9	0	0	11.7	-23.5	11.8	0	0	0
徒骇马颊河水系	11	0	18.2	27.3	45.5	9.1	0	0	-9.1	18.2	0	-9.1	0
冀东沿海诸河水系	6	0	0	66.7	33.3	0	0	0	-33.3	50.0	-16.7	0	0
流域	48	10.4	25.0	16.7	37.5	8.3	2.1	-2.4	16.5	-0.3	7.7	-13.0	-8.5

2. 入境河流水环境质量状况

天津市 34 条入境河流中（不含引滦、引江），与“十一五”期间相比，“十二五”天津入境断面水质总体明显变差，由中度污染演变为重度污染。“十三五”以来，入境断面水质尽管有所改善，但依然严峻，2020 年全市 34 个入境河流有效监测断面中，1 条长期断流，2 条常年干涸，仍有断面为劣Ⅴ类水质。

3. 地表水环境功能区达标率

据《2020 天津市生态环境状况公报》可知，20 个国考断面中，全市优良水体（Ⅰ~Ⅲ类）水质断面 11 个，占 55.0%，同比升高 5.0 个百分点，无劣Ⅴ类断面，同比降低 5.0 个百分点。主要污染物高锰酸盐指数和化学需氧量年均浓度同比分别小幅上升 1.6% 和 2.8%，氨氮和总磷年均浓度同比分别下降 41.2% 和 12.7%。与 2014 年(基准年)相比,全市优良水体(Ⅰ~Ⅲ类)比例增加 30 个百分点;劣Ⅴ类比例减少 65 个百分点,主要污染物高锰酸盐指数、化学需氧量、氨氮和总磷年均浓度分别下降 40.2%、51.7%、87.3% 和 72.2%,较"十二五"以来出现大幅下降。但是,国考断面水环境质量在全国仍处于中下水平。地表水水质类别比例及污染物浓度变化趋势如图 2-3 和图 2-4 所示。

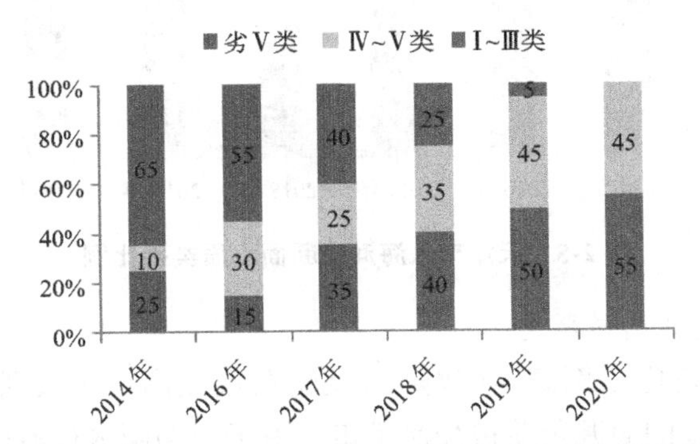

图 2-3　2014—2020 年天津市地表水水质类别比例

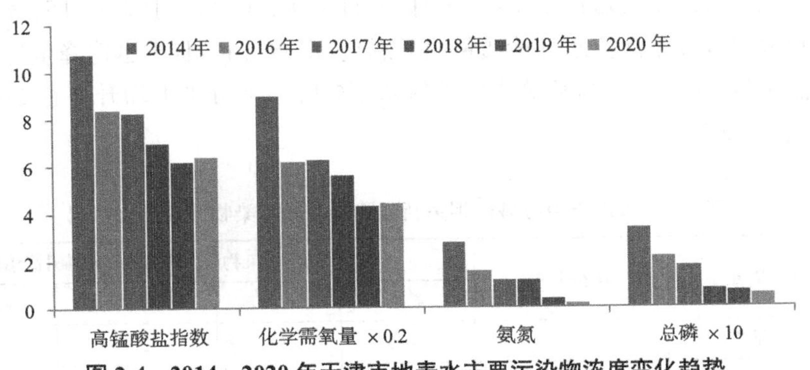

图 2-4　2014—2020 年天津市地表水主要污染物浓度变化趋势

4. 入海河流水环境质量状况

"十三五"以来,天津入海河流水质大幅改善,截至 2020 年,全市所有入海河流水质均达到或优于地表水Ⅴ类标准,主要污染物高锰酸盐指数、化学需氧量年均浓度同比分别小幅上升 4.0% 和 4.5%,氨氮、总磷分别下降 39.0% 和 9.4%;与基准年(2014 年)相比,主要污染物高锰酸盐指数、化学需氧量、氨氮和总磷年均浓度分别下降 43.5%、52.5%、89.7% 和 40.8%(图 2-5)。

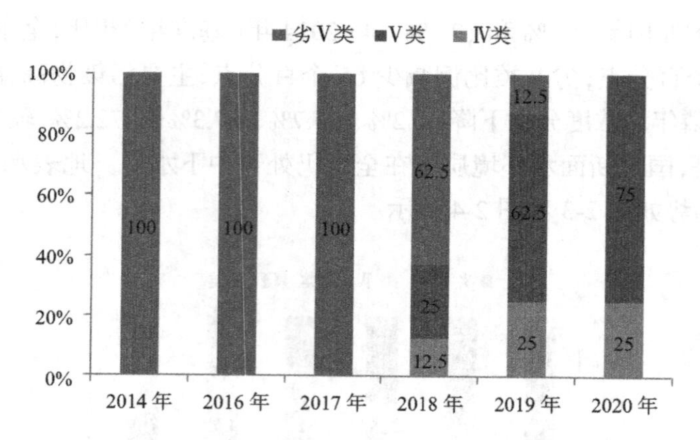

图 2-5　天津市入海河流断面水质类别比例

5. 降雨后水环境质量明显恶化

由于城市下垫面硬化比例高，导致降雨径流系数较高。相关研究显示，在降雨初期600~1 000 s，80%~90% 的面源负荷被径流带走。由于初期雨水径流中含有大量污染物质，直接排入水体将造成水体污染。通过对自动站的数据分析，天津市初期雨水污染突出。据现场调查结果显示，以中心城区 2019 年 5 月 26 日为例，暴雨后，卫津河、四化河、津河、月牙河、南运河和海河等 6 条河流水环境质量明显恶化，水质自Ⅱ~Ⅲ类迅速降至劣Ⅴ类。氨氮、总磷、化学需氧量、高锰酸盐指数等指标整体浓度较降水前分别平均升高了 218 倍、14 倍、2.4 倍和 2.3 倍（表 2-7）。

表 2-7　天津市中心城区相关断面降雨前后污染物浓度变化情况

序号	自动站名	所在水体	降雨后污染物浓度峰值较降雨前升高倍数			
			氨氮	总磷	化学需氧量	高锰酸盐指数
1	纪庄子桥	卫津河	1 028	52	2.8	1.3
2	仁爱濠景	四化河	472	11	2.7	3.6
3	井冈山桥	南运河	139	9.5	—	2.2
4	西横堤		60	6.5	1.8	1.08
5	西营门桥	津河	82	2.6	1.4	3.5
6	八里台		78	29	8.2	4.8
7	成林道	月牙河	49	6.4	1.7	1.7
8	满江桥		45	3.3	1.3	1.5
9	光明桥	海河	13	4.4	1.7	1.5

6. 河道水系循环不畅

天津市除北部山区外，整体上地势平坦，全市三分之二地区为海拔低于 4 m 的平原洼地，主要一级、二级河道流速较小，甚至处于静止状态。二级河道、干渠设有大量闸坝，水体缺少流动，城市景观河道完全靠人工调控，普遍较浅，河道顺直，基本为水库式闸控河道。截至目前，仅中心城区景观河道具备定期补水、循环的条件，但取水泵站能力不足，水体置换时间过长；其他各区境内的大部分河道未实现连通循环，影响水体自净能力。总体上表现为水系循环不畅、水流滞缓、水体自净能力差，同时由于雨污混流等因素，河流存在“非汛期纳污，汛期集中排污”问题，影响河流水生态功能。

7. 湖泊湿地面积严重萎缩

由于工农业生产、房地产开发、旅游开发等活动，大量坑塘、滩涂等湿地被围垦开发，天津市陆域湿地覆盖率由 20 世纪 50 年代的 50% 降至目前的 17% 左右，特别是以天然湿地为主的自然生态系统遭到严重破坏。其中，生态价值高的天然芦苇湿地面积仅剩约 200 km²，滩涂湿地由 2000 年的 356 km² 降至现在的 150 km²。以大黄堡湿地自然保护区为例，周边村民为谋生计围垦天然湿地进行养殖、耕种，导致天然湿地面积大量转变为人工湿地或耕地，湿地生态功能退化明显，天然芦苇湿地从 2005 年保护区成立时的 25 km² 减少到 2015 年的 3 km²。

8. 水生生物多样性下降

天津地势低洼，潮湿多水，素有“九河下梢，河海要冲”之称。历史上天津水生生物种类繁多，资源丰富，其中主要经济鱼类有如鲤鱼、鲫鱼、翘嘴红鲌、鲇鱼、北京鳊、白鲢、花鲈等品种 27 种。近年调查发现，采集到的游泳动物结构组成呈现严重的低龄化、小型化、低值化，经济鱼类种类和数量比例减小，部分鱼类种群衰退，从而影响到整个生物群落的结构和功能，降低了生物多样性。此外，水生生物的系统监测与评价数据严重缺乏。全市最近一次全面系统的水域生物资源调查完成于 1983 年，随着天津市工农业生产的飞速发展，水域生态环境破坏和恶化，水生生物资源状况发生了很大的变化，已经出现部分土著品种濒危和灭绝现象。

2.3 水体污染成因分析

随着社会经济的迅猛发展，废水及其排放量不断增加，而截污治污设施建设滞后于城市开发建设是造成水体污染最直接的原因。快速城镇化带来大量的人口聚集，大量无法处理的污水直接排入城市河道，大量垃圾堆积在河道两岸，直接造成水体污染。另外，水体污染影响水体生态，影响水中生物生存，使水生植被退化甚至灭绝，浮游植物、浮游动物、底栖动物大量消失，只有少量耐污种类存在。水体中食物链断裂，生态系统结构严重失衡，水体自净功能严重退化甚至丧失，在污染物不停排入的情况下，水体进入恶性循环阶段。工业废水、城市污水、垃圾倾倒、农田废水、暴雨径流、大气沉降等是河流水体污染的主要外部原因，此外由河流底泥溶出以及藻类过度繁殖等内源引起的河流水质恶化也不容忽视。一些有机物含量水平较高，加大了水质致畸、致突变的风险，严重地影响人们的健康。致使水体污染的成因主要有以下六个方面。

2.3.1　水资源总体匮乏

1. 上游来水量少

水体生态流量不足，由于海河流域过度开发利用，上游大量建库设坝，近年平均入境水量约 13 亿 m^3（不含引滦、引江），仅相当于 20 世纪 50 年代的 1/10。此外，入境来水区域不均，主要来水分布在北运河、永定新河等水系，而中南部大清河、永定河、南运河等水系多年没有水量入境。20 世纪 60 年代中期以来，随着上游人口增加，城市发展和生产扩大，上游水利工程兴起，主要河道除大清河北支拒马河外都建成了许多大、中、小型水库，开挖大量灌溉沟渠，上游来津水量骤减。1970—1979 年平均来水量减为 11.9 亿 m^3，1980 年为 0.41 亿 m^3，1981 年为 0.337 亿 m^3。1980 年起，外调水量几乎占工业及生活用水量的 90%。

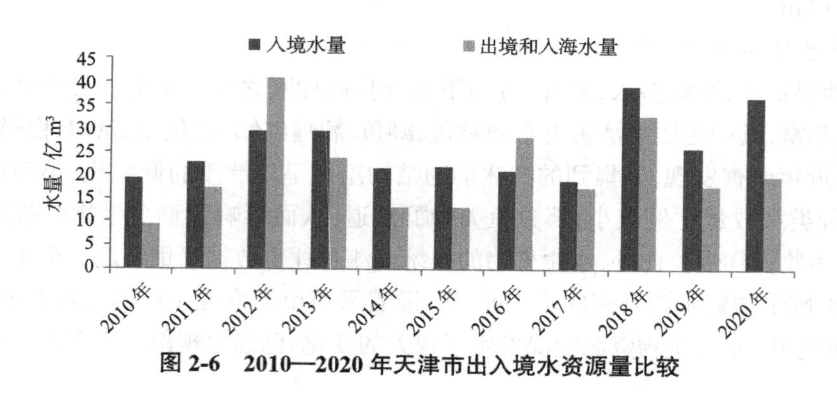

图 2-6　2010—2020 年天津市出入境水资源量比较

2. 本地水资源严重匮乏

天津市属于重度资源型缺水地区，据 2020 年中国统计年鉴，天津本地水资源总量约有 13.3 亿 m^3，水资源总量与其他超大或特大城市相比极其短缺，仅为北京市的 1/2。我国人均水资源量约 2 239.8 m^3，而天津人均水资源量 96 m^3，人均水资源量在全国 30 个省市自治区中排名为倒数第一（图 2-7、图 2-8）。

不合理的水资源调度和水电开发对生态环境影响突出，中小河流断流现象十分普遍。道流量少，或者是干涸的河流，仅有污水处理厂尾水排放的水体难以满足水体功能要求。河网水系中支河多为断头浜，断头浜导致水流不畅，调蓄、输水能力较差，缺少活水措施，河水自净能力较差。

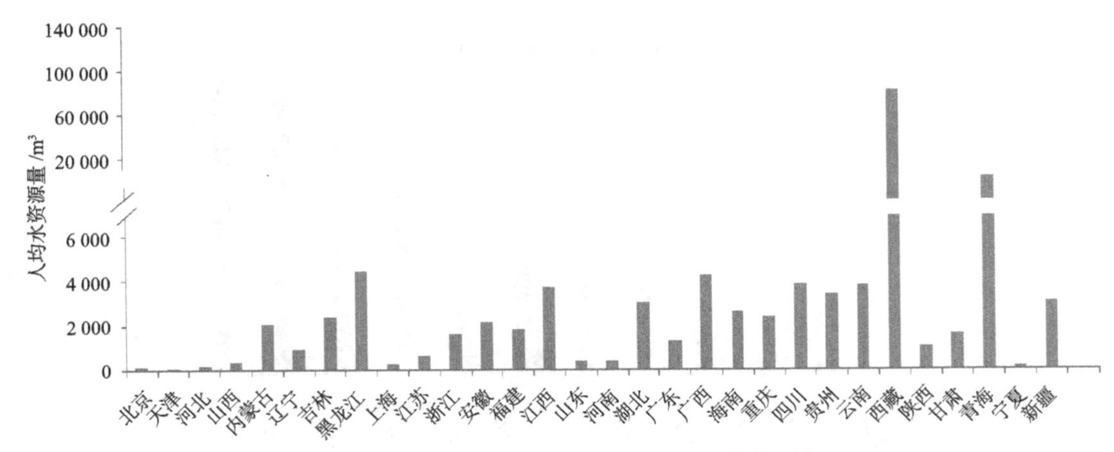

图 2-7　2020 年全国各省市自治区人均水资源量

（* 数据来源于中国统计年鉴）

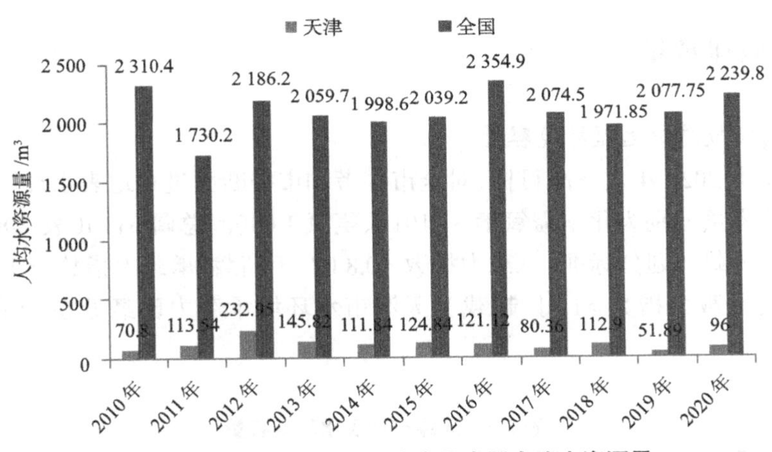

图 2-8　2010—2020 年天津市及全国人均水资源量

（* 数据来源于中国统计年鉴）

3. 非常规水源利用率不高

再生水回用量少率低。2020 年全市再生水利用量为 5.161 3 亿 m³，再生水回用率为 92.4%，大多用于环境补水中。

海水淡化供水能力未能得到充分发挥。2013 年，海水淡化供水只占供水量的 2.2%，目前天津市最大的海水淡化能力北疆电厂一期工程为 20 万 t/d，因用水价格、去向等原因，2010—2015 海水淡化量维持在 0.2 万~2.9 万 t，2016—2020 年海水淡化量维持在 3 万~4 万 t（图 2-9）。

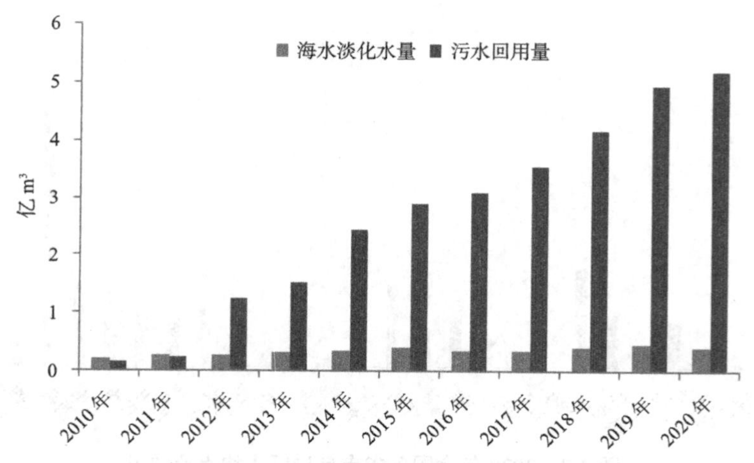

图 2-9 2010—2020 年天津市海水淡化水量与污水回用量

（* 数据来源于中国水资源公报）

2.3.2 污染物排放量大

1. 污染物排放总量远超环境容量

对标天津市 2020 年攻坚战目标，对全市国考和市控断面进行地表水环境容量测算，全市地表水环境容量分别为化学需氧量 31 101 t、氨氮 1 630 t、总磷 311 t（表 2-8）。参考生态环境部提出的承载力划分标准（承载力指数 <0.8 时，不超载；承载力指数介于 0.8 和 1 之间时，临界超载；承载力指数 >1 时，超载），天津市水环境承载力已经处在严重“超载”状态之中。

表 2-8 天津市地表水环境容量

序号	河流名称	对应水质点位	主要污染物环境容量 /（t/a）		
			化学需氧量	氨氮	总磷
1	州河	西屯桥	353	17.7	3.5
2	洪泥河	生产圈闸	4	0.2	0.0
3	潮白新河	黄白桥	962	48.1	9.6
4	青龙湾河	李家牌桥	39	2.0	0.4
5	蓟运河	新安镇	1 000	100.0	10.0
6	蓟运河	江洼口	266	13.3	2.7
7	蓟运河	大田	821	41.0	8.2
8	蓟运河	南环桥	37	1.8	0.4
9	蓟运河	蓟运河防潮闸	504	25.2	5.0
10	青静黄排水渠	大庄子	9	0.4	0.1
11	青静黄排水渠	青静黄防潮闸	212	10.6	2.1

续表

序号	河流名称	对应水质点位	主要污染物环境容量 /（t/a）		
			化学需氧量	氨氮	总磷
12	子牙新河	马棚口防潮闸	13	0.6	0.1
13	北排水河	北排水河防潮闸	6	0.3	0.1
14	沧浪渠	沧浪渠出境	5	0.3	0.1
15	海河干流	海河大闸	195	9.8	2.0
16	海河干流	大梁子	532	26.6	5.3
17	马厂减河	西关闸	45	2.2	0.4
18	马厂减河	九道沟闸	11	0.6	0.1
19	马厂减河	西小站桥	5	0.2	0.0
20	海河干流	海河三岔口	6	0.3	0.1
21	海河干流	光明桥	15	0.8	0.2
22	海河干流	海津大桥			
23	海河干流	西外环高速桥	500	50.0	5.0
24	子牙河	大红桥	1	0.0	0.0
25	新开河	新开桥	8	0.4	0.1
26	外环河	0.4 千米	5	0.2	0.0
27	外环河	大沽南路桥	43	2.2	0.4
28	月牙河	成林道	1	0.1	0.0
29	月牙河	满江桥	1	0.0	0.0
30	月牙河	岷江桥	1	0.0	0.0
31	四化河	仁爱濠景	946	47.3	9.5
32	永定新河	塘汉公路桥	88	4.4	0.9
33	北塘排水河	永和闸	210	10.5	2.1
34	北塘排水河	北塘桥	5 932	296.6	59.3
35	青龙湾河	潘庄	44	2.2	0.4
36	潮白新河	于家岭大桥	90	4.5	0.9
37	潮白新河	老安甸大桥	57	2.9	0.6
38	永定新河	永和大桥	29	1.4	0.3
39	永定新河	东堤头村	1 724	86.2	17.2
40	北京排污河	西安子桥	489	24.4	4.9
41	北京排污河	九园公路桥	123	6.2	1.2
42	北京排污河	华北闸	391	19.5	3.9
43	机场排水河	盖模闸	13	0.6	0.1
44	北运河	新老米店桥	667	33.3	6.7
45	永定河	马家口桥	123	6.1	1.2
46	增产河	六合庄桥	3	0.1	0.0

续表

序号	河流名称	对应水质点位	主要污染物环境容量 /(t/a)		
			化学需氧量	氨氮	总磷
47	中泓故道	丁庄桥	88	4.4	0.9
48	金钟河	金钟河桥	12	0.6	0.1
49	金钟河	北于堡	16	0.8	0.2
50	永金引河	永金引河特大桥	8	0.4	0.1
51	独流减河	万家码头	558	27.9	5.6
52	独流减河	工农兵防潮闸	37	1.9	0.4
53	南运河	十一堡新桥	20	1.0	0.2
54	子牙河	十一堡新桥	36	1.8	0.4
55	大清河	大清河进洪闸	25	1.3	0.3
56	马厂减河	洋闸	533	26.7	5.3
57	子牙河	当城桥	2	0.1	0.0
58	中亭河	大柳滩泵站桥	2	0.1	0.0
59	卫河	万达鸡场闸	238	11.9	2.4
60	洵河	杨庄水库坝下	1	0.1	0.0
61	大沽排水河	东大沽泵站	478	23.9	4.8
62	大沽排水河	石闸	6 806	340.3	68.1
63	大沽排水河	鸭淀二期泵站	5 324	266.2	53.2
64	付庄排干	大神堂村河闸	3	0.2	0.0
65	东排明渠	东排明渠入海口	63	3.2	0.6
66	荒地河	荒地河入海口	321	16.1	3.2
合计			31 101	1 630.1	311.0

2. 工业结构性污染问题比较突出

天津市产业结构依然偏重，冶金、石化等高耗水、重化工业比例偏高，约占全市比重的1/3，高技术产业占全市工业比重不足20%，产业布局不尽合理，“钢铁围城”“园区围城”问题突出。部分行业环境绩效差，“十二五”期间化学原料及化学制品制造业，食品、烟草加工及食品饮料制造业，普通机械制造业，电力煤气及水的生产和供应业等五个行业废水排放量占工业废水排放量的60%以上。印染等部分行业企业规模小，生产方式落后，增长方式粗放。废水直排企业仍然存在，个别企业污水处理设施处于闲置状态，偷排漏排、超标排污等违法排污行为时有发生。表2-9为天津市工业园区（集聚区）围城问题治理情况。

表 2-9　天津市工业园区(集聚区)围城问题治理情况

园区分类	工业园区	国家级园区	市级园区	区级园区	区级以下园区	符合两规	不符合两规	部分符合两规
东丽区	36	1	4	4	27	10	22	4
西青区	55	1	5	5	44	11	7	37
津南区	44	—	6	23	15	10	10	24
北辰区	42	1	5	15	21	22	3	17
武清区	33	1	5	17	10	31	1	1
宝坻区	22	—	4	12	6	13	—	9
宁河区	26	—	3	4	19	3	15	8
静海区	35	1	4	4	26	11	—	24
蓟州区	4	—	3	1	—	4	—	—
滨海新区	17	5	3	8	1	7	1	9
合计	314	10	42	93	169	122	59	133

2.3.3　环境基础设施差距较大

1. 城镇污水处理厂规模依然不足

城镇人口增幅较快、污染排放量较大,城镇污水防治设施能力有待提升。全市污水处理厂的处理能力、运行负荷率和污水集中处理率与国内兄弟城市相比仍有一定差距。以 2017 年数据为例,天津市 2017 年污水处理率为 92.5%,与北京、南京、杭州等兄弟城市相比,处于末尾水平;人均污水处理设计能力也处于最低,为 187 L/d。随着经济社会的快速发展,中心城区等区域污水处理能力不足日益凸显。中心城区东郊、咸阳路、张贵庄污水处理厂超负荷运行,造成局部地区出现污水外溢现象,影响地表水环境质量。据测算,中心城区污水处理能力缺口在 15 万 t/d 以上。受污水处理设施建设重厂轻网、区域开发进度慢等因素影响,2018 年全市仍有 30 余个污水处理厂运行负荷率低于 60%,分布在滨海新区、武清区、静海区等。

2. 建成区排水管网普遍不完善

污水管网设施不健全,生活污水肆意排放入河。全市 16 个行政区建成区污水管网空白,雨污管网合流、错接、漏接、混接现象普遍。据不完全统计,全市建成区内有 15 片污水管网空白区、150 余片雨污合流区、上千个雨污混接点,这导致汛期大量污水经合流管道排入周边河道。同时,污水处理厂污泥处置存在隐患,部分污泥处置单位能力已近饱和。

3. 农业农村污染源治理滞后

畜禽养殖、水产养殖是农业面源的主要污染,目前,农村污染治理和粪污资源利用程度总体滞后,运行及达标难度大,表现为以下四个方面。一是治理设施不足,全市仍有约 1 000 个保留现状的农村污水没有得到治理,废水直排至周边沟渠和坑塘;尚有 500 家规模化养殖场未配备建设粪污治理设施，2 000 余家畜禽养殖专业户粪污也未得到妥善治理和资源利用。二是畜禽养殖粪污生态化、资源化利用程度较低，多数粪污治理设施堆存后简易处理便直接还田，存在二次污染隐患，畜禽粪污农田利用"最后一公里"问题没有得到彻底解决。三是水产养殖尾水污染问题突出，水产养殖底数不清，部分水产养殖未纳入统计，非法养殖、无证养殖等问题依然存在；水产生态养殖模式少，中央环保督查报告指出，近 60 万亩养殖多是粗放养殖，过度投饵情况较为普遍，尾水治理设施配备不足，大引大排；入海河流周边区域存在海水养殖坑塘，从河道取水补水，并将养殖尾水排入周边河流，尾水中氮、磷类污染物对水生态环境造成影响。四是种植业有机肥使用率不高，仍以化肥施用为主。

4. 有机污染物入河

(1)生活污水

基础设施不健全，直接导致部分生活污水肆意排放，一部分生活污水流入附近河道。生活污水中耗氧性有机物和氮、磷进入水体后，无论其是否有充分的溶解氧，在适合的水温下都将受到好氧放线菌或厌氧微生物的降解，排放出不同种类的发臭物质，加剧了城市水体的黑臭程度。

(2)工业废水

城市内的工业企业不断增加，工业废水和生活污水量变大，未经处理或处理后不达标的工业废水直接排入城市河道等水体后，大大超过了河道的自净能力，使得城市河道的生态环境受到严重的破坏，导致城市水质恶化，严重破坏了城市水生态。

(3)畜禽粪便

农业农村污染源治理滞后。多数畜禽养殖场在建厂时未建设畜禽粪便处理设施，致使畜禽污水未经处理任意流失，污染附近河道。

(4)农田化肥污染

现代化的农业对水生态的影响较大，因为在农业作业的过程中需要使用大量的化肥、农药以及以石油作能源的机械，致使氮素、磷素、农药重金属或无机物质等大量污染物，从非特定的地点，在降水和径流冲刷作用下，通过农田地表径流、农田排水和地下渗漏，进入附近河道等水体中，在一定程度上加速了地表水体富营养化进程。

(5)地表径流

降雨导致的雨水径流是引起城市河道面源污染的主要原因。在城市、城郊等地区，屋面、街道、停车场等不透水表面面积增加，这些表面富集着很多不同种类的污染物质，下雨时雨水不断地冲刷城市河道周边道路的表面沉积物，同时河道两边的垃圾也被冲刷进入河道等受纳水体中，这些都造成了城市河道面源的污染。

2.3.4 水体自净能力差

1. 生态水量不足

随着上游水资源开发强度持续加大，入境水量大幅减少，且区域分布不均，南部大清河淀东平原的南运河、子牙河等部分年份入境水量为零，部分河流处于断流状态，河流生态用水严重不足，生态流量难以保障，无法满足水环境改善的要求。由于上游来水少、本地水资源量有限，引滦、引江主要用于工业和生活。虽然自2014年南水北调中线通水为天津市提供饮用水源之后，全市生态用水量得到明显增加，其中绝大部分用于海河干流生态补水，海河干流水质得到了一定改善，但总体上全市生态用水依然存在较大缺口。目前主要对城区的主要景观河道进行生态补水，其他河道生态用水基本得不到有效保障，表现为多数一级河道有水量，但无流量；二级、三级河道生态水量较小，或没有生态水量，河床裸露，容易造成局部富营养化水体。

2. 部分河道内源污染突出

河道水体流动性差，导致河道底泥淤积严重，污染物多年积累蓄积在河道内，底泥释放成为水质污染的一个重要原因，尤其是在河道之间水源调度过程易产生明显污染。于桥水库也存在底泥污染问题。此外，近年来实施的治理工程一般多侧重疏浚清淤、闸泵建设，河道两岸甚至河底多采用混凝土衬砌，水中生物少，受人为活动影响大，无法长期维持河道水质改善效果。

部分区域水体周边脏、乱、差问题严重（图2-10），城市滨水地带被大量占用，尤其是老城区和城乡接合部的水体，违章建筑物多，小型服务业多而杂乱，大量棚户区和单位无序分割占用，污水和垃圾直排入河。

图2-10　水体治理前状况

底泥作为城市水体的重要内源污染物，在水力冲刷、人为扰动以及生物活动影响下，引起沉积底泥再悬浮，进而在一系列物理、化学、生物综合作用下，吸附在底泥颗粒上的污染物与孔隙水发生交换，从而向水体中释放污染物，造成水体富营养化。

3. 水体流动性变差

丧失生态功能的水体流动性往往较差，直接导致水体复氧能力衰退，局部水域或水层亏氧，形成适宜蓝绿藻快速繁殖的水动力条件，增加了水华爆发风险。水体中的微生物和藻类残体分解有机物及NH_3-N速度相应加快，进而导致水体富营养化。

2.3.5　水安全管控措施仍不完善

部分钢铁、火电、化工等高耗水、高污染行业沿河分布，存在一定安全隐患。课题组对天津市第二次污染源普查数据进行了分析，2017 年全市 2 294 家涉水工业企业中有 20 家上述重点行业企业分布在 7 条一级河道周边 1 km 范围内，涉及蓟运河、海河、子牙河、马厂减河、北运河、独流减河、新引河、永定新河等河道，其中蓟运河 5 家、海河 4 家。20 家企业涉及原油加工及石油制品制造、染料制造、中药饮片加工、中成药生产、化学药品制剂制造、有机化学原料制造、化学农药制造等 12 个行业。20 家企业年废水排放量约 194.2 万 t。上述 20 家重点行业企业，要按照“水十条”相关文件要求，严格控制生产装置及危险化学品仓储设施环境风险，做好应急预案编制、备案及定期演练等相关工作。

2.3.6　水污染防治长效工作机制尚不完善

1. 治污设施存在不稳定运行现象

在城镇污水处理厂方面，2018 年全市纳入环保监督性监测的 72 家污水处理厂，超标 3 次的污水处理厂比例达到 17%，涉及城镇和工业园区等各类污水处理厂，污染因子有总氮、总磷和氨、氮等（表 2-10）。2020 年，重点污水厂排污单位监测结果显示，无一家超标单位；重点排污单位监测结果显示，和平区、河西区、静海区各有 1 家企业超标排放，北辰区有 3 家企业超标排放。

在农村污水处理厂方面，天津市已建成的农村污水处理设施，由于配套管网、运行经费、制度不完善等原因，导致多数建成后运转不正常、不运行或者不稳定运行，严重影响了环境效益的发挥。

在畜禽养殖方面，畜禽养殖场粪污治理及资源化、运营市场化机制尚未形成，现有治理设施水平低，资源化利用程度不高，种养衔接不充分。

表 2-10　2018 年天津市污水处理厂超标情况

序号	行政区	单位名称	2018 年度累计超标次数 / 次	超标指标
1	津南区	津沽污水处理厂	3	—
2	静海区	唐官屯镇第一污水处理厂	4	—
3	西青区	咸阳路污水处理厂	6	—
4	武清区	武清区汉沽港污水处理厂	4	总氮、粪大肠菌群数
5	滨海新区	天保扩展区污水处理厂	3	—
6	滨海新区	大港港东新城污水处理厂	3	—
7	滨海新区	大港油田港西污水处理厂	3	总磷、氨、氮
8	滨海新区	中塘污水处理厂	5	阴离子表面活性剂

续表

序号	行政区	单位名称	2018 年度累计超标次数(次)	超标指标
9	滨海新区	滨海高新区污水处理厂	4	总磷
10	北辰区	北辰污水处理厂	4	—
11	东丽区	张贵庄污水处理厂	3	—
12	东丽区	东郊污水处理厂	5	总氮

2. 地方标准体系仍不健全

由于天津市水环境质量较差，基本无环境容量，因此出台了水污染排放地方标准。天津市现行污水排放标准，采用地方污水综合排放标准与行业标准并行的方式，凡是有国家和地方行业水污染物排放标准的，执行相应的行业水污染物排放标准，但通过对比发现，一些行业水污染标准部分因子限值宽松于地方污水综合排放标准，导致难以对污染物排放实施有效的监管。比如，炼焦化学工业企业执行的行业标准，《炼焦化学工业污染物排放标准》（GB 16171—2012）中规定，新建企业水污染物排放浓度限制值化学需氧量直接排放标准限值为 80 mg/L，《硫酸工业污染物排放标准》（GB 26132—2010）中规定，新建企业水污染物排放限值化学需氧量直接排放标准限值为 60 mg/L。而天津市《污水综合排放标准》（DB 12/356—2018）中规定，化学需氧量一级排放标准为 30 mg/L，二级排放标准为 40 mg/L。某些行业标准比天津市地方标准要求要宽松。

目前，天津市《城镇污水处理厂污染物排放标准》（DB 12/599—2015）中的控制指标不够全面。如目前的标准中没有盐度指标。一方面，天津市工业产业中重工业居多，化工、制药、印染、农副食品加工等行业废水容易含高盐度废水，如含氯化钠、氯化铵、硫酸铵、硫酸钠或者是多种混合盐等。由于很难直接处理含盐废水，且物化处理过程较复杂，处理费用较高，不少工业废水经过厂区处理外排时含盐量偏高，对下游城镇污水处理厂处理工业有一定冲击；另一方面，由于天津市盐碱地较多，污水处理厂排水若盐度偏高，会进一步加剧土地的盐碱化，不利于水生态环境健康稳定。

3. 环境监管能力仍然薄弱，精细化亟待提升

水文监测设施尚不健全，北排水河、子牙新河、大沽排水河等河道尚未建设水文监测设施，污染通量监测尚不具备。目前，全市水环境监测断面包括：入境河流（断面）37 个，境内国考和市考断面共计 92 个，分布在 64 条主要河流上；而境内水文站点大约 66 个，分布在 20 余条主要河流上。12 条入海河流中仍有北排水河、子牙新河、大沽排水河、荒地河、东排明渠等 5 条入海河道尚未建设水文监测设施，开展水量监测仍需克服技术等方面的限制。水文、水质同步监测网络尚未建立，无法实现污染物通量监测。

污染管控精细化程度不高。“河流 - 口门 - 汇水区 - 污染源”查溯管控体系不完善，特别是部分河流潜藏大量暗管、暗口，污水来源不明、性质不清，目前尚未对雨污合流等口门进行有效监管。此外，由于涉农污染具有随机性、突发性、隐蔽性以及不易监测性，通常缺乏行之有效的定量方法和有针对性的治理措施。以上因素已成为制约天津市水环境质量的重要

因素。

4. 水环境管理工作有待加强

部分基层河(湖)长履职不到位。部分河(湖)长对河(湖)长制工作重视程度还不够,理解认识不到位,对水环境治理任务的艰巨性和严峻性认识不足,有的工作流于形式,巡河次数多,解决问题少。如2019年4月,天津市委督查室发现武清区豆张庄镇、宝坻区口东镇、西青区精武镇等基层河湖长存在各类履职不到位问题。河(湖)长统筹发挥政治优势和行政资源、履行河(湖)长职责的能力不足,垃圾围河湖现象仍较突出。

区域流域治理缺乏协同。省市之间治理规划不同步,执行标准不统一,流域协同治理机制不健全,补偿机制不完善,无法体现出“1+1>2”的治理效果。

2.4 水体治理及修复面临的主要问题

一是底数不清,缺少明确规范的判定标准和依据。目前,很多城市河道没有监测断面,河道水质状况尚未被掌握。国家尚未发布水体判定的标准和依据,地方政府在进行污染水体调查、评估和判定时具有较大的自由裁量权,存在各省之间以及各地市之间污染水体河长、面积等不匹配的情形,而且城市水体治理事关城市水环境状况排名,地方政府在公布清单和治理进度方面存在犹豫和矛盾的心理。同时,存在排污控制区的河道污染是正常现象的理解误区。

二是治理手段单一,系统性不足制约污染水体治理成效。部分城市水体治理寄希望于污水截流、清淤、筑坝、护岸等措施,治理手段比较单一,有些地方采用在河沟、河渠上“加盖”,当作排污暗沟,虽然暂时避免了臭味的散发,改善了感观,但加盖后封于地下的河流水质会进一步恶化,对流域水系造成毁灭性破坏。为了打造城市水体景观,很多地方建设了橡胶坝,由此导致下游地区基本断流,断头河、有河皆干、有水皆污的现象比比皆是。为了防洪泄洪,部分地方改河道自然护坡为混凝土护坡,甚至“三面光”——河的两岸和河底均被混凝土衬上,严重阻碍了水陆生态系统的联系,破坏了水体的生态系统平衡。污染水体的治理普遍缺乏规范化设计和宏观导向指引。消除污染仅仅是城市水体治理的最初标准,城市水体要成为公众的亲水空间,成为城市的生态廊道和绿网,城市污染水体治理亟须进行顶层设计和规范化的指导。

三是协调机制不完善,城市水体治理作为水治理的重要内容,“九龙治水水不治”的困局尚未打破,治水合力尚未形成。城市水体治理涉及多个行政管理部门,污染物排放监督管理涉及环境保护部门,排污口设置以及河道管理涉及水利(水务)部门,污水管网等基础设施建设涉及住建部门,其他还涉及景观、规划、土地等主管部门,管理协调难度大。

四是管理机制不健全,污染水体存在反弹的可能。污染水体在治理过程中,如果源头治理不彻底、治理后管理不到位,很容易出现污染水体反弹的情形,表现为丰水期好、枯水期差,晴天时水质好、下雨天又黑又臭的情形。污染水体治理必须坚持工程项目和管理制度并重,两手抓,两手都要硬,共同促进污染水体的消除以及良好水体的恢复。

2.5　水体治理及修复总体规划

城市水体治理工作是一项系统的工作，依靠单一的处理技术与应急的处理方案是不可行的。水体治理的技术体系应根据“外源控制 + 内源控制 + 提升自净能力 + 综合管理”的理念建立，应包括外源控制技术、水体内源控制技术、水体自净能力恢复和建立技术、水体监测、管理体系等。水体治理不仅涉及污水治理技术、污水再生利用技术、水体生态系统恢复技术、景观园林构建技术、水资源平衡及利用技术等，是一个系统的水体环境综合治理技术，还涉及人文、地理、景观、城市发展及居民生活质量等，因此水体治理体系建立必须全方位地考虑、全方位地设计和全方位地治理。

水体污染成因复杂、影响因素多，整治工作时间紧、任务重，对生态修复水的恢复提出了“控源截污、内源治理、生态修复”的技术路线，将“控源截污”作为水体整治工作的根本措施。

其一，水体的治理必须同城市开发和建设协同推进，水体的治理需融入新型城镇化建设过程中，与生态城市建设、海绵城市建设以及地下综合管廊城市建设等相融合；编制《城市环境总体规划》，引导和优化城市开发建设，严格城市水域空间的蓝线管控，为城市河湖保护提供生态屏障；加强城市良好水体保护，防止水质退化。

其二，水体治理必须坚持综合施策和系统治理，实现河畅水清岸绿景美的目的。首先是要减少污染物排放，强化城市管网等基础设施建设，切断直排入河的通道；重视城市面源治理，减少初期雨水对河道水体的冲击；实施河道生态疏浚，减少内源污染；城市污水处理厂尾水通过人工湿地、净化塘等进行深度处理和回补河流，给城市水体进一步减负。其次是重视河道补水，及时将再生水、雨水等补充到河道中，保证河道生态流量，维持河道水体流动性。最后是重视河道的生态化改造，通过建设曝气设施等改善水动力条件，解决河道流速慢、水动力不足的问题，提高水体的自净能力。

其三，水体治理需发挥公众监督，将“互联网”融入水体治理中。公众是消除水体污染的最大利益相关者，对水体具有知情权、表达权和监督权。移动互联网时代为创新环境保护公众参与方式、方法和途径提供了机遇和契机。借助移动互联网平台的便捷性，搭建水体信息平台，有利于公众举报和参与水体治理。公众对水体治理对象、治理进程和治理效果的监督管理，有利于倒逼地方政府加快治理进度。

2.6　小结

天津市作为海河流域下游城市，人均水资源量不到全国的 1/10，属于严重资源型缺水城市，海河流域入境水“量少质差”，且在区域上分布不均；优质水资源缺口巨大，水资源短缺问题长期难以得到根治。天津滨海工业带虽然拥有众多水库洼淀等湿地，但由于常年缺水，湿地缺乏新鲜置换水量，基本无水可蓄；水生态环境构建困难，部分河流处于断流状态，水环境容量已近枯竭，水生态环境脆弱，河流生态用水严重不足，再生水回用量少率低，无法满足水环境改善的要求，生态环境自身水体自净能力难以发挥，水体的流动性往往较差，导致河道底泥淤积严重，水体复氧能力衰退，局部水域或水层亏氧，形成适宜蓝绿藻快速繁殖的水动力条件，增加水华爆发风险。水体中的微生物和藻类残体分解有机物及 NH_3-N 速度相应加快，导致水体富营养化。水资源短缺、水生态环境保护压力巨大是天津滨海工业带在京津冀及环渤海区域经济发展中实现战略服务功能需要解决的关键问题。

本章部分图例

说明：为了方便读者查看彩色图例，二维码节选了书中部分内容。二维码中页面左侧的页码表示该段内容在书中的位置。

第3章　水生态修复和生境恢复技术筛选及评估

目前，湿地-湖库及景观河道的修复技术可以从控源截污、污染治理、生态修复、生境恢复四个方面构建，但是如何根据生态治理、生态修复技术和生境恢复技术的自身特点，筛选出最佳可行技术，构建出合适的修复和生境恢复技术体系是本课题研究的方向。本课题通过建立技术评估指标体系，以建立的评估指标为基础，利用数学模型展开技术评估。把运用广泛、代表性强的技术作为评估对象，根据评估体系与模型，广泛开展技术评估。

3.1　水生态修复和生境恢复技术评估体系构建

水生态修复技术筛选即运用某种设定方法，对现有技术进行综合评估，筛选出符合要求的最佳可行性技术。综合评估的方法众多，包括指标体系的构建、数据调研、评估方法的确定及评估结果分析等重要环节。指标体系的构建是综合评估的基础，包括指标的选取、指标标准化和指标权重的确定。为了从众多湿地-湖库及景观河道的修复技术中筛选出最佳可行性技术，以指导生态修复，必须对现有的水污染治理控制技术进行综合评估。因此，需要考虑污染控制技术的各个方面，选择合适的方法对现有及潜在技术进行分解，将复杂的技术分解成具体的、相互独立的因素进行量化综合评估。为合理利用构建的评估指标，必须对指标进行标准化及权重赋值，以构建完整的湿地-湖库及景观河道的修复技术评估指标，再运用适当的方法对现有及潜在污染控制技术进行评估，从而筛选出最佳可行性技术。

技术评估是一个极其复杂的过程，需考虑技术、经济、环境和社会等多方面因素，涉及生产过程、工艺参数、污染物消减潜力、经济分析等多方面数据资料，需经定性、定量综合分析比较，权衡各技术的利弊后，才能最终选出技术先进、经济合理的优化方案。本课题会从经济指标、技术指标、运行管理指标以及二次污染指标等方面对技术方案进行筛选，得到最终适宜的技术体系。

3.1.1　水生态修复和生境恢复技术筛选及评估的必要性

目前，水生态修复和生境恢复单体技术主要包括控源截污、污染治理、生态修复和生境恢复四个方面。其中，控源截污技术包括点源控制、面源控制和内源控制；污染治理技术包括补水及水循环技术、原位治理技术和旁路治理技术；生态修复技术包括湿地工程技术、岸带及水体修复技术以及生物修复技术；生境恢复技术可以从恢复生态廊道、生物多样性、生态渔道、昆虫走廊和构建鸟类栖息地几个方面进行。然而，对于修复的主体往往需要选取几项单体技术进行有机结合，湿地 - 湖库及景观河道的修复技术种类众多，各项技术处理效果参差不齐。在众多技术中选取湿地 - 湖库及景观河道修复的最佳可行性技术，不仅能指导湿地 - 湖库及景观河道防治修复工作，也有利于生态环境主管部门对湿地 - 湖库及景观河道防治工作的监管，以及生态环境和社会的可持续发展。

3.1.2 水生态修复和生境恢复技术评估体系构建

以沿海湿地 - 湖库及景观河道为研究模型，根据各种修复技术和修复后预测结果，本着科技含量高、有良好市场前景、推广应用后能获得较好经济效益和环境效益等原则，在水污染控源技术、综合治理技术、多功能组合式水生态修复技术、生境功能恢复技术等领域开展湿地 - 湖库及景观河道水生态修复技术评估体系研究。依据定性评价和定量评价，建立湿地 - 湖库及景观河道水生态修复技术评估指标框架。按照沿海湿地 - 湖库及景观河道的特点进行定量体系中评价基准值和权重值等参数的确定，并给出对应的计算方法。在考虑与现有修复技术及修复全过程控制技术相衔接，并兼顾未来技术发展空间的基础上，提出技术评估体系效益评估指标中的项目、权重及基准值，并从经济效益、环境效益、社会效益等角度，对沿海湿地 - 湖库及景观河道水生态修复技术评估体系进行评价。

通过对沿海湿地 - 湖库及景观河道水体污染物产生源头、排放特点、现有控制技术及污染治理技术评估方法进行现状调研，结合修复技术产生的经济效益和环境效益，采用层次分析法和专家咨询法进行评估指标的分析和筛选，从技术、经济和环境安全性角度，建立一套科学、公正、合理的湿地 - 湖库及景观河道水生态修复技术评估体系，并采用层次分析法确定湿地 - 湖库及景观河道水生态修复技术评估体系中各级指标的权重（图 3-1）。

3.1.3 技术评估范围

最佳可行性技术的定义：针对生活、生产过程中产生的各种环境问题，为减少污染物的排放，从整体上实现高水平的环境保护所采用的与某一时期的技术、经济发展水平和环境管理要求相适应，在公共基础设施和工业部门得到应用的有效、先进、可行的污染防治工艺和技术。根据最佳可行性技术的定义，结合水生态治理及水生态修复技术的自身特点，水生态治理及水生态修复技术评估范围涉及控源截污、污染治理、生态修复及生境恢复整个过程。本研究针对这四个过程进行指标体系的构建，并对相关技术进行评估筛选，筛选出最佳的技术进行湿地 - 湖库及景观河道水生态修复。

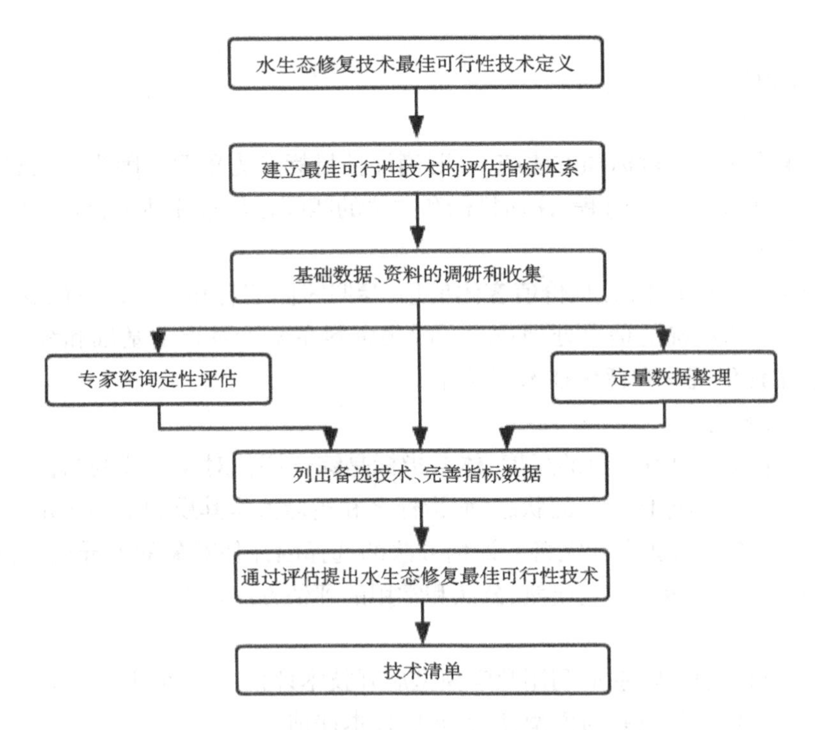

图 3-1　水生态修复最佳可行性技术评估路线

3.1.4　体系构建流程

评估体系的建立是一个“具体—抽象—具体”的逻辑辩证思维过程,是人们对对象特征认识的逐步深化、求精、完善、系统化过程。指标是评估体系建立的枝叶,是进行技术评估的基石。在明确评估目标、对象和范围的基础上,要对尽可能多的、完善的指标进行汇总,建立概要体系指标,在此基础上进行分解、分析、筛选,才能建立内容丰实、系统性强的湿地 - 湖库及景观河道水生态修复技术评估体系。其主要过程如下。

首先通过前期调研对评估方案的各种因素进行分析,确定概要体系指标;然后对概要指标体系进行分解,根据实用性、系统性的指标构建原则,通过专家咨询、反复讨论,将各指标进行多层次分析和筛选,初步筛选出评估指标;最后采用专家调查法广泛征求专家、学者意见,反复讨论比较,对原有指标进行修正、筛选和试用,最终归纳出完善的评估指标。

评估指标是用来衡量被评估项目系统总体目标的具体指标值,是被评估项目系统的结构框架。其中,评估指标名和指标值是体系质和量的规定。评估指标具有四个特点:一是每一个子目标都和总目标(或者上一级的目标)保持一致;二是各级的指标设置不宜过多,体系指标的设置要结构紧凑,易于把握;三是同级子指标之间,其作用和地位不相同,表现为指标权重值的大小;四是指标(或分指标)作为整个体系中最低、不能分割的一级指标。

技术评估流程如下。

1. 确定评估目标

评估最佳的状态是目标和方法统一，明确评估目标尤为重要。因为评估目标制约评估标准的选择，影响整个评估过程，评估目标和方法的匹配是衡量评估是否科学的重要指标。

2. 收集资料

主要内容有价值主体信息、价值客体信息、参照客体信息和环境信息的获取，主要包括收集、搜索、筛选和正确的信息处理过程。收集资料主要涉及评估基础和统计学等理论知识、国内外技术评估现状和评估技术概况等。

3. 建立体系指标

指标是衡量投资项目态势的尺度，体系指标是综合评估对象系统的结构框架。体系指标用于综合反映、说明评估对象的状态，而指标名和指标值是其质和量的规定。指标体系主要通过系统评估方法来建立和完善。评估方法的选择因评估对象的差异而不同，通常在目标分析的基础上，选择运用比较成熟、公认和常用的评估方法。

4. 技术评估

以建立的评估指标为基础，利用数学模型展开技术评估。把运用广泛、代表性强的技术作为评估对象，凭借评估体系与模型，广泛开展技术评估。

3.2　水生态修复和生境恢复技术评估指标

3.2.1　指标确定的原则

指标是用于项目态势衡量的尺度，在实际的评估过程中，并非指标越多越好，也不是越少越好，关键在于评估指标在技术评估中所起的作用大小，确定指标的原则是选择尽量少的“主要”评估指标。

科学性原则：指标应该客观存在、概念明确，并具有一定的独立内涵；能反映水生态修复技术在时间、空间上的变化特征和水平，应尽可能反映水生态修复前后的效果。

系统性原则：各评价指标及其所反映的环境质量特征之间有着内在联系，单个指标仅反映修复区域内环境质量的某个方面，只有相互联系的指标体系才能反映修复区域内环境质量的总体特征。

可比性原则：指标应充分考虑修复区域内水生态修复的阶段性和水生态环境不断变化的特点，使选择的指标有时间变化的可比性。

可量化性原则：指标易于量化和获得，每个指标的值应同其所反映的效益相一致。

全面性原则：与现有社会经济和环境政策相结合，使评价指标体系更加完善，结果更加具有说服力。

3.2.2　指标的选取

对于最佳可行性技术的评估筛选，在评估之前应确定可以对各项技术进行评估、分析、比较的指标体系，所构建的指标体系应能体现技术各方面的性能，满足最佳可行性技术定义的要求。在借鉴国外最佳可行性技术经验的基础上，结合我国国情，并根据湿地 - 湖库及景观河道水生态修复流程、排污节点和修复技术的特点，构建适用于我国当前经济和环境承受能力的评价体系。

构建的湿地 - 湖库及景观河道水生态修复最佳可行性技术评估指标体系，见表 3-1。评价指标体系主要包含目标层、准则层和指标层三个层次，其中目标层为一级评价指标，反映了湿地 - 湖库及景观河道水生态修复最佳可行性技术水平；准则层为二级评价指标，一般为具有普适性和概括性的指标；指标层中的各项指标在二级评价指标之下，是具有水生态修复技术特点的、具体的、可操作的、可验证的若干指标。

表 3-1　湿地 - 湖库及景观河道水生态修复技术评估

目标层	准则层	指标层
湿地 - 湖库及景观河道水生态修复技术评估	技术性能指标	COD/PI 减少率
		NH_3-N 减少率
		TP 减少率
		TN 减少率
		SS 减少率
		特殊污染物去除率
	经济成本指标	工程建设投资费用
		工艺运行费用
		占地面积
		吨废水运行维护成本
	管理操作指标	易操作水平
		安全水平
		技术先进性
		改扩建难易程度
	环境性能指标	资源回用水平
		工程噪声产生情况

该表根据不同的修复对象，将分别进行指标权重的计算，修复对象分为常规水库、饮用水库、缓滞河道、二级河道、丰水河道、工业园区和产业复合区，根据修复对象特点的不同，进行相关技术的选择。

3.2.3　指标说明及数据来源

1. 技术性能指标

技术性能指标包括COD/PI减少率、NH_3-N减少率、TP减少率、TN减少率、SS减少率和特殊污染物去除率，是评估测试污染防治技术对污染物去除性能的指标，包括常规污染物指标和特殊污染物指标。

COD/PI减少率：指组合技术稳定运行后排放的COD/PI浓度值减少为原排放浓度的百分之多少，为定量指标，通过调研获得。

NH_3-N减少率：指组合技术稳定运行后排放的NH_3-N浓度值减少为原排放浓度的百分之多少，为定量指标，通过调研获得。

TP减少率：指组合技术稳定运行后排放的TP浓度值减少为原排放浓度的百分之多少，为定量指标，通过调研获得。

TN减少率：指组合技术稳定运行后排放的TN浓度值减少为原排放浓度的百分之多少，为定量指标，通过调研获得。

SS减少率：指组合技术稳定运行后排放的SS浓度值减少为原排放浓度的百分之多少，为定量指标，通过调研获得。

特殊污染物去除率：指组合技术稳定运行后排放的特殊污染物浓度值减少为原排放浓度的百分之多少，为定量指标，通过调研获得。

2. 经济成本指标

经济成本指标是反映测试工艺技术的经济适用性指标，由工程建设投资费用、工艺运行费用、占地面积和吨废水运行维护成本构成。

工程建设投资费用：指实行组合技术所花费的工程建设投资费用，包括工程场地建设费、设施购置费、环保费用等，为定量指标，通过调研获得。

工艺运行费用：指组合技术稳定运行后水生态修复技术所花费的费用，为定量指标，通过调研获得。

占地面积：指组合技术稳定运行所占的场地面积，为定性指标，分为高、中、低三个等级，通过调研及专家打分综合确定。

吨废水运行维护成本：指1 t废水平均处理维护成本，包括电费、原辅材料费、检修费、人工费、设备折旧费、污泥处理费等，为定量指标，通过调研获得。

3. 管理操作指标

管理操作指标是反映工程的易操作适用性的指标，包括易操作水平、安全水平、技术先进性和改扩建难易程度。

易操作水平：指组合技术稳定运行时，技术工人的操作熟练水平，为定性指标，分为高、中、低三个等级，通过调研及专家打分综合确定。

安全水平：指组合技术稳定运行时，工人操作时受伤害概率的倒数，为定性指标，分为高、中、低三个等级，通过调研及专家打分综合确定。

技术先进性：指评定组合技术操作时，技术的先进水平。为定性指标，分为高、中、低三个等级，通过调研及专家打分综合确定。

改扩建难易程度：指当现有组合技术不适应于现有工程水平时，进行改扩建时的难易程度。为定性指标，分为高、中、低三个等级，通过调研及专家打分综合确定。

4. 环境性能指标

环境性能指标反映工程技术对环境的影响情况，包括资源回用水平和工程噪声产生情况。

资源回用水平：指组合技术稳定运行时，1 t所需资源的平均回收利用率。为定量指标，通过现场调研获得。

工程噪声产生情况：指组合技术稳定运行时，工程产生的噪声情况。为定量指标，通过现场环境监测获得。

3.3　最佳水生态修复适用技术筛选方法

3.3.1　最佳技术选择原则

科学性：在技术评估过程中，要确保每一步工作都科学、合理，有坚实的理论依据，以保证评估结果的准确性。

客观性：在技术评估过程中，尽量避免受人为、主观因素的影响，确保评估的客观性，使评估结果能够如实反映评估对象的本质特征。

适宜性：进行BAT筛选是为了将相对环境效益最佳、经济和技术上可行的水污染控制技术从同类技术中筛选出来，因此准则制定的尺度一定要适宜，既不能太松也不能太紧，要以能将相对优秀的技术筛选出来为宜。

组合筛选：在BAT筛选准则制定过程中，应将“评估前准则”与“评估后准则”有机结合，以达到既将BAT技术筛选出来又简便易行的目的。

3.3.2　最佳技术选择准则

根据目前水生态修复技术的发展情况，通过征询专家意见，制定了湿地－湖库及景观河道水生态修复技术BAT筛选准则，包括评估前准则和评估后准则。

1. 评估前准则

在技术评估之前使用，是对水污染控制技术进行初步筛选的准则。主要包括以下内容：

①至少有1个工程，且稳定运行；

②各项污染物排放均达到排放标准要求；

③符合国家相关产业政策、技术政策和环保政策。

2. 评估后准则

在技术评估之后使用，是根据综合评估结果对技术进行筛选的准则。主要包括以下内容：

①技术性能指标的评估结果在 B 级以上；

②环境性能指标的评估结果在 C 级以上；

③综合评估结果的排序在前 20 名之内。

评估等级划分见表 3-2。

表 3-2　评估等级划分

等级	A	B	C	D	E
分值	1.00~0.90	0.89~0.80	0.79~0.70	0.69~0.60	<0.60

3.4　水生态修复适用技术筛选

根据过去几十年国际上的河流治理经验、河流生态系统的特性和物迁移转化降解的机理，消除源（或大量消减物的排放量）以及恢复河流应有的自然物理结构是治理河流和恢复河流生态系统功能的最根本措施。但是，根据我国目前的经济、社会条件，在短期内内源难以得到全面、有效的控制，河流生态系统修复也需要一个较长的时间过程，因此对污染已经严重的河流水体进行直接净化和修复，对于改善河流生态环境，恢复河流生态系统的功能具有重要的现实意义。

国外整治经验表明，完善的污水截流与收集系统、城市污水处理厂尾水生态化处理、低影响开发模式、雨水处理、生态堤岸、水体生态净化、生态补水是城市水体消除污染的工程技术选择。城市水体消除污染可以通过控源截污治污、清淤疏浚、引水活水、生态修复等多种工程组合措施，通过制定并实施"一河一策"的深度治理要求，实现水环境质量的改善。具体措施包括以下四个方面。

1. 治理减负

①建立完善的污水截流与收集系统，通常作为城市水体综合整治最优先的基础措施加以实施，在河道两岸建设截污管网，把污水改道至截污干管，然后输送到污水厂进行处理。针对雨污不分流，错接、漏接、混接等问题，中小城市一方面采用雨污的彻底分流，另一方面进行雨水排水管网的排查，切断混排污水支管，将其就近改入市政污水管道。对于大城市和特大城市，实施雨污分流的难度较大，通常采用截流井和截留管道等措施将雨水管网内的污水截流到污水管网系统中，最终送至污水处理厂进行处理。

②城市污水处理厂尾水采用人工湿地、净化塘等进行深度处理，并回补河流，给城市水体进一步减负。在大部分城市地区，即使城市污水处理厂处理到一级 A 标准，由于城市水体旱季水量少，排入城市水体的污水处理厂尾水仍能够造成水体的污染。城市污水处理厂尾水采用人工湿地、净化塘等生态处理技术，不仅对氮、磷物有很好的去除效果，而且能够与河道、滩地等的景观建设相结合。

2. 消除城市径流和初期雨水的冲击

①采取低影响开发模式，如植草沟、透水铺装、植被缓冲带等，以“城市海绵体”建设为理念，改善城市生态系统，消减地表径流。

②采取净化塘和人工湿地还可以治理初期雨水，强化氮、磷等营养物质的去除。

3. 生态修复

①改造渠化河道，把过去的混凝土人工护岸改造成适合动植物生长的模拟自然状态的护堤，提高水体的生物多样性，修复水体生态系统。该项措施在国际上曾被普遍采用，如韩国的清溪川整治，拆除原覆盖在河道上的设施，还原了河道的自然属性；在美国洛杉矶，逐步拆除了洛杉矶河衬砌，恢复河流的生物多样性以及自然的曲流河道的状态，使其在城市生态系统循环中发挥更大的作用。

②在不影响河道行洪的前提下在河道上建设自然湿地或半人工湿地，利用自然、生态的河水净化技术，如跌水设施、生态石、人工湿地等，提高水体的自净能力，同时还具有良好的景观效果。

4. 增加生态流量

生态流量不足是城市水体自净能力差的主要原因之一，城市水循环利用是解决城市生态用水和环境用水的最佳途径之一，解决污染水体的生态流量不足问题要从构建城市水循环系统的角度出发，通过城市供配水系统，以及充分利用工业和污水处理厂的深度治理和中水回用系统，开展保证生态流量的城市水资源配置工作。特别是截污完善后的部分城市水体，水量极少，实施生态补水，打通断头河，增加水体流动性，是治理措施的选择性方案之一。

通过对现有的水生态治理修复技术进行梳理，我们按照流域综合治理及生态修复的思路对各类技术进行分类，按照污染源识别—污染源控制—污染物拦截—污染物消减—水质改善—生态修复逐步开展。

在治理水体时应遵循“控源截污技术（外源控制＋内源控制）＋提升自净能力水质净化技术＋生态修复＋生境恢复＋综合管理”的理念。外源控制主要是截断源，对点源、面源进行综合治理；内源控制则是内源物的清除与固化（如河道清淤等）。提升自净能力是使水系连通，维持水体流动性，恢复水体生态系统自净能力，恢复河道景观。在此基础上，要加强综合管理，建立完善的监测系统。治理污染水体“截”是基础，“治”是关键，“保”是根本。“截”是切断进入水体源；“治”是采用某种治理技术使现有水体变清；保是恢复水体生态和自净能力，永保水清。

本书将技术分为控源－截污、污染治理和生态修复生境恢复三个大类，然后对每一种技术按照其技术原理、技术优点、适用范围、成本等 9 个指标进行了整理。

3.4.1 “控源－截污”技术

“控源”是指对流入湖库－河道－湿地的污染物及其来源进行控制，以达到改善湖库－河道－湿地水质的目的。湖库－河道－湿地的污染物来源有很多种，其中从湖库－河道－湿地外部向湖库－河道－湿地输入污染物的叫外源，外源包括点源（工业污水、生活污水等）和面源（初期雨水径流、空气降尘、农业废弃物倾倒等），主要是农业、养殖业和未集中处理的垃圾。随着污染的加剧，湖库 - 河道 - 湿地底泥会吸附一部分的污染物。当底泥吸附到一定程度或水中污染物浓度降低时，底泥会向水中释放污染物，这是湖库 - 河道 - 湿地内源污染的主要来源。

污染源治理是流域水污染综合整治中的基础性规划，在对湖库 - 河道 - 湿地流域内的点源和面源污染负荷现状调研和预测分析的基础上，从社会 – 经济 – 环境系统的复杂性和整体性入手，制定出宏观对策与微观控制措施相结合的污染源治理工程方案。并通过系统协调分析，遵循“源—途径—汇”的分级、分层次控制思路，实行“控源 – 减排”结合的消减技术，最终得到点、面结合的综合规划方案。

1. 点源污染

点源污染是指具有固定排放点的污染源。点源一般都汇集多种污染源，其污染物成分复杂，处理难度较大，常用的点源控制技术包括污染源控制和截污纳管技术，其各自技术特点如表 3-3。

1）污染源控制

通过高污染源企业的搬迁、对现有企业实施清洁生产、对大型生产型企业以及支柱型产业实现园区化管理等一系列方式，规范污染物排放，从源头控制污染。

2）截污纳管技术

针对城市水体沿岸污水排放口、分流制雨水管道初期雨水或旱流水排放口、合流制污水系统沿岸排放口等点源，截污纳管是污染水体整治最直接有效的工程措施，也是采取其他技术措施的前提。截污纳管技术是通过沿河、沿湖铺设污水截流管线，并合理设置提升（输运）泵房，将污水截流并纳入城市污水收集和处理系统，在河道两岸建设截污管网，把污水改道至截污干管，然后输送到污水厂进行处理。对老旧城区的雨污合流制管网，沿河岸或湖岸布置溢流控制装置，从源头上消减污染物的直接排放。无法沿河与沿湖截流源的，采用就地处理等工程措施，避免城区截流的污水直接排入城市河流下游。

表 3-3　常用点源治理技术及其特点

名称	技术机理及工艺流程	技术优势	技术劣势	适用范围	效率	二次污染	成本	运维	可达性
污染源控制	通过污染源搬迁、清洁生产、生态工业园等方式，从源头控制污染源，减少污染	有效减少污染的产生，从源头上消除污染	需要政府干预，园区管理等引导实施	工业园区	高	无	高	无须后期维护	园区点源控制技术成熟

续表

名称	技术机理及工艺流程	技术优势	技术劣势	适用范围	效率	二次污染	成本	运维	可达性
截污纳管技术	通过铺设截污管网，将污水截流并纳入城市污水处理系统，输送到污水厂处理	水体整治最直接有效的工程措施，能够最大限度地减少城市污染物的排放，保护城市水体的水质	受到水位和污水处理厂处理能力约束	城乡水污染整治应用最为广泛和最为有效的方法之一	高	有可能引起污水冒溢	投资较低，占地小	维护容易，对人员要求低	技术非常成熟，应用范围广，极限条件下有一定隐患

2. 面源污染

河道水质修复以污染源控制为基础，主要通过生态沟渠、生态坝和生态隔离带等方式来控制外来污染物，将相关河道及相应支流的沿岸居民的生活污水、农业污水、生活垃圾及初期雨水等各种点源、面源污水截流纳入污水处理系统。

面源污染又称为非点源污染，与点源污染相比，面源污染一般没有固定污染排放点。面源污染一般分散广泛，不易检测，具有一定的累积性和潜伏性，研究和治理也具有一定的难度。常见的面源污染治理方式如表3-4。

1)农业种植面源污染控制技术

农业非点源污染的“控源”和“减排”措施主要体现在管理方法与生态方法的结合运用上，其中营养物管理的应用较为广泛，因其可最大限度地增加作物的产量，并将营养物流失对水体造成的危害程度降到最低。在实践中，需要采用保护性耕作、等高耕作、条状种植、植物覆盖、保护性作物轮作营养物管理、有害物质综合管理、生态农业与生态施肥技术，实施测土施肥、深层施肥，避免雨前施肥，尤其是在敏感水体上游流域。对农村污染控制而言，主要可采取的措施有：农村沼气设施、分散式污水处理设施、人工／天然湿地处理系统及生态厕所等。

(1)生活、畜禽和企业面源控制技术

大型生产型企业以及支柱型产业已实现园区化管理，工业园区污水管网覆盖率达到100%。河道及相应支流的沿岸居民生活大部分生活污水、家畜养殖业和生产废水等各种点源、面源实现管网全覆盖，进入污水处理厂。管网全覆盖能够最大限度地减少对城市河网水系污染物的排放，保护城市内河、内湖等水体的水质；能更好地完善污水收集系统，提高污水收集率和处理率。

(2)生态截留沟／渠(农田缓冲带)

缓冲带是指邻近受纳水体有一定宽度、具有植被、在管理上与农田分割的地带。利用现有沟、塘、窖等，配置水生植物群落、格栅和透水坝，建设生态截留沟／渠(农田缓冲带)、生态坝、生态隔离带、污水净化塘、地表径流集蓄池等农田缓冲带设施，减少废水外溢，避免污染源与河流、湖泊贯通，减少侵蚀迁移的土壤进入水体，截持土壤侵蚀的养分污染物，改善水质。

表 3-4　常用面源治理技术及其特点

名称	技术机理及工艺流程	技术优势	技术劣势	适用范围	效率	二次污染	成本	运维	可达性
农业种植面源污染控制技术	利用现有沟、塘、窖等，配置水生植物群落、格栅和透水坝，建设生态截留沟/渠（农田缓冲带）、生态坝、生态隔离带、污水净化塘、地表径流集蓄池等农田缓冲带设施，减少废水外溢，截持土壤侵蚀的养分污染物，改善水质	截留农业面源污染物和泥沙，有效减少有机污染负荷，对氮、磷处理效果明显	充分利用现有条件建成，截留效果显著	大部分农田种植区域	高	无	投资成本较低	较容易	有很大的发展前景
滨岸/库滨缓冲带	通过缓冲带对入河水体进行过滤沉积、植物吸收、微生物固定等的作用拦截消化污染物，保护河流水质	截留陆源污染，易于维护，无二次污染，同时可以改善城市水体生态	占地面积大，对地形有一定要求，适度的坡地才能取得最好的污染物截留效果	适用水陆交错区域，防治农业面源污染效果好	一般	无	投资维护成本高，占地面积大	较容易	越来越受重视，有很大的发展前景
泥沙滞留工程	改善原有开发和耕作方式，完善排水系统，对部分山体小滑坡或易滑坡处进行削坡处理，并修建截排水沟及沉沙池，集中蓄排径流，减轻暴雨和径流的冲刷	截留陆域面源污染物和泥沙。从源头上控制土壤营养流失。集中治污，规模化处理	工程量大，影响范围广。工程实施受用地类型等因素制约	适用于城市开发和农业耕作等导致的水土流失问题	一般	无	投资运营成本高，工程量大，占地面积大	较高维护要求	治理效果受环境、气候等多种因素影响，发展前景一般
调蓄池技术	可有效截流雨污混合污水，减少暴雨引起的管道溢流，减少对水体的污染。暴雨发生时，部分初期雨污水进入调蓄池进行储存	有效提高城市防汛能力，减轻排水管网压力	底部滞留沉积杂物易变质。通常只能靠人力处理沉积物，危险性高，效率低	主要适用于初期雨水的处理	一般	池底部易滞留沉积杂物	成本低廉	需处理沉积物	较成熟，在城市建设中具有较大的应用前景
前置库技术	通过延长时间，水体中泥沙及营养盐充分沉降，另外可在前置库中设置水生植物、微生物等，进一步吸附、吸收污染物，有效抑制富营养化进程	投资少，成本低，占地面积小。有效减少有机污染负荷，对氮、磷处理效果明显，对抑制水体富营养化具有良好效果	容易受到河流行洪功能的限制或由于季节变化（尤其是北方）而引起植物生长情况变化的影响，进而影响其处理效果	该技术多应用于水体富营养化防治	较高	底泥处理不当易造成二次污染	投资成本低，运维简单，占地少	运维较容易，人员素质要求低	投资少，运维简单，净化效果好，应用前景广阔

续表

名称	技术机理及工艺流程	技术优势	技术劣势	适用范围	效率	二次污染	成本	运维	可达性
海绵城市湿地技术	有机物通过湿地的沉淀、过滤、截留，起到缓冲作用，当雨季时，可以将雨水暂时储存，在旱季回流到河道	有效提高城市防汛能力、蓄水能力，有效减少有机污染负荷，对氮、磷处理效果明显	占地面积较大	多用于城市雨水储蓄，同时通过湿地植物可以起到过滤、去除氮磷的作用	较高	无二次污染	投资成本高，占地面积大	较高维护要求	越来越受重视，有很大的发展前景
初期雨水净化技术	通过滤池或者磁絮凝技术对初期雨水进行截留、沉淀等拦截污染物，保护河流水质，也可以对湿地进水进行预处理强化其作用	占地面积小，对污染比较严重的污水截留效果显著	投资较大	多用于污染严重的污水，如工业园区初期雨水处理，同时也可用于湿地强化预处理	效率高	无二次污染	投资成本较高，占地面积少	维护高	净化效果好，重污染水体效果好
城镇面源污染控制技术	利用植草沟、透水铺装、植被缓冲带等，或者采用就地处理等工程措施，避免城区截流的污水或者初期雨水直接排入城市河流下游。有机物通过沉淀、过滤、截留，起到缓冲作用	截留城镇面源污染物和泥沙，有效减少有机污染负荷	充分利用现有条件建成，截留效果显著	城镇街道、停车场、园区路面等	效率高	无二次污染	投资成本较低	较容易维护	有很大的发展应用前景

在截留粗沙颗粒和颗粒吸附物、促进水流下渗、截持黏土及可溶性污染物方面，缓冲带具有显著功效。为了达到防治农村面源污染更好的效果，一般将缓冲草地带和缓冲林带有机地结合起来。缓冲带在控制面源污染的同时，还可以增加生物多样性和植被覆盖率，从而改善区域环境。

2）城市非点源污染

随着我国城市化进程的加速，城镇规模和不透水面积日益扩大，随之带来的城市流域雨洪问题和非点源污染急需得到关注和有效解决。城市面源与点源有很大的区别，空气中的大量酸性气体、汽车尾气、工厂废气等污染性气体，降落地面后，又由于冲刷屋面、沥青混凝土道路等，使得前期雨水中含有大量的污染物质（如原油、氮、磷、重金属、有机物质等），前期雨水的污染程度较高，甚至超出普通城市污水的污染程度。

城市流域雨洪经城市排水管道或漫流进入河道、湖泊等受纳水体，形成典型的城市降雨径流污染，具体指沿岸的截污最大化、雨季初期混合污水收集处理最大化，目的是最大程度降低排河污染物总量，减少河道环境容量的负荷。

截留后雨水可以通过雨水泵站调蓄池、雨水截污净化技术、滨岸 / 库滨缓冲带技术、泥沙滞留技术和前置库技术等达到控源截污。

（1）雨水泵站调蓄池

雨水泵站调蓄池功能有：截流初期雨污混合污水；当晴天或是降雨较小时，雨水直接进入污水处理厂；当暴雨发生时，部分雨污水进入调蓄池进行储存，等管道的排水能力恢复后输送到污水处理厂进行处理。雨水泵站调蓄池从源头上对初期雨水进行净化并能消减初期雨水中的污染物。

（2）雨水截污净化技术

主要是针对城市水体沿岸污水排放口、分流制雨水管道初期雨水或旱流水排放口、合流制污水系统沿岸排放口等面源污染，通过沿河、沿湖铺设污水截流管线，将污水截流至截流井和截留管道，初期雨水送入城市污水收集和处理系统，对老旧城区的雨污合流制管网，沿河岸或湖岸布置溢流控制装置。通过建设附加污染消减控制措施，可有效滞纳、消减地表径流污染物，降低初期雨水的污染浓度。

①海绵城市湿地技术。废水中的不溶性有机物通过湿地的沉淀、过滤作用，可以很快地被截留进而被微生物利用；废水中可溶性有机物则可通过植物根系生物膜的吸附、吸收及生物代谢降解过程而被分解去除。随着处理过程的不断进行，湿地床中的微生物也繁殖生长，通过对湿地床填料的定期更换及对湿地植物的收割而将新生的有机体从系统中去除。

②多维生态截控技术。该技术是利用下凹式绿地、植草沟、透水铺装、生物带滞留和植被缓冲带等，或者采用就地处理等工程措施，避免城区截流的污水直接排入城市河流下游。同时，以“城市海绵体”建设为理念，改善城市生态系统，消减地表径流污染。通过植物截留、土壤渗滤作用净化初期雨水径流污染，降低雨水径流的流速，消减径流量，降低雨水对河道水体的冲击负荷，改善入河水质；改善景观环境，达到良好的景观效果。

③生物滞留技术。生物滞留设施指在地势较低的区域，收集面源污染的雨水通过雨水汇集池及多个沉淀池对雨水进行过滤净化，通过泥土、粗石层、碎石层、幼砂层、过滤网等地下预设层、植物、微生物及鱼虾类水生动物的栖息地过滤水体，最大限度地减少初期雨水污染物的排放，保护城市内河、内湖等水体的水质。

对于污染严重的汇水区应选用植草沟、植被缓冲带或沉淀池等对径流雨水进行预处理，去除大颗粒的污染物，并减缓流速；应采取弃流、排盐等措施防止融雪剂或石油类等高浓度污染物侵害植物。

屋面径流雨水可由雨落管接入生物滞留设施。

④磁絮凝处理技术。该技术是利用常规混凝与磁化技术的有机结合，有效处理在降雨过程中形成的污染物含量高、变化大、组分复杂的径流溢流雨水。

3）滨岸/库滨缓冲带

滨岸/库滨缓冲带是指介于河溪/水库和陆域之间的生态过渡带，是陆地生态系统与水生生态系统交错带的一种类型。滨岸/库滨缓冲带是截留陆域面源污染物、改善河道/水库水质和生态环境的有效手段。在有条件建设滨岸/库滨缓冲带的河道和湖泊周围，必须有效利用原有地形、地貌条件，适当改造，尽量降低缓冲带坡度，使滨岸/库滨缓冲带截留污染物的能力达到最佳。在滨岸/库滨缓冲带植被的选择过程中，必须根据当地的气候条件，选择土著植物，并结合季节的交替，选择暖季型和冷季型植被混合栽种，避免出现由于季节变化导致植被生长差异而降低缓冲带污染物截留效果。

4）泥沙滞留工程（水土流失治理技术）

改善原有的开发和耕作方式，建成高标准水平梯田；拓宽和合理规划修缮道路；完善排水系统，根据现有具体情况，对部分山体小滑坡或易滑坡处进行削坡处理，并采用人字形骨架结合铺草皮的方法护坡修建截排水沟及沉沙池，集中蓄排径流，减轻暴雨和径流的冲刷，最大限末端处理。

5）前置库技术

该技术是在受保护的湖泊和水库水体上游支流，利用天然或人工库（塘）拦截入湖径流，通过人工强化的物理、化学和生物过程，进行污染物质的初步拦截、沉降，同时调蓄水量，使径流中的污染物得到净化的工程措施。

前置库是一种相对较小的，水体停留时间为几天的水库，它们通常紧靠着需要改善水质的主体湖泊或水库。在前置库中，水体所含的营养物质首先通过浮游植物从溶解态转化成颗粒态，接着浮游植物和其他颗粒物质在前置库与主体湖泊（水库）连接处沉降下来，整个沉降过程包括自然过程和絮凝沉降。

3. 内源控制

内源污染一般是由于城市河道的外源污染持续输入且累积到一定程度，超出河道原始水环境的承载力与自净能力后，导致河道内原生态平衡体系被破坏，对外来污水丧失了消纳与净化能力。内源污染是引起水体浑浊、引发富营养化的主要原因，其主要治理技术如表3-5。

1）底泥处理技术

（1）底泥疏浚技术

清淤疏浚，将底泥中的污染物迁移出水体，减少底泥中的污染物向水体释放，底泥疏浚（又称环境疏浚），即通过挖除表层的污染底泥，减少底泥污染物释放，可显著且快速地降低水体内源污染负荷。底泥疏浚一是改善江河泄洪能力，改善航道通行条件，增加湖库调蓄能力；二是清除内源污染，改善江河湖库水环境，为进一步修复污染水体创造条件。

（2）底泥消解技术

底泥消解可以通过曝气增氧、微生物菌剂、微生物促进剂和矿物质生物载体等方式，改变河道底泥生态环境，增加微生物或者激活土著微生物菌群，对底泥中的有机污染物进行有效生物降解，达到水质净化的作用（图3-2）。该方法可快速高效地恢复环境的自净能力，综合成本低，运行简单，不需要清淤及进行土建工程，大大降低了治污投入，且不会对生态环境造成二次污染。

图 3-2　底泥消解技术

（3）底泥原位洗脱技术

通过外力在湍流作用下，将粒度较大的无机颗粒态泥沙重力沉降、原位覆盖，阻止底泥深层污染物释放。粒度较小的颗粒态污染物随水泵抽出，经絮凝分离后沉降于水槽抽取外运，絮凝分离后的清水回流水体（图 3-3）。

图 3-3　底泥洗脱

一般情况下，经过 10~20 min 物理洗脱，原先黝黑的沉积泥可逐渐洗脱为黄褐色颗粒态泥沙，底泥有机质和水体悬浮物大幅度消减，水体透明度显著提高（图 3-4）。

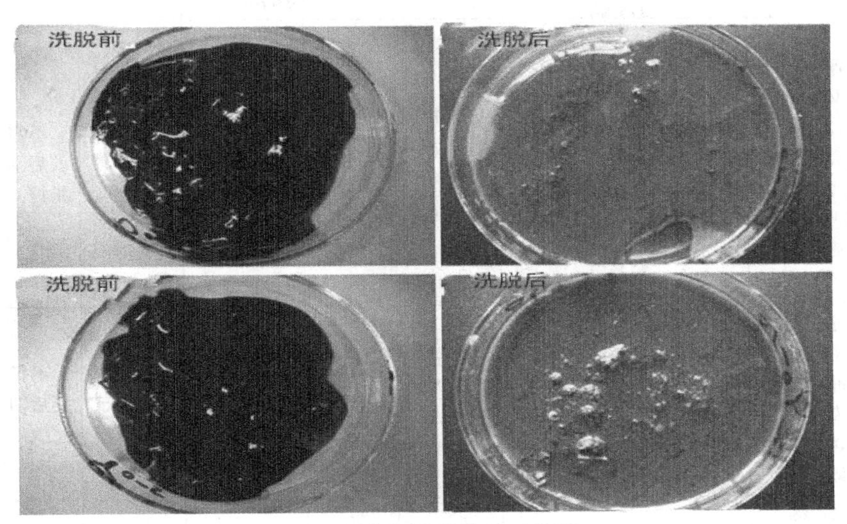

图 3-4　底泥洗脱前后对比图

2）固体废弃物清理技术

固体废弃物清理技术是指定期对河道周边的生活垃圾、旅游垃圾、风运垃圾、水生植物、岸带植物和落叶季节性的水体内源污染物，在进入水体之前或者干枯腐烂前进行打捞和清理，避免发生腐烂，进一步向水中释放污染物和消耗水体氧气，该治理措施需要长期清捞维护。

3）深层曝气

通过深层曝气或者机械搅拌，注入氧气或者空气，有效增加深层水的溶解氧，促进深层污泥中微生物活性，对有机污染物可以起到消减的作用，同时可以降低氨、氮和硫化物有机污染物的浓度，但对内源性磷控制的效果不稳定。

表 3-5　常用内源治理技术及其特点

名称	技术原理及工艺流程	技术优势	技术劣势	适用范围	效率	二次污染	成本	运维	可达性
固体废弃物清理技术	定期对河道及其周边的垃圾和水体内源污染物进行打捞和清理，避免其腐烂	清除垃圾，保持河道周边景观，有效减少污染物入河量，保持河道畅通	主要为人工打捞，效率低下，监管和维护难度大	城市河道及其排污口等周边区域	效率低下	打捞的固体废弃物易引发二次污染	人工成本高，投资和占地成本低	需要长期维护	发展前景一般

续表

名称	技术原理及工艺流程	技术优势	技术劣势	适用范围	效率	二次污染	成本	运维	可达性
底泥清淤疏浚技术	通过挖除水体污染底泥，减少污染物释放，减少内源污染，进而改善水体水质	直接消除内源污染，效率高，见效快。可快速降低水体的内源污染负荷	工程量大，对原有生态系统影响大，不利于水生态自我修复。易对航运、旅游带来不利影响	适用于治理重度污染的黑臭水体	较高	疏浚底泥易对环境造成二次污染	一般疏挖成本较高	不需要后期维护	探索采用数字化监控技术。重点在环保疏浚设备研发方面
底泥原位洗脱技术	通过洗泥设备，进行搅拌冲洗，洗掉污染污泥，下部泥沙返回水体	消除有污染源的污泥，对操作人员要求较高	对水体扰动较小，对原有生态系统影响适中	适用于治理重度污染的黑臭水体	较高	造成一定定程度的二次污染	成本较高，少于疏浚成本	不需要后期维护	成本高，技术含量大
底泥消解技术	深层曝气、机械搅拌，微生物菌制剂及促生剂投加等措施，增加水的溶解氧，增加微生物菌体浓度，对有机污染物可以起到消减的作用，也可以降低氨、氮和磷、硫化物等污染物的浓度	可控性高，根据水体状况有选择地启用。占地面积小，构建筑物少，投资小。利于水生态自我修复，对环境扰动较小，利于重建生态环境	对于流动性水体处理效果较差，适合静态水体	适用于因总磷升高导致的湖泊水体富营养化的治理、城镇黑臭水体改善，促进土著微生物繁殖	处理效率高，在短时间内净化	无二次污染	是一种经济廉价的水处理方法	操作简单，对人员要求低	该技术能够以不同的形式快速高效地对不同特点的受污水体进行治理，应用前景广阔

3.4.2 “治污”技术

污染治理技术主要分为原位治理技术、异位治理技术和水循环调度技术三个方面的内容。其中原位治理技术主要是指在不改变水体位置的情况下，提高对水体污染物的降解，从而净化水体的治理技术；异位治理技术主要是指将受污染水体从发生污染位置转移至专门的处理场所的水体污染治理技术；水循环调度技术主要是根据水动力学原理，实现水体的流动，促进污染物扩散、转移，改善水生生物的生存环境，提高水体环境质量。治污主要从水动力措施、原异位治理技术、蓝藻控制与资源化等三个方面治理水体污染。

1. 水动力措施

水动力措施是指通过水利调控、水系连通、再生水补给以及水系调蓄与循环技术对水体的流动性、循环程度进行改善，进而改善水生生物生存的环境，为水生群落的构建创造条件，恢复工业带的截污净化及生境保护功能，构建基于水资源综合利用的滨海新区“景观河道 - 湿地 - 湖库”生态廊道水生态调控集成技术。水利调控、水系连通、再生水补给以及水系调蓄与循环技术的具体措施有清水补给、再生水补给和水动力学循环 / 水系连通技术等，具体内容见表 3-6。

（1）清水补给

是通过引流清洁的地表水对治理对象水体进行补水，促进污染物输移、扩散，实现水质改善。适用于滞留型污染水体、半封闭型及封闭型污染水体水质的长效保持。清水补给可有效提高水体的流动性，利用城市再生水、城市雨洪水、清洁地表水等作为城市水体的补充水源，增加水体流动性和环境容量，充分发挥海绵城市建设的作用，强化城市降雨径流的滞蓄和净化。清洁地表水的开发和利用需关注水量的动态平衡，避免影响或破坏周边水体功能。

（2）再生水补给

城市污水经过处理并达到再生水水质要求后，将其排入治理后的城市水体中，以增加水体流量和减少水体停留时间。应采取适宜的深度净化措施，以满足补水水质要求。再生水作为城镇稳定的非常规水源，是经济可行、潜力巨大的补给水源，应优先考虑利用，适用于缺水城市或枯水期的污染水体治理后的水质长效保持。

（3）水动力学循环 / 水系连通

适用于城市缓流河道水体或坑塘区域的污染治理与水质保持，可有效提高水体的流动性，通过设置提升泵站、水系合理连通、利用风力或太阳能等方式，实现水体流动，非雨季时可利用水体周边的雨水泵站或雨水管道作为回水系统。通过水库、泵站、渠道等必要的水工程，恢复和建立河流、湖泊、湿地等水体之间的联系，形成引排顺畅、蓄泄得当、丰枯调剂、多元互补、可调可控的湖库水网络体系。

表 3-6　常用水动力治理技术及其特点

名称	技术机理及工艺流程	技术优势	技术劣势	适用范围	效率	二次污染	成本	运维	可达性
清水补给	对受污染水体补充清洁水源，增加水体流动性，加快污染物扩散，扩展水体环境容量	能够快速改善水质，增加水体流动性和提高水体环境容量	水源对于该技术的实施限制较大，距离太远，费用成本太高。会导致交换水体的生态体系发生变化	适用于滞留型污染水体、半封闭型及封闭型污染水体水质的长效保持	效率高	易引起周边水体功能失衡	技术简单，成本低廉	操作简单，要求低	技术成熟，可靠性高，但受水源限制大，前景一般

续表

名称	技术机理及工艺流程	技术优势	技术劣势	适用范围	效率	二次污染	成本	运维	可达性
再生水补给	将经过处理达到水质要求的再生水对受污染水体进行生态补水，降低污染物浓度，提高水体流动性，加快污染物扩散，改善水质	水源稳定，经济可靠，发展潜力巨大，应用前景广阔，应优先考虑利用	需要一定的前期投资，例如铺设管道、深度净化来保证水质。会导致交换水体的生态体系发生变化	适用于缺水城市河道补水或者治理处于枯水期河道，以及经过初步治理后水质达标水体水质的长效保持	效率高	保持水量动态平衡，以免破坏周边水体功能	投资运维成本较高	需专业运行维护	国内再生水利用起步较晚，发展较慢，再生水资源化还有许多问题亟待解决
水动力学循环/水系连通	通过给水体施加动力，如水泵、闸阀或者曝气加速水体的流动，促进水体交换，进而提高水体溶氧量，抑制藻类繁殖，激活水体自我净化机能，改善水体环境	可快速提高水体流动性。沟通水系，对行洪排涝、交通航运等水利方面具有巨大的作用	后续维护要求高，投资、运行和维护成本较高；水系连通应进行前期的调查和生态评估。重新释放自由磷，水体透明度下降	适用于城市缓流和滞流河道或湖库类水体的污染治理和水质保持	效率高	水系连通应进行前期调查和生态评价，避免生态破坏	工程建设和运行成本较高，占地成本高	有较高维护要求，需专业运行维护	优化水资源配置，连通水系，提升城市环境和形象，应用前景广阔。形成引排顺畅、蓄泄得当、丰枯调剂、多元互补、可调可控的湖库水网络体系

2. 原异位治理技术

治污技术基于滨海工业区多水源作为补充生态用水的特点，针对不同污染源如雨洪水、外调水、石化、冶金、医药等不同工业园区污水厂尾水和过境水等，水生态环境中环境风险高、水体富营养化、含盐量高、水质较差等特点，针对难降解有机物、COD、总氮和总磷等主要水污染物指标，开展针对以消减氮磷等典型入海污染物负荷为核心的人工湿地水生态修复技术甄别、筛选；对每一种技术按照其技术原理、技术优点、适用范围、成本等9个指标进行整理。

（1）原位治理技术

原位治理技术主要是指在不改变水体位置的情况下，通过向水体中投加化学试剂、微生物等方式来提高对水体污染物的降解，从而净化水体的治理技术。原位治理技术一般无须复杂的设备和庞杂的工程建设，一般具有成本低、见效快、操作简单的优点。常见的原位治理技术主要有人工曝气技术、微纳米曝气生物接触氧化技术、絮凝沉淀技术、水体微生物/促生剂修复技术等，具体详见表 3-7。

①人工曝气技术。通过人工曝气充氧（通入空气、纯氧或臭氧等），防止厌氧分解和促进污染物质的氧化，满足污染物氧化降解，好氧生化降解，铁、硫循环及水生动植物呼吸等各方面对氧的需求，可以有效地消除水体的缺氧状态，避免黑臭等情况发生。常见河道治理曝气形式主要有推流式曝气机、微孔曝气系统、喷泉曝气机（表曝机）、纳米曝气系统、造流曝气机（离心曝气机）和膜曝气技术。

②微纳米曝气生物接触氧化技术。微纳米曝气生物接触氧化净水技术在输气软管的水下部分都设置有微孔纳米曝气头和生物膜软性载体，并配置氧气/臭氧发生器、高压充气机、储气罐、精密空气过滤器、生物膜软性载体。生物膜软性载体具有比表面积大、生物易附着等优点，与微纳米曝气相结合，可以在软性载体表面附着生长生物膜，与微纳米曝气相结合，提高微生物降解效率，达到水体治理目的。

③絮凝沉淀技术。通过向受污染水体投加混凝剂，将水体中溶质、胶质、悬浮颗粒/重金属离子和磷等变成絮状并将其沉淀，降低水体的色度和浊度，进而改善水质。但是由于混凝沉淀处理的效果容易受水体环境变化的影响，且部分化学药剂具有一定毒性，易造成二次污染。

④水体微生物/促生剂修复技术。在许多受污染的水体中存在着大量具有净化能力的土著微生物，但是因为生存环境太恶劣，生物活性受到抑制，无法发挥它们的作用。生物促生法是通过向受污染的水体中投放生物激活剂，促进土著微生物的生长，加速污染物的降解。同时，在部分受污染水体中，由于污染物比较特殊，水体中很少含有降解该类污染物的微生物，为了提高水体微生物浓度，促进水体净化能力，可以有针对性地直接投加降解该类污染物的微生物菌制剂，达到水体治理目的。

（2）异位治理技术

异位治理技术主要是指通过将受污染水体从发生污染位置转移至专门的处理场所，进而选择直接有效的处理方式进行集中处理的水体污染治理技术。相比于原位治理技术，异位治理技术可以将受污染水体进行集中处理，处理效率高，出水质量可控性高，但会额外增加运输、设备、施工等费用。常见的异位治理技术有氧化塘、渗滤和一体化反应器等，具体详见表 3-8。

①氧化塘治理技术。根据塘内微生物的类型和供氧方式来划分，氧化塘可以分为：好氧塘、兼性塘、厌氧塘、曝气塘、水生植物塘、生态塘、复合塘等。还可以通过不同塘组合使用，如将其分为兼氧、好氧区；可以利用升流、推流、下沉流布置进水；可以采用专设生物曝气装置在塘内；可以在塘内增加植物、动物、藻、菌共生存；还可以添加能对目标污染物具有高效去除效果的复合材料。通过以上变化，可以变形出多种类型的氧化塘技术种类。

②渗滤治理技术。渗滤治理技术可分为三种：慢速渗滤、快速渗滤和地表漫流。是将污水有控制地投配到具有良好渗滤性能的土壤和沙土、砂土壤表面、有植物的土壤表面，污水在向下渗滤的过程中，经过土壤-植物-微生物系统的净化，既可去除有机污染物，又可去除造成水体富营养化的氮、磷等污染物。

③一体化反应器生态修复技术。采用高效生物反应器，箱内设活化填料，滋长微生物膜，通过微生物之间的协同作用和微生物本身的同化作用、异化作用，将河道污染水体中的有机污染物有效降解，最终水质得到净化处理后回流到湖库中。

④多介质高效滤膜净水技术。多介质高效滤膜净水设备为一体化大水量自动化净水装置，内设据微污染水体水质及净化要求，采用不同组分的精密过滤柱、配水系统、冲洗系统等，对水体进行大水量循环净化，能有效去除水体中的SS、COD、氨氮、总磷等污染物质和营养物质，迅速恢复水体清洁状态。

⑤高效脱氮生物滤池。高效脱氮生物滤池是一种结合生物膜和活性污泥的复合型生物处理法，池内具有好氧、厌氧的多变环境，利用特殊的固-液-气三相运动，具有良好的脱氮除磷效果。处理出水悬浮物浓度低，无须沉淀池，无须处理污泥，运行费用低。

表3-7　原位治理技术及其特点

名称	技术原理及工艺流程	技术优势	技术劣势	适用范围	效率	二次污染	成本	运维	可达性
传统曝气充氧技术	通过水体充氧有效抑制底泥磷释放，对控制河湖臭味的产生及藻类的过量繁殖有一定的效果	可控性高，根据水体状况有选择地启用；净化效率较高	对于流动性水体处理效果较差，适合于静态水体；对于氮磷引起的富营养化作用效果不明显	用于处理水体中含磷导致的水体富营养化、城镇水体改善	净化效率高	无二次污染	运行成本较高	需维护	处理方法成熟，但成本较高
微纳米曝气技术	输气软管的水下部分都设置微孔纳米曝气头和生物膜软性载体，并配置氧气/臭氧发生器系统	气泡小、溶氧率高、上升速度慢、水中停留长，迅速达到氧饱和溶氧状态时间短，节约能耗。降低底泥有机物含量	运行成本较低，不影响排洪泄洪，适合于静态水体。降低底泥有机物含量	适用于水体、河道和湖泊治理中。	净化效率高	无二次污染	运行成本较低	需维护	处理方法成熟，具备一定的推广前景
絮凝沉淀技术	通过向受污染水体投加混凝剂，将水体中溶质、胶质或悬浮颗粒变成絮状并将其沉淀，进而改善水质	该技术成熟稳定，操作简单，净化效率高。见效快，适用范围广，受限制小，各种受污染水体都能应用	部分化学药剂具有一定毒性，容易造成二次污染。同时，该技术只是将污染物沉淀，并没有将其消除，容易反弹	适用范围广，受限制少，基本各类水体都适用	净化效率高	部分化学药剂具有一定毒性，易造成二次污染	无须维护，占地较少	无须维护	处理方法成熟，但只是短期见效快，难以维持效果，推广前景一般

续表

名称	技术原理及工艺流程	技术优势	技术劣势	适用范围	效率	二次污染	成本	运维	可达性
微生物修复技术	微生物修复技术又分为微生物促进技术和微生物投放技术。前者通过向受污水体添加营养物、活性剂等,刺激土著微生物的生长,降解底泥。后者向受污染水体直接投加高效降解能力的微生物来降解底泥	处理费用低,工程量小,对生态环境影响小,处理效果好,操作简单	处理效果稳定性较差,易受环境条件变化的影响,一般来说,特定微生物只能处理特定污染物。故前期调查工作量较大	已广泛应用于水产养殖、农业等小型水体中	处理效率高,见效快	无二次污染	前期成本较高,但无须维护,占地少,总体较传统方法要少	无须维护	治理效果稳定性差,微生物资源有待进一步开发。具有成本优势,具备一定的推广前景

表 3-8　异位修复技术及其特

名称	技术机理及工艺流程	技术优势	技术劣势	适用范围	效率	二次污染	成本	运维	可达性
氧化塘治理技术	将被污染水体引入处理塘进行治理和修复,通过延长水体停留时间,沉淀污染物,并在塘内添加微生物降解污染物,净化水体	结构简单,工程量小,投资费用低,可因地制宜,进一步节约成本	占地面积大,处理效果受外界条件影响较大	适用于黑臭水体,也可以用于治理富营养化河流	池内的水体流动慢,处理效率低	防渗处理不当,易污染地下水	结构简单,建设费用低,但占地面积大	运行维护简单方便	气候对氧化塘的处理效果影响较大,处理效果不稳定
渗滤技术	通过土壤的良好渗滤功能对水体进行净化,将污水投配到土壤表面,利用其过滤、吸附以及植物吸收、微生物降解等综合作用,去除水体中的污染物	技术简单,工程量小,投资费用低,人员要求低	占地面积大,受气候条件限制大	适用于征地费用低的地区,处理氮、磷含量较高的污水	处理效率较高	设计或者运行不当,有可能造成地下水的污染	工程简易,基建投资少。一般投资不到常规处理一半	运行维护简单方便	工程构造简单,技术成熟,系统运行的季节性与废水排放的连续性限制其推广

续表

名称	技术机理及工艺流程	技术优势	技术劣势	适用范围	效率	二次污染	成本	运维	可达性
一体化反应器生态修复技术	通过生物反应器内微生物之间的相互作用,将有机污染物降解为二氧化碳和水,将有机氮、无机氮等转化为氮气,最终净化水质	对于总氮的去除具有显著优越性,激活有益菌种微生物,增强系统生物活性,投资和运行费用低,占地面积小,不需要清淤及土建工程,快速高效,效果持续	无法直接使用在生态修复等处理的污染水体上,需要定期投加菌种激活剂	该技术仅适用于污染程度较高的河道,且不能直接使用在生态修复等处理的污染水体上	快速高效,效果持续	生物清淤,避免了二次污染	费用低,运行简单,不需要清淤及土建工程	运行维护操作简单,人员要求低	费用低,见效快,处理效果可维持,不产生二次污染,推广前景好
多介质高效滤膜净水	该技术设备内部设计过滤柱、配水系统、冲洗系统等,根据微污染水体水质及净化要求,采用不同的组分,不同比例配制过滤介质置于滤膜设备内	能有效去除水体中的SS、COD、氨氮、总磷等污染物质和营养物质,迅速恢复水体清洁状态	占地面积大	用于处理水体中含磷导致的水体富营养化、城镇水体改善	净化效率高	无二次污染	建设费用较高,但占地面积较大	需维护	成本较高
高效脱氮生物滤池	高效脱氮生物滤池是一种结合生物膜和活性污泥的复合型生物处理法,池内具有好氧、厌氧的多变环境,利用特殊的固-液-气三相运动,达到水体净化	具有良好的脱氮除磷效果。处理出水悬浮物浓度低,无须沉淀池,无须处理污泥,运行费用低	占地面积大	处理含氮、磷导致的水体富营养化水体	净化效率高	无二次污染	建设费用较高,但占地面积较大	需维护	处理方法成熟,但成本较高

3. 蓝藻控制与资源化

(1)氧化还原除藻技术

氧化还原除藻技术是指向富营养化的水体中投加除藻剂,通过混凝沉淀或化学氧化等方式除藻,是水华治理中采用最多、发展最快的一种应急治理方法。目前已发现的能杀死水华(赤潮)的化学药品主要有硫酸铜、含铜有机螯合物、高锰酸钾、次氯酸钠、氯气、过氧化氢、臭氧、过碳酸钠、西马三嗪等。

(2)絮凝沉淀除藻技术

絮凝沉淀除藻技术是指利用一些具有吸附特性的天然物质如海泡石、膨润土、蒙脱石、活性炭和壳聚糖或者无机絮凝剂等除藻,无机絮凝剂主要包括聚合硫酸铁(PFS)、硫酸铁(FS)、氯化铁(FC)、聚合氯化铝铁(PAFC)等;聚合氯化铝(PAC)、硫酸铝(AS)、聚合硫酸铝(PAS)等,由于其价格低、絮凝效果好而被广泛应用于水处理。

（3）矿物质除藻技术

矿物质净水剂是一种纯天然矿物质成分，含有 Al、Fe、Mg、K 等 20 多种矿物质，不含任何化学成分，不会造成二次污染。矿物质净水剂具有良好的絮凝沉淀作用，可以快速地絮凝沉淀水体中的悬浮物，并且通过矿物磁化吸附作用，可快速解决污染水体浑浊和蓝藻暴发等难题，有效改善水体生态环境功能。

（4）物理除藻技术

物理除藻法主要有机械除藻、气浮除藻、过滤除藻、遮光除藻、超声波除藻、遮光除藻和黏土除藻等。

（5）生物、酶制剂除藻技术

①滤食性鱼类控藻技术。放养鲢、鳙等滤食性水生生物吞食大量藻类和浮游动物，使浮游生物量尤其是水华藻类数量明显减少。

②水生植物控藻法。利用水生植物与有害藻类之间对光照、营养物质、氧气等的种间竞争关系和向水环境中释放化感物质，从而抑制有害藻类生长。

③投放软体动物。投放滤食性鱼类或者种植控藻植物，利用水生生物之间的生态关系，控制水体富营养化，无副作用，成本低，且具有长期持久的效果。

④微生物 / 酶制剂控藻法。利用溶藻微生物在特定生长期分泌具有溶藻活性的蛋白酶、肽类化合物、氨基酸、小分子有机酸、抗生素及一些化合物等特性，来抑制藻类生长。

（6）蓝藻资源化

水体内浮游生物和大型水生植物分布面积大、范围广，定期打捞水草，并将水草加工成饲料，既减轻了水体污染，又使水草资源得到了充分的利用，还可获得可观的经济效益（表 3-9）。

表 3-9　常用蓝藻控制与资源化技术

技术名称	技术原理	优点	缺点	应用范围	效率	二次污染	成本	运维	可达性
化学除藻	投加氧化剂除藻，投放粉末活性炭、泥土、秸秆等除藻	方法操作简单，效果显著，短期内可提高水体透明度	费用高，易受 pH 影响，铝离子有毒	大面积突然爆发时候应急处理	高效快速	存在二次污染	投资成本较高	运行维护简单	应急突发常用
絮凝除藻	投加有机或者无机絮凝剂吸附沉淀藻类	是一种经济廉价的水处理方法；可在短时间内将受污染水体净化	藻类死亡后藻体如不及时清理，会腐烂分解释放氮、磷及其他有机物而引起二次污染	突然爆发时应急处理	高效快速	存在二次污染	投资成本较低	较简单	应急突发常用

续表

技术名称	技术原理	优点	缺点	应用范围	效率	二次污染	成本	运维	可达性
物理除藻	用机械除藻、气浮除藻、过滤除藻、遮光除藻、超声波除藻和黏土除藻等，可收获湖水中大量的藻类	易于实施，高强度直接收获控制措施，效果显著	费用高，操作过程复杂，无法从根本上解决水体富营养化及藻类周期性暴发	蓝藻和相对集中在沿岸带、分布密度大	操作过程复杂，效果会出现反复	二次污染	投资成本较低	运行维护复杂	应急突发常用
生物除藻	投放软体动物、滤食性鱼类、微生物等，利用水生生物之间的生态关系，控制水体富营养化	无副作用，成本低，且具有长期持久的效果	减少较快，易引起生态系统的变化	常规使用	操作简单	无二次污染	投资成本较高	运行维护简单	效果缓慢
蓝藻资源化	充分利用蓝藻中氨基、植物蛋白、多糖等丰富营养成分	浓度较高时打捞，从而高效资源化	目前仅停留在实验室阶段，部分推广应用	常规使用	操作较复杂	无二次污染	投资成本较低	运行维护简单	持久

3.4.3 “生态修复”技术

水生态修复技术主要指的是在水质改善的基础上，采用物理、化学、生物等手段，对受污染和生态受到破坏的水体及其周边区域的生态系统进行修复的技术，包括植物修复、动物修复、微生物修复等。通过生态修复，恢复水生态系统的完整性和自净能力，是维持水体治理效果长期稳定的有效方法。常见的水生态修复技术有湿地工程技术、岸带生态修复技术、水体生物修复技术等。

湿地工程技术主要是通过构建人工湿地生态系统，利用湿地系统中的生物降解污染物，净化水质，增强水体的自我净化能力。常见的湿地工程分为表面流人工湿地、垂直潜流人工湿地和水平潜流人工湿地，具体情况详见表 3-10。

岸带生态修复技术主要是针对水体周边生态环境的修复，以增强对入水污染物的降解和拦截，缓和入水污染物负荷，同时兼具生态景观作用。常见的岸带生态修复技术有生态护岸技术、人工浮岛技术和河道护坡技术，具体详见表 3-11。

水体生物修复技术主要是针对受污染水体及其周边生物的修复，通过向水体中投加营养物质、活性剂等促进水体微生物的生长，种植吸收污染物能力强的植物，调整水体食物链等方式，改善水体生态系统，提高其自净能力，保持治理效果稳定。常见的水体生物修复技术主要有微生物修复、植物修复和动物修复、人工源岛技术、膜生物水体修复技术等，具体技术见表 3-12。

1. 湿地工程技术

湿地工程技术是根据天然湿地净化污水的原理，通过人工建造和监督控制来强化其净化能力的污水处理技术。人工湿地可通过水体、填料、水生植物、微生物和腐殖化碎屑之间一系列复杂的物理、化学和生物反应，通过沉淀、过滤、吸附、离子交换、植物吸收和微生物分解、转化及吸收途径，实现对水中诸如悬浮物、有机物、营养元素、金属离子、病原体和难降解有机物等污染物的去除。同时，湿地在调节气候、涵养水源、蓄洪防旱、控制土壤侵蚀、促淤造陆、净化环境、维持生物多样性和生态平衡等方面具有十分重要的作用，有"自然之肾"的美称。在设计和建造人工湿地过程中，可以在进出水方式、填料及植物等方面进行选择和搭配，形成水平流、垂直流、表流及混合流湿地。

由表面流和潜流人工湿地衍生出来复合垂直流型人工湿地、组合式人工湿地和半人工湿地。复合垂直流型人工湿地是由底部相连的池体组成，污水从一个池体垂直向下流入一个池体中后，再垂直向上流出另一个池体，具有较高的污染负荷；组合式人工湿地是将表流湿地和潜流湿地有机结合，该类湿地保温效果较好，负荷高，处理效果受气候影响较小，繁殖蚊虫和产生臭味的可能性较小；半人工湿地是根据污染物的性质，利用天然湿地进行强化改造，因此该系统处理效果好，维护成本低，可融合景观与污染物处理于一身。

表3-10　湿地工程修复技术及其特点

名称	技术机理及工艺流程	技术优势	技术劣势	适用范围	效率	二次污染	成本	运维	可达性
表面流人工湿地	污水通过人工湿地时，利用湿地中植物、微生物等的综合作用，消解污染物，净化水质	投资运行费用低廉，可以改善景观	占地面积大，受到气候条件限制	适宜于气候条件好的地区水体净化及生态修复，可以有效去除悬浮物、有机物等污染物	悬浮物、有机物去除效率高	夏季易产生恶臭	建造和运行费用低，但占地面积大	技术简单，操作简便	具有传统技术不可比拟的优势、广阔的应用前景
垂直潜流人工湿地	采用间歇进水方式，从而带人大量氧气，通过充分硝化作用，有效处理氨、氮含量高的污水	占地小，受气候条件影响较小，对氨氮去除效果好	构造复杂，材料要求高，投资高，控制相对复杂，且存在堵塞的风险	占地面积小，适用于公共地区，可有效提高大型水体水质	对氨氮去除效率高	设计不好易成为污染源	造价比水平潜流湿地更高	控制复杂，对人员有一定要求	
水平潜流人工湿地	污染物去除效率依赖氧化还原环境和系统内氧化还原梯度	占地面积小，能承受较大污染负荷，出水水质好	构造复杂，对基质材料要求较高，成本高	占地面积小，适用于公共地区	对BOD、COD等有机物和重金属去除效率高	较少	投资比表面流湿地高，运维相对复杂	控制复杂，对人员有一定要求	

2. 岸带及膜生物修复

（1）生态护岸技术

生态护岸技术是指从坡脚至坡顶依次种植沉水植物、浮叶植物、挺水植物、湿生植物（乔木、灌木、草本）等一系列护岸植物，形成多层次生态防护，兼顾生态功能和景观功能的技术。挺水、沉水、浮叶植物既能有效减缓波浪对岸坡水位变动区的侵蚀，又能美化河岸景观。

（2）河道生态护坡技术

该技术首先是通过水泥桩浆砌石块、活枝柴笼捆插和活枝扦插等技术依靠其植生基质材料，锚杆、复合材料网和植被的共同作用，达到对坡面继续修复防护的目的，防止水土流失，其次是从坡脚至坡顶依次种植沉水植物、浮叶植物、挺水植物、湿生植物（乔木、灌木、草本）等一系列护岸植物，形成多层次生态防护。兼顾生态功能和景观功能。

3. 水体生物修复技术

生物操纵技术是指通过人工措施使遭到破坏的生态系统逐步恢复或使生态系统向良性循环方向发展，合理配置微生物、植物和动物，使三者分工协作，以对污水中的污染物进行更有效的处理与利用，并由此形成许多条食物链，构成纵横交错的食物网生态系统，提高水体的自净能力。

（1）植物修复技术

①藻类植物：分布广，在水中浮游、底栖或固着在水中各种物体上，又具有分解、氧化、过滤、吸附等作用。利用藻类植物的这些特性可以消除水体中过多的营养物质。

②沉水植物：沉水植物抑制生物性和非生物性悬浮物；改善水下光照，通过光合作用增加水体溶解氧，为形成复杂的食物链提供了食物、场所和其他必需条件，也间接支持了肉食和碎食食物链。

③漂浮植物：生长力很强，能够高效吸收水体中的营养物质。但数量太多会降低水体中的溶解氧，不利于生态系统的健康发展，必须严格控制漂浮植物的数量控制，以防其过度繁殖。

④浮叶植物：与浮游生物在光照、营养竞争中具有优势，形态优美，可用于公园水体修复。

⑤挺水植物：挺水植物在空气中的部分，具有陆生植物的特征，生长在水中的部分具有水生植物的特征。挺水植物在光照竞争中处于优势地位，能够从底质沉积物及水体中补充营养，在水生植物群落中占据营养竞争优势，生物量大。

（2）水生动物修复技术

利用水生动物对水体中有机和无机物质的吸收和利用来净化污水，尤其是利用湖泊生态系统食物链中的蚌、螺、草食性浮游动物和鱼类，直接吸收营养盐类、有机碎屑和浮游植物，从而控制富营养化藻类的爆发。通过生物操纵法放养食鱼性鱼类，以控制食浮游生物的鱼类，借此壮大浮游动物种群，然后借助富有动物遏制藻类。而使用食浮游生物的鱼类直接控制微囊藻水华，这是一种非经典的但行之有效的生物操纵途径。

（3）微生物修复技术

微生物修复一般指的是在人为促进条件下的微生物修复，例如通过提供氧气、添加微生物促生剂、投加高效微生物菌制剂等来强化这一过程，以加快污染物质的降解速度，迅速去除污染物质，缩短降解时间。

（4）人工生态浮岛技术

人工生态浮岛技术就是人工把水生植物或改良驯化的陆生植物移栽到水面浮岛上，人工浮岛上设有凹槽，凹槽内以多通道填料为载体和基质，多通道填料含有粉状菌剂（含有芽孢杆菌、副球菌、光合菌等微生物），植物在浮岛上生长，通过根系吸收水体中的氮磷等营养物质，促进水中悬浮颗粒物的沉积，利用微生物进行水质净化。

（5）膜生物水体修复技术

指以天然材料（卵石，烁石等）或人工合成材料（塑料，纤维等）如人工水草/生物栅（一般是碳素纤维（又称碳纤维）与相关的基体树脂（如环氧树脂）制备）等为载体，载体具有很大的比表面积，在有限的空间内富集巨大的生物量，载体表面形成一种特殊的生物膜，供细菌絮凝生长，有利于加强对污染物的降解作用，有助于构建多层次净水系统，利用植物、微生物、水生动物和底栖动物等生态要素的协同作用来实现生态修复功能，对固体物质、胶体物质及氨氮等有一定的沉降、拦截和吸附作用，适合富营养水质的改善。

表3-11 岸带生态修护技术及其特点

名称	技术机理及工艺流程	技术优势	技术劣势	适用范围	效率	二次污染	成本	运维	可达性
河道生态护坡技术	通过水泥桩浆砌石块、活枝柴笼捆插和活枝扦插等技术依靠其植生基质材料，锚杆、复合材料网和植被的共同作用，达到对坡面继续修复防护的目的，防止水土流失，然后从坡脚至坡顶依次种植沉水植物、浮叶植物、挺水植物、湿生植物等一系列护岸植物，既有效控制土壤侵蚀，又美化河岸景观	技术方法简单，造价较高，效果明显。可在很大程度上改善这些地区的生态环境	工程量大，植物的处置成本较高、维护的工作量较大	适用于水土流失严重和河岸侵蚀突出的坡岸	效率较高	需合理处置植物，以防腐败	工程量大，植物处置成本高，占地面积大	运维复杂	具备较好的稳定性和生态功能，在国内外得到广泛应用
岸带修复技术	通过对硬化河岸的改造，恢复岸线生态功能和自净能力，常用的有植草沟、生态护岸、透水砖等	除了净化水体还可以改善生态环境、调节微气候	占地面积大，工程量大，投资成本高	工程投资成本较高	效率较高	无二次污染	工程投资成本较高，占地面积大	运维较复杂	岸带生态系统是开放型系统，易受到各类干扰因素的影响，稳定性较差

表 3-12 生物修复技术及其特点

名称	技术原理及工艺流程	技术优势	技术劣势	适用范围	效率	二次污染	成本	运维	可达性
微生物修复技术	向受污水体中添加营养物质及活性剂等，刺激土著微生物的生长，激活其对污泥的降解特性，恢复复水体自净能力	工程量小，无须复杂设备，处理费用低，处理效果好，不会对原有的生态环境造成不利影响	易受环境条件变化的影响，处理效果稳定性差	环境因素微生物修复的进程影响较大，故方法受到一定约束	处理效率高，见效快	无二次污染	前期成本较高，但无须维护，占地少	无须维护	治理效果稳定性差，微生物资源有待进一步开发
水生植物修复技术	利用水生植物生态系统中各类水生生物间功能的协同作用来净化水质	工程量小，投资少，运行管理简单，对环境扰动少，还可以美化环境	容易受到季节变化影响，持续性较差，修复速度较慢。占地面积大	适用范围广，对水体富营养化、重金属污染具有较好处理效果	修复速度较慢	植物残体打捞不及时会造成二次污染	投资较小，运行费用低	运维简单	可有效改善城市生态景观，有一定推广前景
水生动物修复技术	通过调整水体生态系统的食物链，保护牧食动物，进而控制藻类生长	低成本、对生态系统影响较小	修复速度较慢	主要应用于富营养化水体的治理及藻类控制	修复较慢效率低	基本不产生副作用和二次污染	投资少成本低，操作简单	运维简单	低成本、对生态系统影响小，可以同其他措施配合使用，又能发挥景观和垂钓作用，具备一定前景
人工浮岛技术	将水生植物移栽到水面浮岛上，植物通过根系吸收水体中的氮、磷等营养物质，从而达到净化水质的目的	费用低廉，不需维护。不受水体深度、透光度等条件限制，具有改善景观的作用	处理效率低，受季节影响大，植物体处置难度大	主要适用于富营养化严重的水体	处理效率低下	植物体处置难度大，易二次污染	费用低廉，占地少，无须维护	无须维护	水体改善效果好，景观效果好，可创造更高的经济效益，有广阔应用前景

续表

名称	技术原理及工艺流程	技术优势	技术劣势	适用范围	效率	二次污染	成本	运维	可达性
膜生物水体修复技术	利用天然材料（卵石，烁石等）或人工合成材料（塑料，碳纤维等）如人工水草/生物栅和水体中植物、微生物、水生动物和底栖动物等生态要素的协同作用来实现生态修复功能，对固体物质、胶体物质及氨氮等有一定的沉降、拦截和吸附作用。	对固体物质、胶体物质及氨氮等有一定的沉降、拦截和吸附作用。	投资成本较低，不需要处置植物，维护成本较低	投资成本较低	效率较高	无二次污染	投资成本较低	运维简单	具备较好的稳定性

3.4.4　湿地“生境恢复”技术

1. 湿地生境恢复概述

（1）生境恢复的方法

生境恢复的方法主要有自然恢复法、人工辅助法和工程技术方法。根据生境的构成和生态系统特征，生境恢复技术可以划分为湿地生境恢复技术、湿地生物恢复技术及湿地生态系统结构与功能恢复技术 3 个部分。

当生态系统受损没有超负荷，并且是在可逆的情况下，干扰和压力被解除后，恢复可在自然过程中发生；另一种是超负荷的、发生不可逆变化，仅依靠自然过程不能使系统恢复到初始状态，必须加以人工措施才能得以迅速恢复。在湿地恢复的过程中，通常采用被动恢复和主动恢复两种基本模式（表 3-13）。

表 3-13 湿地恢复的基本模式

恢复模式	恢复过程	使用条件	恢复内容	模式特点
被动恢复	其过程就是消除导致湿地退化或消失的威胁因素，通过自然过程恢复湿地的功能和价值	当已退化的湿地仍保持湿地的基本特征，且导致湿地退化的因素能够被消除时，被动恢复是最佳的恢复模式	稳定的能够获取的水源、最大限度地接近湿地动植物种源地	该模式的优势在于低成本以及恢复的湿地与周围的景观高度协调一致
主动恢复	人类直接控制湿地恢复的过程，以修复、重建或改进生态系统	当一个湿地严重退化，或者只有通过建造和最大限度地改进才能完成预定的目标时，主动恢复是最佳的恢复模式	包括改造恢复区的地形，通过工程全措施改变湿地水文特征，种植植物，引入适宜本地的物种	缺点是湿地恢复规划、设计、建设、管理的时间较长和经费投入较大

（2）生态恢复的目标

湿地生态恢复的总体目标是采用适当的生物、生态及工程技术，逐步恢复退化的湿地生态系统的结构和功能，最终达到湿地生态系统的自我持续状态。但对于不同的退化湿地生态系统，其侧重点和要求也会有所不同。总体而言，湿地生态恢复的基本目标和要求如下。

①实现生态系统地表基底的稳定性。地表基底是生态系统发育和存在的载体，基底不稳定就不可能保证生态系统的演替与发展，这一点应引起足够重视。因为中国湿地所面临的主要威胁大都属于改变系统基底类型的，在很大程度上加剧了我国湿地的不可逆演替。

②恢复湿地良好的水状况，一是恢复湿地的水文条件，二是通过控制污染，改善湿地的水环境质量。

③恢复植被和土壤，保证一定的植被覆盖率和土壤肥力。

④增加物种组成和生物多样性。

⑤实现生物群落的恢复，提高生态系统的生产力和自我维持能力。

⑥恢复湿地景观，增加视觉和美学享受。

⑦实现区域社会、经济的可持续发展。湿地生态系统的恢复要与生态、经济和社会因素相平衡。因此，对生态恢复工程除考虑其生态学的合理性外，还应考虑公众的要求和政策的合理性。

2. 湿地生境恢复技术

湿地生境恢复的目标是通过采取各类技术措施，提高生境的异质性和稳定性。湿地生境恢复包括湿地水文条件恢复、湿地基底恢复和湿地土壤恢复等。

（1）湿地水文条件恢复

水是湖库湿地的生命线，有水则兴，无水则衰，水多则患。生态恢复首先要围绕“水”来进行，湿地水文条件的恢复通常通过水利工程措施来实现生态补水，例如筑坝、修建引水渠等，保证其在枯水期具有一定的蓄水量，在洪水期水位不致过高，以满足其基本的生态需水。

湿地水环境质量的改善技术包括污水处理技术、水体富营养化控制技术等。需要强调的是，由于水文过程的连续性，必须加强河流上游的生态建设，严格控制湿地水源的水质。

(2)湿地基底恢复

湿地的基底恢复是通过采取工程措施,维护基底的稳定性,稳定湿地面积,并对湿地的地形、地貌进行改造。基底恢复技术包括湿地及上游水土流失控制技术、湿地基底改造清淤技术等。

(3)湿地土壤恢复

湿地土壤恢复技术包括土壤污染控制技术、土壤肥力恢复技术等。

3. 湿地生物恢复技术

湿地生物恢复技术主要包括物种选育和培植技术、物种引入技术、物种保护技术、种群动态调控技术、种群行为控制技术、群落结构优化配置与组建技术、群落演替控制与恢复技术等。湿地恢复过程植物的导入可以通过移栽植物的根部、茎部、块茎、秧苗等,播种,输入基质和附近湿地的种子库,调用当地的种子库四种方式实现。对湿地水鸟的恢复工作,主要集中在恢复湿地水鸟生境功能和人工繁殖、放养、招引水鸟等方面。

(1)植物群落的生态化恢复

①植物种类选择。植物种类的选择要以乡土植物为主,因其最能够适应当地的环境,同时能够体现出地域特色,形成独一无二的湿地生态景观,

陆地生态系统到水生生态系统最具特征性的过渡是植物种类的过渡,陆生植物到水生植物共同构成了湿地生态系统特殊的植被群体和景致。生长于水边的湿生植物,可以增加水域空间的吸引力,成为陆地生态系统到水生生态系统过渡的第一级,同时能为动物提供庇荫场所和食物。蜿蜒的岸线所构成的回水区,为鱼类、昆虫、底栖类动物等提供生活、繁殖的静水环境,挺水植物、浮水植物、沉水植物则为之提供食物和庇护。

②不同类型生境植被恢复与配置。在保护现有植物的前提下,遵循因地制宜、风貌整体统一等原则,针对不同生境进行植物配置。植物配置类型主要分陆生植物和水生植物,此外还需要考虑动物与植物之间的关系,慎重地进行植物种类的选择和搭配。同时,在进行植物配置时也需要考虑景观效果,使生态效应与景观效应相协调统一。根据植物生态特性、动物生长条件及生态景观需求等方面,主要从芦苇沼泽、鸟岛、浅滩、林带等几方面进行具体的植物恢复与配置。

③植物群落的恢复。针对大量芦苇、少量菖蒲、香蒲、水葱等水生植物生长的条件,对其生长环境等做出适当调整,以便植物能够健康、快速生长。

补水策略:植物的生长需要充分的水量涵养,可对内部环海沟、输水渠等进行疏浚和开挖,保证内部水循环的畅通无阻。此外,还需要补充水分。由于自然降水已经无法满足芦苇的生长需求,必须通过人工补水对其进行补充。

开挖明水沟:为了使植物与沼泽之间排水通畅,促进植物与植物之间、植物与水生动物之间的能量交换,需要在沼泽斑块中开挖明渠。

生物措施:动物的生长离不开植物环境,同时它们又能够促进植物群落的恢复与生长。因此,在沼泽斑块之间的洄游区或邻近斑块处,人工投放鱼、虾、蟹等水生动物的幼苗,能够加快芦苇的恢复过程,并形成高效经济的水生动植物群落。

农艺措施:湿地植物,从第一年完全成熟后到第二年生长之前的时间间隔期,需要对其

进行收割和焚烧，到第二年春天对植物生长地进行再次耕翻，在生长期间尽量使用绿色肥料。

④鸟岛植被恢复。保留部分原有芦苇、灌木等植物，通过乔灌木、近水植物以及湿地禾本科不同植物的合理配置，营建复层植物群落，提高环境的多样性和自然度，为以鸟类为主的动物提供丰富多样的繁殖、取食及栖息场所，同时形成动物的活动区域和生态观察区域。鸟岛中部种植乔木、灌木，以满足林鸟与大型鸟类的栖息需求，鸟岛边缘主要满足涉禽的觅食与栖息繁衍需求，鸟岛周围的水面以水鸟及游禽的活动为主。

⑤浅滩植被恢复。浅滩是最适宜两栖类生长的环境，具有比较平缓等特点，能够满足两栖类生存和繁衍的要求，通常浮水植物及沉水植物分布较多。根据研究，两栖类多偏向于栖息在沉水植物和浮水植物相对密集的区域，而挺水植物如芦苇、菖蒲等繁茂的地方两栖类比较罕见。

⑥林带植被恢复。林带能够在一定程度上控制外界不利因素的入侵，形成天然的绿色屏障，同时能够为部分鸟类、昆虫类等动物提供生存环境，对湿地整体生态起到保护和美化作用。

(2)动物群落的生态化恢复

在湿地片区适时构建生态“鱼道”，确保不同鱼类的洄游空间，在湿地深水区投加生态着床，确保虾蟹及鱼类栖息产卵；利用地形微调，构建浅水洼淀，为包括直翅目、蜻翅目等典型湿地昆虫构建生境空间。通过植物群落的恢复、鸟岛植被恢复、浅滩植被恢复和林带植被恢复，保证鸟类相应的食物来源(浆果丛、农作物、鱼虾等)，利用高大乔木、灌丛、草排、草丘等以及净化的水体(多塘等)为鸟类、两栖类提供相应的庇护所，构建丰富的生态环境。完整的食物链是生态系统赖以发展的基础，也是生物多样性和群落稳定性的重要保障，植物可为动物提供食源，动物可为植物提供养料；低等级可为高等级提供食物来源，而高等级会刺激低等级的生长。

4. 湿地生态系统结构与功能恢复技术

(1)退田还湖，恢复湿地生态系统

部分地区退田还湖，因地制宜地实施不同的湿地生态农业，如将低洼耕地改为藕塘、芦苇塘，同时运用氧化塘原理对鱼塘进行合理改造，恢复湿地生态系统的结构和功能。

(2)恢复湿地生物多样性

鱼虾类产卵场、索饵场、越冬场、洄游通道，为丰富多样的水生动植物、珍稀鸟禽和其他鸟类创造了良好的生境。以保护珍稀动植物的栖息繁育，保护水生动、植物种群的繁衍和群落的演替。

(3)湿地生态系统结构与功能优化配置、构建与调控

芦苇区：在芦苇区打开排水通道和通风道，把芦苇区分割成斑块，以利于水体循环，减缓沼泽化进程，促进芦苇生长。

水草区：充分利用其净化水质和拦截固体颗粒物质的作用，在水鸟栖息取食区以及鱼类产卵区，保留足够的水草；其余湖面采用分条或分块间隔收割的方法顺序收割，保留水草，在水草沉落之前全部收割完。

沼泽区：对湖中的大块沼泽区采用“深挖垫浅”的办法，把大块沼泽区变成几个小块，建成沼泽岛，以利于湖水流动、循环更替。对小面积碎斑块的沼泽进行深挖，改造成芦苇区或水草区或明水区。

图 3-6 是河道 - 湖库污染治理、生态修复技术及生境恢复技术汇总。

3.5　天津滨海工业带水生态修复集成体系

在处理复杂的环境问题时，运用多种技术综合处理要比单一的技术有效。而通过对受污染水体治理技术的评价，获取各个技术的费用和适用范围，让各个单元技术能合理地结合在一起，这样的技术集成既能起到事半功倍的效果，又能更有效地治理受污染的环境。河道湖泊富营养化治理技术集成，就是在湖泊生态系统遭到严重破坏，用单一的治理技术难以治理，必须对河道湖泊使用多种治理技术的情况下，对该河道湖泊的治理技术进行筛选，并对这些技术的组合进行优化，使之发挥更大作用的一种措施。这就要求首先要从技术的特点、使用范围、成本、效率等方面出发，优化组合不同的技术，从而达到技术集成的目的。

水生态环境作为一个复杂的生态系统，其治理和修复是一个复杂的系统类问题，通过以往的治理经验可以发现，依靠单一的治理手段往往难以解决复杂的系统问题，综合集成方法论的提出，为水生态环境治理和修复的技术集成提供了指导和依据。采用技术集成手段进行水生态环境治理修复已被多数国内外专家广泛接受。通过集成的手段，将信息资料、计算机以及数学模型等三大体系有机地结合起来，从定性入手，以定量求解复杂的系统问题，从而使得对水生态环境治理和修复的认识达到新的高度。

因此，可根据现有水生态修复技术和水生态系统健康诊断结果，结合已形成的水生态修复技术库，将滨海工业带水生态环境污染特点、实际情况与目前常用的水生态环境治理修复技术相结合，形成一套科学完备、可操作性强的天津滨海工业带水生态修复集成体系。

3.5.1　技术集成研究

技术集成的提出，源于在处理复杂系统性问题时单一技术手段处理方式的局限性。技术集成顾名思义就是指通过多种技术手段的有机结合，并在对各技术手段优缺点和适用范围深入了解的基础上，将各技术合理结合，发挥各技术的优势，从系统的角度有针对性地处理系统性复杂难题。

滨海工业带水生态治理修复技术集成主要是针对滨海工业带水生态环境特点及其治理修复难点提出的，其实质是在对滨海工业带水生态环境健康状况评估的基础上，对其污染现状、污染源和关键污染物等进行分析，再结合研究区域的自然禀赋和经济发展情况，通过对多种技术方法进行识别，筛选和有机耦合，形成研究区域水生态环境治理和修复多房次设计方案。

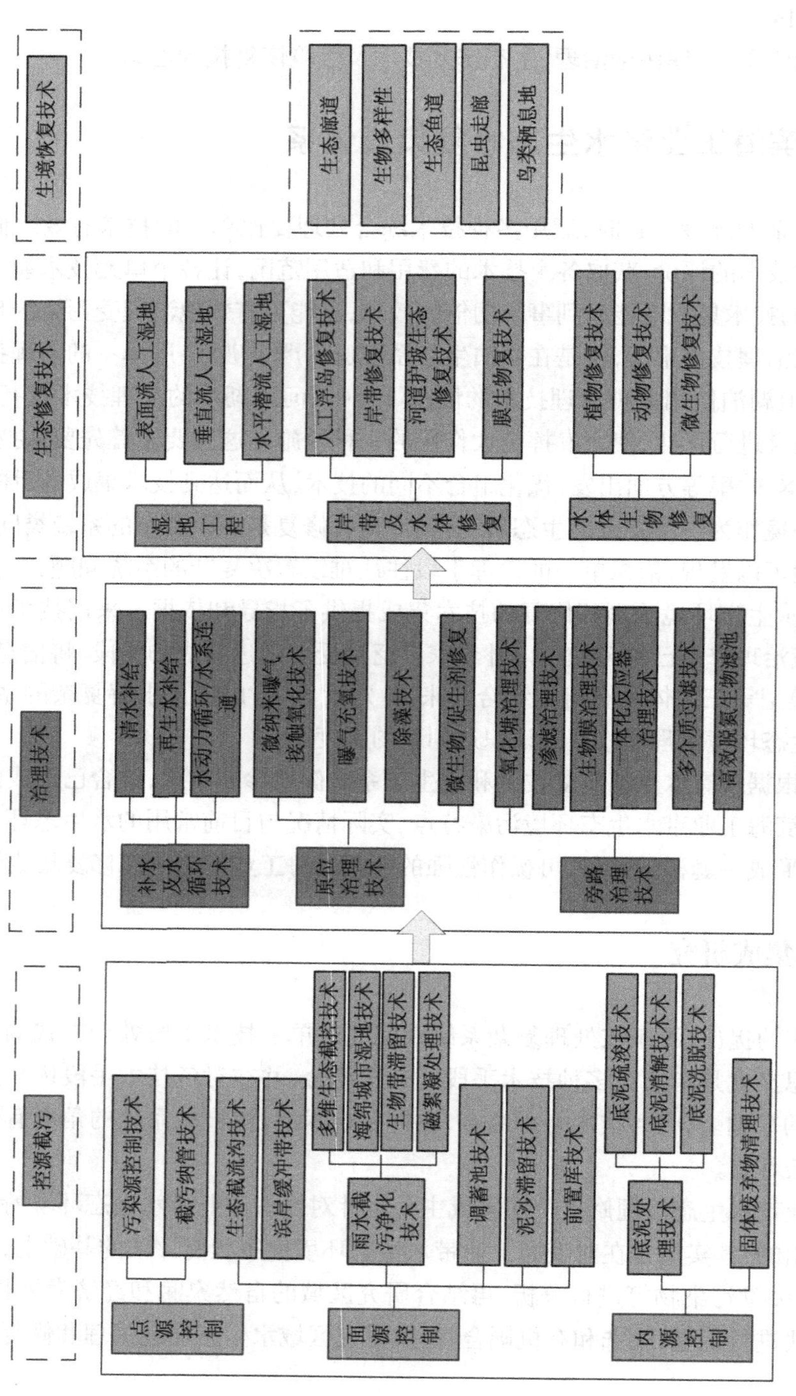

图 3-6　河道－湖库污染治理、生态修复技术及生境恢复技术汇总

具体的技术集成思路一般是将整个治理过程分为相互联系的几个环节，通过各个环节的协同完善，使得整个治理过程达到预期的处理效果，最终实现整个流域水生态环境的治理和修复。滨海工业带水生态环境治理修复技术集成的关键点在于集成，在于各技术单元之间的联系性和整个治理方案的系统性。每种技术都不是孤立存在的，在治理过程中，各技术相互作用、相互联系。要想发挥技术集成的整体优势，一方面需要详细了解每种技术的优势和适用范围，另一方面，需要通过定性分析和定量计算来实现治理方案整体的优化。

对于滨海工业带水体的水质改善与生态修复，需要从系统的角度去认识其复杂性和联系性，从水体生态系统的恢复与稳定的层面来考虑工作的长期性与连续性。滨海工业带水生态环境治理修复工作的核心在于其生态功能和自净能力的恢复，其关键则在于对进入水体的污染物的控制。水体只有形成了稳定的生态系统，具备了自我净化的能力，才能对进入的污染物进行自我消化，保持其生态环境的长久稳定，形成良性循环。而生态系统恢复（重建）的前提则是生态环境的改善。生态环境的改善依赖于污染源的控制、污染物的拦截以及内源污染物的治理等一系列污染物的消减工作。

通过调研国内外流域水环境修复技术，结合滨海工业带水污染现状和生态系统的复杂特性，在完成前期水生态环境健康状况评估的基础上，拟从三个方面五个环节展开对滨海工业带的水生态环境治理修复。三个方面主要指的是有效控制入水体污染物负荷、初步改善水生环境、恢复（重建）水体生态系统；五个环节主要是指从污染物进入水体的整个流程下手，针对污染物从源头到水体的全流程，步步拦截、层层消减，以及后续的生态环境改善、生态系统恢复（重建）的思路，将其分为相互联系的五个环节实施，具体包括污染源控制、污染物拦截、河流湖库水网系统的构建和水循环调度的优化、水体污染治理、水环境生态修复五个环节。

通过污染源控制、污染物拦截来实现入河污染物总量消减，缓解水体污染物负荷；通过河流湖库水网系统的构建和水体污染治理手段的有机结合，恢复水体生态通道，营造有利的水生态环境，实现水质和水环境的初步改善；经过植物修复、动物修复、微生物修复等生态修复手段逐步恢复水体生态系统。在这三方面的有机结合联合调控下，制定长期的运行管理措施，实现水体生态环境改善、水系连通、生态恢复（重建）的良性循环，从而实现生物多样性不断提高、生态系统稳定性不断提升、生态系统功能不断强化，形成稳定健康的流域生态系统。

在定性分析结合前期的水生态环境健康状况评估的基础上，对技术库中各种技术进行筛选和识别，遴选出适合的技术手段进行耦合，构建出滨海工业带水生态环境修复治理技术集成框架。然后，再通过定量计算，对集成框架进行进一步的优化，使得各技术手段进行有效耦合，使技术集成总体效益最优，成本最少。

3.5.2　定性分析构建集成框架及关键技术

滨海工业带水体生态环境治理修复工作主要从三个方面五个环节展开。三个方面主要指的是前期的污染物控制、中期的河流湖库水网系统的构建以及后期的水体生态系统的恢复（重建）；五个环节主要是指污染源控制、污染物拦截、河流湖库水网系统的构建和水循环调度的优化、水体污染治理、水环境生态修复。

1. 有效控制入水体污染物负荷

污染物入河入湖负荷超标是造成水体污染和生态破坏的根本原因，水生态环境治理修复的前提就在于对进入水体的污染物总量进行有效控制。该方面主要包括污染源控制和污染物拦截两个环节，以实现前期的入河污染物总量的控制，有效缓解污染物入河入湖负荷，为流域水质的改善和后续的生态恢复奠定基础。

污染源控制顾名思义就是对污染物进入环境过程中的源头进行控制和管理，具体包括关停、搬迁、采取治理措施等多种手段。该过程的实施建立在前期对于研究区域污染源和水体污染及生态破坏成因的详细全面调查和分析，以及对研究区域水生态环境健康状况评估的基础上。另外，污染源的控制往往需要用到一些强制手段保证实施，与政府部门的相关法律法规和政策的出台以及执法力度等息息相关。

污染物控制环节的开展依赖于前期水生态环境健康状况评估，根据评估结果和污染源的调查情况，找到影响区域水体环境的关键污染源，有目的有针对性地开展对于污染源的分析和研究，以便找出有效的应对和控制措施。该环节是整个水体治理修复技术集成的第一步，污染源的有效控制是后续开展拦污截污、河道水质修复以及效果保持的基础，关系到整个治理体系的成败。

污染物的拦截主要是指在污染物通向水体的途径中对其实施拦截，以大大消减污染物含量，提高进入水体的水质，减少污染。在污染源控制的基础上，开展对于污染物的拦截，该环节是消减污染物的主要环节，尤其是对于面源污染具有举足轻重的作用。

基于滨海工业区多水源作为补充生态用水的特点，针对不同污染源，如雨洪水、外调水、石化、冶金、医药等不同工业园区污水厂尾水和过境水等，我们采取不同的控污截留措施。其中，对于雨洪水，采取雨污分流和调蓄池等多种雨水净化控源截污技术，将初期雨水汇集入污水处理厂，对于多余的初期雨水暂储存于调蓄池，有能力通过污水处理措施后再外排，无处理设施则雨水经过调蓄储存后等雨季过后再进入污水处理厂。对于外调水以及石化、冶金、医药等不同工业园区的污水厂尾水，首先，工业园区污水管网覆盖率要达到100%，从源头控制，减少污染；其次，通过实施清洁生产，实现工业污染的全过程控制，通过关停、搬迁、清洁生产、增加处理设施、大型生产企业以及支柱型产业实现园区化管理等方式从源头控制和减少污染物排放；再次，通过提高园区污水处理厂提标改造达到地表V类水后，将水厂的出水回补到湖库水体中；为了保证污水厂尾水水质，可以通过人工湿地或海绵城市海绵湿地对其尾水进一步净化后再回补于工业带生态水体中。对于过境水，根据其水质特点采取不同的控源截污治污措施后，进入工业带湖库中，为工业带进行补水，进入湖库水体后再根据其水质特点进行生态修复，完成水体的生境恢复。

对于，河道湖库周边存在的农业源污染、雨水径流等面源污染，由于其面积广阔，难以通过污染源控制的手段得到有效防治。在污染物入河入湖的过程中，可采用截污纳管、雨水截控、滨岸缓冲带等技术，实现对污染物的有效截留和消减，提高入河入湖水质，大大减少水体污染物含量。有研究表明，在农田与水体间设置50 m宽的沿岸植被缓冲带，能减少89%的氮和80%的磷进入水体。

2. 初步改善水生环境

水生环境的改善是建立在入河污染物控制的基础之上的，在污染物来源减少的基础上，通过河流湖库水网系统的构建与水体污染治理技术的有机结合，有效降低水体污染物浓度，改善水生态环境，为后续的水生态修复和重建奠定基础。水生环境的改善主要包括河流湖库水网系统的构建及水体污染的治理两个方面。

保证足够和适宜的生态水量是水体生态环境保持健康稳定的重要前提。滨海工业带由于其盐度高、工业生活源积聚，加之天津滨海新区降水量稀少，提高了对水体生态需水量的要求。通过研究区域内多条河流，发现多年平均入海流量保持在低位。河道内生态需水量严重不足，是造成水体污染和生态破坏的重要原因，所以通过构建合理的河流湖库水网系统，优化水循环调度，保持流域适宜的水体生态补水量，对于滨海工业带水体修复具有非常重要的价值。

针对滨海工业带难降解有机物、COD、总氮和总磷等主要水污染物指标，污染治理环节主要是通过多种治理手段，对水体污染现状进行改善，消减已进入水体的氮、磷等典型入海污染物负荷，改善水质，为后续的生态修复奠定基础。这部分主要有生态补水技术、底泥消减技术等。

3. 恢复和重建水体生态系统

水体生态系统的恢复和重建是在生态环境有效改善的基础上开展的，通过对水体植物、动物和微生物以及水体岸带生物的修复和重建，使得受破坏的水体生态系统逐步恢复，自我净化能力逐步增强，并通过整个生态系统的逐步完善而使得治理效果保持稳定。统筹污染物负荷控制、水生环境改善和水体生态系统恢复三个方面，制定长效运行机制，使整个流域系统进入良性循环，不断提高生物多样性，不断提升生态系统稳定性，因地制宜，将水生态环境修复治理与工业带城市水体景观建设相结合，形成生境改善、生态恢复、景观美化的综合效应。

3.5.3 定量计算优化方案

根据综合集成方法论，通过集成的手段将信息资料、计算机以及数学模型等三大体系有机结合起来，从定性入手，以定量求解的研究思路，将定性分析和定量计算相结合来解决水生态环境治理修复这一复杂问题是本章的核心思想。

首先，基于前期针对研究区域水生态环境健康状况的评估，获取研究区域的水文、污染物排放量、污染源种类等一系列的基本数据，为后续的模型构建和计算提供数据支撑。同时，可以识别出关键的污染物及其排放量，为模型目标函数的选择确立依据。

其次，针对研究区域展开调研，分析其经济发展、资源禀赋以及相关政策，为后续模型中约束条件的选择和确定提供依据。

最后，根据之前的分析和实际需要构建多目标约束的优化模型，通过定量计算，对先前定性分析构建的集成框架进行进一步的优化，使各技术手段进行耦合，在满足各约束条件的基础上，实现技术集成总体效益最优，成本最少。

3.6　水生态修复和生境恢复技术评估指标

3.6.1　单项评估指数计算

通过加权求和、逐层收敛可得到评估对象在不同级别的得分，如

$$X_a = \sum_{i=1}^{m}(w_i \sum_{j=1}^{n_i} \omega_{ij} X_{ij})$$

式中　w_i——第 i 个一级指标权重，$\sum_{i=1}^{m} w_i = 1$；

ω_{ij}——第 i 个一级指标下的第 j 个二级指标的权重，$\sum_{j=1}^{n_i} \omega_{ij} = 1$；

m——一级指标的个数；

n_i——第 i 个一级指标下二级指标的个数；

X_a——各单项评估指数；

X_{ij}——第 i 个一级指标下第 j 个二级指标的分数值。

3.6.2　综合评估指数计算

通过加权求和，如

$$Y = \sum_{i=1}^{m} w_i X_a$$

式中　X_a——各单项评估指数；

w_i——各单项评估指数对应的权重；

Y——综合评估指数。

3.6.3　评估计算方法

1. 规范化

1）定性语言定量化

指标有定量指标和定性指标，对于定量指标，通过调研可以由确切的数值表示，而对于定性指标，只能通过定性描述来表示。因此，需要将定性描述定量化，即制定一定的原则，用确定的数值量化定性语言。本次技术评估指标中定性指标均分为三个等级，因此对其赋值如下：难（高）0.9，中 0.5，易（低）0.1。

2)指标规范化

指标规范化是指采用某些数据方法将不同量纲的指标值变成可比的规范值,即利用一定的数学变换,把性质、量纲各异的指标值转化为可综合处理的无量纲值,通常情况下是将各指标值统一变化到 [0,1] 区间。

本章采用极差变换法对指标进行规范化。具体处理思想为:将最好的指标属性值规范化为 1,将最差的指标值规范化为 0,其余的指标值均用线性差值方法得到其规范值。规范化后的各指标即 X_i。

(1)效益型指标

当 $\max X_i \to (1)$, $\min X_i \to 0$ 时,其变化公式为 $X_i = \dfrac{X_i - \min X_i}{\max X_i - \min X_i}$, $i=1,2,\cdots,n$。

(2)成本型指标

当 $\max X_i \to 0$, $\min X_i \to (1)$ 时,其变化公式为 $X_i = \dfrac{\max X_i - X_i}{\max X_i - \min X_i}$, $i=1,2,\cdots,n$。

2. 权重计算

本章采用专家 - 层次分析法(Analytic Hierarchy Process,简称 AHP),即将专家打分定性分析的优点与采用层次分析法定量分析的优点相结合,较为客观地判定湿地、河道生态性评价体系中各指标的权重。

AHP 法主要分为六个步骤,分别为明确问题、建立层次结构模型、构造判断矩阵、层次单排序、一致性检验、层次总排序。具体说明如下。

1)明确问题

采用层次分析法进行系统分析要以准确清晰地认识所研究的问题为前提,这包括弄清问题所属种类及性质、包含的因素及因素间的关系、解决问题的目的和方法、是否具有层次分析法所描述的特征等。

2)建立层次结构模型

按照层次分析法将问题划分为不同层次,然后对于每一层次中的各要素进行再划分,建立层次分析框架图以说明递进关系及从属关系,如图 3-6 所示。

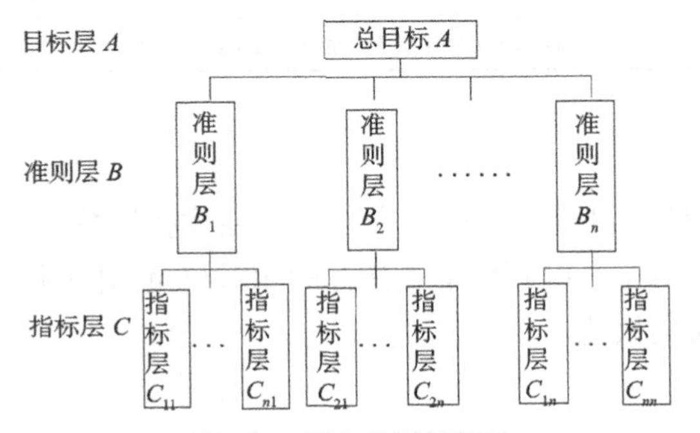

图 3-6 层次分析框架图

最高层:表示想要达到的目标,也称为目标层;

中间层：表示想要达到预定的目标所涉及的中间环节，一般分为策略层、准则层等；

最低层：表示各准则或策略下的具体指标，称为指标层。

3）构造判断矩阵

针对上一层次的某准则，对该准则各个指标的相对重要性进行两两比较，用数值表示判断结果，并写成矩阵形式即所谓判断矩阵。假设 B 层次中元素 B_k 与下一层次元素 C_1，C_2，…，C_n 有联系，则构造的判断矩阵 $\boldsymbol{C}$ 形式如表 3-14 所示（朱建军，2005）。

表 3-14 判断矩阵

B_k	C_1	C_2	…	C_j	…	C_n
C_1	C_{11}	C_{12}	…	C_{1j}	…	C_{1n}
C_2	C_{21}	C_{22}	…	C_{2j}	…	C_{2n}
…	…	…	…	…	…	…
C_i	C_{i1}	C_{i2}	…	C_{ij}	…	C_{in}
…	…	…	…	…	…	…
C_n	C_{n1}	C_{n2}	…	C_{nj}	…	C_{nn}

其中 C_{ij} 表示对 B_k 而言，C_i 对 C_j 的相对重要性。一般采用 1~9 标度进行相对重要程度赋值。如表 3-15 所示。

表 3-15 标度 1~9 及其倒数标度的含义

标度	含义
1	两元素同等重要
3	前者比后者“稍微”重要
5	前者比后者“明显”重要
7	前者比后者“强烈”重要
9	前者比后者“极端”重要
2,4,6,8	介于以上判断的中间值
倒数	若元素 i 与元素 j 的重要性之比为 P_{ij}，则元素 j 与元素 i 的重要性之比为 $P_{ij}=1/P_{ji}$

4）层次单排序

在构造判断矩阵的基础上，还需进行层次排序，层次排序分为单排序和总排序。通过单排序可判断矩阵计算针对某一准则层下各指标的相对权重，并进行一致性检验；通过总排序即可获得指标对目标层的权值。

通过计算等式

$$\boldsymbol{CX}=\lambda_{\max}\boldsymbol{X}$$

式中 $\boldsymbol{C}$——判断矩阵；

$\lambda_{\max}$——矩阵 $\boldsymbol{C}$ 的最大特征值；

X——相对应的特征向量。

这个特征向量 $\boldsymbol{X}$ 就是层次单排序的权值。

5）一致性检验

若判断矩阵 $\boldsymbol{C}$ 的所有元素满足 $C_{ij} \cdot C_{jk}=C_{ik}$，则称 $\boldsymbol{C}$ 为一致性矩阵，其中 C_{ik} 表示 C_i 对 C_k 的重要程度。理论上来说，只要构造出判断矩阵，就可以根据判断矩阵计算相应的权重，但由于人们主观的片面性以及客观事物的复杂性，要求每一个判断矩阵都有完全一致性显然是不可能的，为了考察层次分析法得到的结果是否基本合理，需要对判断矩阵进行一致性检验。

验证判断矩阵是否符合一致性条件的检验步骤归纳如下。

（1）求出一致性检验指标 CI

$$CI=\frac{\lambda_{\max}-n}{n-1}$$

式中　n——判断矩阵的维数；

$\lambda_{\max}$——判断矩阵的最大特征值。

（2）求出平均随机一致性指标 RI

RI 随矩阵维数变动而变动，按照层次分析法的规定，1—10 阶矩阵的 RI 取值如表 3-16 所示。

表 3-16　判断矩阵 *RI* 取值

n	1	2	3	4	5	6	7	8	9	10
RI	0.00	0.00	0.58	0.90	1.12	1.24	1.32	1.41	1.45	1.49

（3）求出判断矩阵一致性指标 CR

$$CR=\frac{CI}{RI}$$

式中　CR———致性指标；

CI———致性检验指标；

RI——平均随机一致性指标。

一般认为 $CR \leqslant 0.1$ 时，判断矩阵基本符合完全一致性的要求，是可以接受的。如果 $CR>0.1$，则表示已建立的判断矩阵不符合一致性要求，需要重新分析权值，进行两两重要性判断，直到检验通过为止。

6）层次总排序

从最高层到最低层逐层进行同一层所有元素对于最高层相对重要性的排序，这一过程叫作层次总排序。通过层次总排序即可获得指标对目标层的权值。假设上一层 B 包含 m 个元素 $B_1, B_2, \cdots, B_j, \cdots, B_m$，其层次总排序权值分别为 $b_1, b_2, \cdots, b_j, \cdots, b_m$；下一层次 C 包含 n 个元素 $C_1, C_2, \cdots, C_k, \cdots, C_n$，它们对于 B_j 的层次单排序权值分别为 $c_{1j}, c_{2j}, \cdots, c_{kj}, \cdots, c_{nj}$（当 C_k 与 B_j 无关系时，$c_{kj}=0$），此时 C 层次总排序如表 3-17 所示。

表 3-17 层次总排序

层次	B_1	B_2	…	B_j	…	B_m	C 层次总排序
	b_1	b_2	…	b_j	…	b_m	
C_1	c_{11}	c_{12}	…	c_{1j}	…	c_{1m}	w_1
C_2	c_{21}	c_{22}	…	c_{2j}	…	c_{2m}	w_2
…	…	…	…	…	…	…	…
C_k	c_{k1}	c_{k2}	…	c_{kj}	…	c_{km}	w_k
…	…	…	…	…	…	…	…
C_n	c_{n1}	c_{n2}	…	c_{nj}	…	c_{nm}	w_n

注：$w_i = \sum_{j=1}^{n} b_j c_{ij}, i = 1, 2, \cdots, k, \cdots, n$。

3. 加权计算

将各指标规范化后的值 X_i 和所得判别矩阵对应的特征向量 ω_i 进行加权处理，即可得出该项技术的综合评价结果值。对于每一项技术，分别进行层次分析法权重计算，将权重计算结果与规范化的结果相乘，即可得到该项技术的评价结果，最终得到最佳可行技术。

$$C = \sum_{i=1}^{n} X_i \omega_i$$

4. 定量计算优化方案

根据综合集成方法论，通过集成的手段将信息资料、计算机以及数学模型等三大体系有机地结合起来，从定性入手，以定量求解的研究思路，将定性分析和定量计算相结合来解决水生态环境治理修复这一复杂问题是本章的核心思想。

首先，基于前期针对研究区域水生态环境健康状况的评估，获取研究区域的水文、污染物排放量、污染源种类等一系列的基本数据，为后续的模型构建和计算提供数据支撑。同时，可以识别出关键的污染物及其排放量，为模型目标函数的选择确立依据。

其次，针对研究区域展开调研，分析其经济发展、资源禀赋以及相关政策，为后续模型中约束条件的选择和确定提供依据。

最后，根据之前的分析和实际需要构建多目标约束的优化模型，通过定量计算，对先前定性分析构建的集成框架进行进一步的优化，使得各技术手段进行耦合，在满足各约束条件的基础上，实现技术集成总体效益最优，成本最少。

3.7 湿地 - 湖库及景观河道水生态修复最佳可行技术评估工作程序

3.7.1 技术初筛

为了使筛选出的最优技术能更好地满足环保或行业需要，同时也节省评估时间，参照相关的政策、标准、规范等文件设置的“评估前准则”，对调研的装备制造业水污染控制技术进行初筛，使不符合要求的技术预先被剔除。通过筛选的技术方可进入后面的技术评估程序。

3.7.2　技术评估

确定各项评估指标的权重和建立技术评估模型，对通过初筛的参评水污染控制技术进行技术评估，给出每一项技术的单项指标评估分值和综合评估分值。

3.7.3　最优技术筛选

在对各项水污染控制技术进行综合评估之后，应用最优技术筛选中的“评估后准则”，对参与评估的技术进行筛选，通过筛选的技术即为最优技术。

3.8　小结

通过首先对现有的水生态治理修复技术进行梳理，按照流域综合治理及生态修复的思路对各类技术进行分类，将技术分为控源截污、污染治理和生态修复和生境恢复三个大类。并对每一种技术按照其技术原理、技术优点、适用范围、成本等 9 个指标进行了整理。其次，建立了技术评估指标体系，以建立的评估指标为基础，利用数学模型对水生态修复技术进行筛选和评估，利用技术评估指标体系对不同技术体系进行技术评估，为不同种类水体筛选到合适的水生态治理及修复技术。

第4章　滨海工业带典型流域水污染控制与水生态修复集成技术模式研究

虽然目前使用的生态治理及修复技术样式繁多，但是不同类型的河道 - 湖库适用哪些技术以及效果的好坏并不清楚，如今也没有一个完整的模式体系能用来指导不同类型河道的生态治理。天津市城市河道 - 湖库的生态治理及修复，虽然采取了一系列的生态治理措施，但天津市部分城市河道的水质状况并没有出现明显的提档升级，大多还处于劣Ⅴ类的状况，不能满足景观水体Ⅳ类水以上的标准要求。目前采取的生态治理措施存在工艺种类单一、技术覆盖不全面、生态恢复不彻底等问题，这难免会让生态治理措施的效果打折扣。因此，通过探讨和研究不同类型河道 - 湖库生态治理技术的应用模式，以期充分发挥生态治理措施的效果，实现适用生态设施效益的最大化，是奠定河道 - 湖库生态治理及修复成功的关键。

城市河道的水环境状况复杂，既有沟渠化严重、受纳大量生活污水和面源污染的黑臭河道，也有水质状况相对较好，但水生生物多样性单一、抗污染能力较差的河道。对于不同污染类型的城市河道，其生态治理的技术诉求是不尽相同的，因此，在具体的生态治理技术与方法上，需要因地制宜地对不同的河道采用不同的应用模式。即使对于同一条河道，在生态修复工程的不同阶段，由于其水生态环境状况的变化，修复工作所面对的环境条件也会发生极大的变化，这也要求对其适用的治理模式做出适当的改变，来满足变化条件的需求。除了环境因素外，河道的水文水动力条件、底质条件和岸带条件等也都会对生态修复工作造成不同程度的影响，这些都需要在生态修复工程的具体应用中引起足够的重视。

天津市的河道除排污河以外，其他河道一般都具有防洪功能，在非汛期还起到景观蓄水作用，一般出于“保水和通航”的考虑，大多数河道实际上已成为没有径流的河道式蓄水库。这导致河道水流滞缓，水体更新缓慢，水体自我净化能力差，对污染物的容纳能力低，河流生态系统极其脆弱等。因此，当大量污染物排入水体时，水质会迅速恶化，并且恢复比较缓慢，需要对其采取一定的措施进行生态修复，严重者还需进行生态治理，才能达到水质保质和维持生态多样性的效果。

按照水体类型及天津市滨海工业带的特点，将天津滨海工业带水体分为三大类进行水体修复，分别为基于生态多样性及水质保持的北方浅水型湖库生态修复集成技术的湖库水体生态修复、河道水体生态修复技术和园区水（工业尾水）生态修复。其中，河道生态修复技术中根据河道流量大小、水体特点分为三大类：基于水质稳定改善的大水量、富营养化水体生态修复集成技术；基于水量小，停滞时间较长水体的生态修复集成技术；微小流量、农村沟渠、断流水体生态修复集成技术。园区水生态修复技术是根据园区分布不同，分为工业园区水生态修复技术、产业复合园区水生态修复技术以及沿海人工湿地生态修复技术。

对于不同类型的河道湖库，由于其水文条件的区别和驳岸条件的差异，又会有不同的治理技术应用模式推荐。总的来说，对于黑臭治理型河道，黑臭源头的消除和生境条件的恢复是整个治理技术应用的关键；对于水质改善型河道，水质指标的原位改善技术最为重要；对于生态功能恢复型河道，在治理技术应用时要重点考虑生态系统完整性和生物多样性的构建；对于景观美化型河道，景观的生态功能是其实际应用的关键。

下面根据不同河道 - 湖库所具有的特点（表4-1），结合天津市城市河道生态治理工作的具体案例，具体推荐生态治理技术方法的应用模式，并从综合整治的角度探讨上述分类模式与应用模式的整合。

表4-1　天津滨海工业带河道 - 湖库类型及特点

类型		水体特点	典型水体
湖库水体生态修复	饮用水湖库		于桥水库
	基于生态多样性及水质保持的北方浅水型湖库	滨海工业带高盐碱度下维持生物多样性，控制藻类暴发	营城水库、北大港水库、沙井子水库、钱圈水库、北塘水库和黄港水库
河道水体生态修复	基于水质稳定改善的大水量、富营养化水体	水量大，流速快，主要起到行洪和排污的功能，多为一级河道	独流减河
	基于水量小，停滞时间较长水体	水量相对来说较小，一般流量很少，多为二级河道	外环河及二级河道
	微小流量、农村沟渠、断流水体	微小流量，禁止不动，如农灌沟，或二级河道支流	农村沟渠及黑臭河道
园区尾水生态修复	产业复合区	工业园区和生活区混合区域	中新生态城
	工业园区尾水	单纯工业园区	临港、南港、西区，空港

4.1　湖库水体生态修复、生境恢复集成技术模式研究

4.1.1　湖库水生态修复、生境恢复技术

湖库水体污染物来源包括外源和内源，外源包括点源（工业污水、生活污水等）和面源（初期雨水径流、空气降尘、农业废弃物倾倒等）。湖库水体内源污染主要是水体污泥内污染物的释放，采取综合措施截留污染物进入库区，降低水体富营养化，减少藻类暴发，湖库水质长效保质。由于饮用水源湖库和一般湖库采取的综合截污技术不同，湖库水生态修复技术可分为饮用水湖库生态修复技术和滨海工业带湖库修复技术两种类型。

1）调整产业结构

通过调整产业结构，改变种植模式和生活方式，如减少化肥使用量，推进有机肥的使用，鼓励采用生态食物链形式种植、养殖，建立无污染、无公害的产业园区，可以减少面源污染；关闭高污染、高耗能企业，或将其搬迁到水库下游区域，可以减少点源污染；通过水库底泥处理工程可以减少内源污染。内源控制技术在第三章控源截污技术中已详细介绍。

水源地保护区是一个地球生态肾脏，整个区域需要一个自然的生态修复功能。关停水库周边的养殖塘，将其改造成湿地，拦截库周农田沥水，在湿地中以及水塘内种植芦苇、莲藕、蒲草等对水质起净化作用的植物。同时，阻止工业废水、农田污水等进入库区，并使水体自身可以净化，让鸟儿有栖息之地，形成自我调节的生态系统。

入库河流污染往往类型复杂，既有以城市生活污水及工业废水为主的点源污染，也有来自以农村生活、种植业及养殖业为主的面源污染，还存在着人们对自然资源不合理开发利用引起的水土流失、湿地萎缩等生态环境恶化的问题。单一修复技术通常无法适应这些特征，需要在功能定位及目标需求的基础上，设计复合式技术工艺，这样才能高效稳定地发挥净化作用和生态功能。控制入库河流污染的方法有多种，具体见河道治理及生态修复技术。

除了以上技术外，下面具体介绍湖库特有的生态修复技术。

2）库滨缓冲带

库滨缓冲带是水库型水源地的重要组成部分，依靠缓冲带横向空间及缓冲带植被的过滤和拦截作用，防止污染物直接进入水库及水库边界的水陆交界带，它是流域入库的最后一道屏障，其结构形态及生态功能受损会严重威胁水库水质（图 4-1）。库生态隔离缓冲带过滤库区非点源污染主要是通过一定宽度的缓冲带系统的过滤、渗透、滞留等物理、化学和生物作用。其中地表径流中的污染物质，主要是通过物理过程沉积和截留的；而渗透到土壤中的部分，则是通过一系列植物的吸收、土壤吸附及微生物吸收等实现过滤转化的。

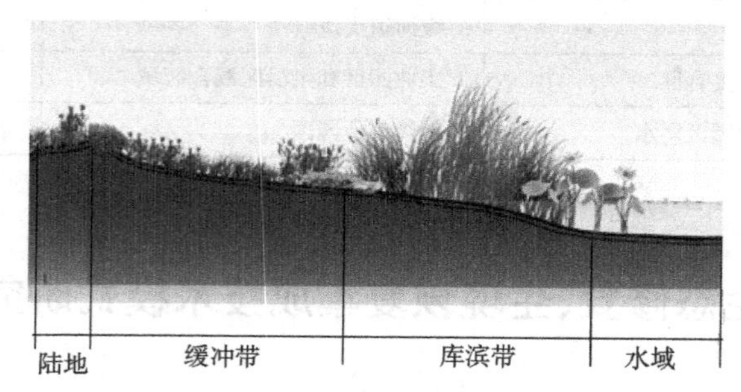

图 4-1　库滨缓冲带空间格局

库滨缓冲带具有以下功能及技术优点。

（1）保护功能

保护功能包括提供各种生物的栖息地、保持物种的多样性、调节河溪的微气候、稳定河岸复合生态系统等。

在水陆生态系统间发挥过滤和屏障的缓冲功能。通过其复杂的生态系统的渗透、过滤、沉积、吸收和分解等作用，来消减一定量的内源污染及外源污染，减弱进入地表和地下水的污染物毒性，降低污染程度。另外，库滨缓冲带还可稳固库岸，控制土壤侵蚀。多样性的植被通过根系固着和阻滞水流等形式，增强库岸边坡的稳定性，减少水土流失。

（2）连接功能

主要表现为廊道的连接、传输、交换、源汇功能等。

廊道是组成景观机构的单元之一，具有宽而浓密植被的河流廊道可控制来自景观基地的溶解物质，为两岸内部物种提供足够的生境和通道；不间断的河岸植被廊道能维持诸如水温低、含量高的水生调节，有利于某些鱼类生存。沿河岸覆盖植被，可以减缓洪水的影响，同时生态河岸带又为生物繁育提供了重要的场所，河边较为平缓的水流为幼种提供了较好的生存与活动环境。

（3）缓冲功能

缓冲功能通过河岸植被带的过滤、渗透、吸收、拦截来发挥涵养水源、净化水体、减少洪涝、防控灾害的功能。

河水的冲刷和侵蚀，对岸边的结构具有一定的破坏性，特别是洪涝灾害到来之际，能否把损害降到最低，植物的根、茎起到了非常大的作用，由此可见，生态河岸带对岸边的保护功能主要通过河岸带植物的护坡机理来实现。河岸带植被可以减缓表径流，减轻水流的冲刷作用。植被的枝干和根系与土壤互相作用，增加土层的机械强度，有的还可以直接加固土壤，起到固土护坡的作用。

（4）资源功能

保持生物多样性，为动植物提供丰富多样的生境和栖息地，提供丰富的生物、土地以及景观观赏资源。

由于缓冲带是功能最完备、系统最复杂的生态系统，不同区域的环境、气候调节和交替出现的消涨带，使得不同地区不同时间表现出强烈的不均一性和差异性，形成了很多小环境，使物种的组成和结构具有很大的分异性，也为众多的植物、动物物种提供了可持续的生存繁衍场所，从而丰富了物种基因。

缓冲带又常是高等植物资源的宝库，纤维植物分布广泛，种类繁多。同时生态河岸带也有丰富的动物资源，据调查，在水陆交错的区域，仅鸟类就有160种，其中有的还是世界和国家保护的珍稀动物。可见生态的河岸带也为社会的可持续发展提供了宝贵的物质资源，提高了物质资源的丰富度。

（5）调节局部微气候

主要是通过植物的花叶茎等对水体形成的阴影，减少阳光直射，调节缓冲带水体温度，使其更适宜动植物生长。同时，河岸带丰富的植物景观，也形成了一个天然的氧吧，能改善周边空气湿度，提供更多的氧气，使这一地区的气候更加宜人。

（6）景观美学与休闲娱乐功能

丰富的空间格局和物种造就了优美的库岸湿地景观，可为人们提供休闲娱乐的场所。

缓冲带极易创造亲水环境，一个优秀的生态河岸带，建筑、人文、休闲娱乐设施等景观板块均应具有线条、质地和土地利用和谐性等景观美学意义。具有景观适宜性的区域，同时又是人与水和谐共处的过渡平台，具有休闲、旅游、娱乐功能和观赏价值。

滨海新区水库的特点是水体、地下水及土壤的含盐量较高，湖库盐度一般达到2 000~3 000 mg/L，所以选取岸带修复植物关键在于筛选适应该地区盐度的耐盐水生植物。适应天津滨海水库的先锋耐盐植物，分别为沉水植物：狐尾藻、金鱼藻、菹草等；挺水植物：芦苇、香蒲、水葱等；浮水植物：睡莲。具体耐盐植物的选择详细见湿地耐盐植物的选择。

3）前置库技术

前置库是置于水库之前的“库”，是另外修建的位于水库之前的小库，用于收集面源污染的雨水,设法使其净化后再流入水库。准确地说,前置库通过延长水力停留时间,促进水中泥沙及营养盐的沉降,同时利用子库中大型水生植物、藻类等进一步吸附、吸收、拦截营养盐,使营养盐合成有机物或沉降于库底,从而降低进入下一级子库或者主库水中的营养盐含量,充分利用沉降和"生物反应器"的作用,使入水得以净化,减少营养元素的输入,抑制主库中藻类过度繁殖,减缓富营养化进程,改善水质。目前的前置库系统结构包括地表径流收集与调节子系统(河道)、拦截与沉降子系统、生态透水坝砾石床子系统、强化净化子系统和回用与调节子系统(图 4-2)。

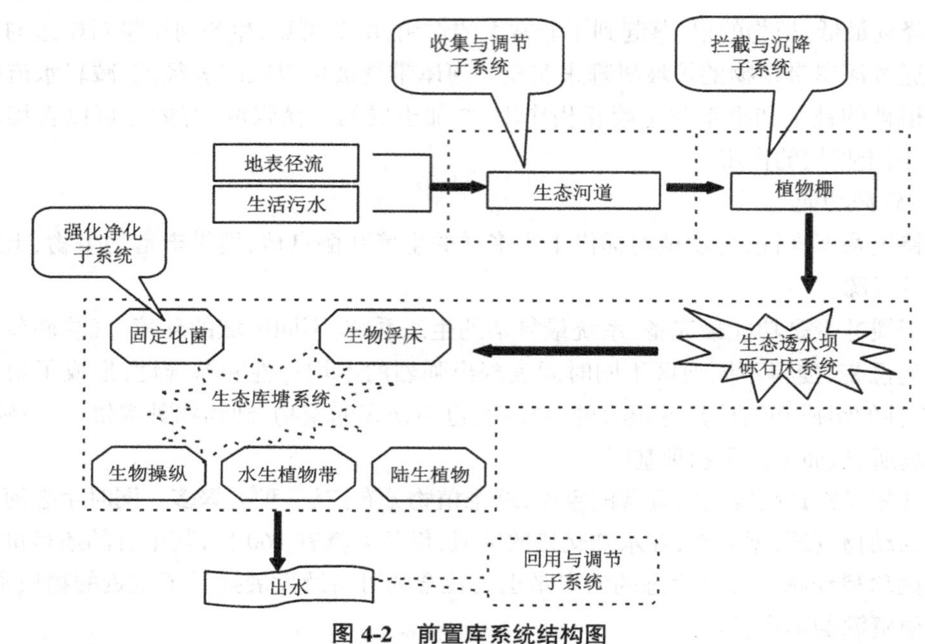

图 4-2 前置库系统结构图

前置库通常由 3 部分构成,即收集与调节系统、拦截与沉降系统和强化净化系统。

(1)地表径流收集与调节子系统(生态河道)

对现有沟渠进行适当改造,结合生态沟渠技术,收集地表径流并进行调蓄,对地表径流中的污染物进行初级处理,主要利用物理沉降、吸附作用。

(2)拦截与沉降子系统

利用生态库塘入口的沟渠河床,通过适当改造沉降系统,结合人工湿地原理构建生态河床,种植大型水生植物,建成生物格栅,对地表径流中的颗粒物、泥沙等进行拦截、沉淀处理,达到初步净化水体水质的效果。

(3)生态透水坝砾石床子系统

利用砾石构筑生态透水坝,保持调节系统与库区水位差,透水坝以渗流方式过水。砾石床种植的植物、砾石孔隙与植物根系周围的微生物共同作用,利用吸附作用、生物的吸收和微生物降解作用。

(4)强化净化子系统

①砾石床过滤:利用微生物及植物根系的转化、吸附和吸收,使水体中的有机物、氮、磷等营养物质发生复杂的物理、化学和生物转化,同时砾石床的土壤及沙石通过吸附、截流、过

滤、离子交换、络合反应等去除水中的氮、磷等营养成分。②植物滤床净化：种植具有经济价值的挺水植物，利用其根系吸收营养物质，同时通过拦截水流作用，促进泥沙和其他颗粒物沉降。③深水强化精华区：利用高效水生生物的净化作用和生物浮岛、固定化脱氮除磷微生物以及高效、易沉藻类等人工强化技术，高效去除氮、磷等营养物质。④放养滤食性的鱼类、蚌和螺类：放养一定密度的底栖动物和滤食性鱼类，以有效去除悬浮颗粒、有机碎屑及浮游生物，促进良好生态系统的形成。⑤岸边湿地建设：结合水库类型和水体存在消落带现况，前置库岸边营造湿地，培育挺水植物、浮叶经济水生植物、沉水植物等。该系统能进一步沉降粒径较小的泥沙，氮、磷的去除率分别可达 35% 和 50% 左右。

（5）回用与调节子系统

暴雨时为防止前置库系统暴溢，初期雨水引入前置库后，后期雨水通过导流系统流出。处理后的出水经回用系统可进行综合利用。本示范工程因地制宜利用当地现有的好口闸、排涝站，经适当改造，建成导流与回用系统。

前置库技术优缺点如下。

技术优点：

①有效减少面源有机污染负荷，特别是去除地表径流中的氮、磷；

②占地少、成本低；

③能抑制藻类过度繁殖，减缓富营养化进程，改善水质；

④有效解决了面源污染的突发性、大流量等问题。

技术缺点：

（1）前置库的净化功能与河流的行洪功能往往矛盾；

（2）在运行期间，前置库区经常出现水生植物的季节交替问题。

4）建立湿地保护区

水源地保护区是一个地球生态肾脏，整个区域需要一个自然的生态修复功能。关停水库周边的养殖塘，将其改造成湿地，拦截库周农田沥水，在水塘内种植芦苇、莲藕、蒲草等对水质起净化作用的植物。阻止工业废水、农田污水等进入库区，并使水体自身可以净化，让鸟儿有栖息之地，形成自我调节的生态系统。

5）投放食藻鱼种

通过投放食藻鱼种生态系统的建立，除了需要植物的种植，同时也离不开水中的生物。采用“生物操纵”法，它是利用藻类吸收水体中的氮、磷，同时鲢鳙鱼又专门摄取藻类，利用这一食物链转换关系来控制水体的生态平衡。通过循环放养和重复养殖，可以消除水中藻类，从而达到减轻水库污染负荷、改善水质的目的。

4.1.2　湖库水生态修复、生境恢复最佳可行技术确定

1. 饮用水库水生态修复技术最佳可行技术确定

本次层次分析法采用山西元决策软件科技有限公司的产品 yaahp 进行层次分析法的计算，该软件可以进行群决策分析，通过调研专家的意见，在软件中综合计算，避免了单一专家

打分的片面性。表 4-2 为使用该软件计算的饮用水库水生态修复技术指标权重结果。

表 4-2 饮用水库水生态修复技术指标权重计算结果

目标层	准则层	指标层	权重
饮用水库水生态修复技术评估	技术性能指标（0.181 4）	COD/PI 减少率	0.065 7
		NH_3-N 减少率	0.042 8
		TP 减少率	0.017 0
		TN 减少率	0.032 5
		SS 减少率	0.010 9
		特殊污染物去除率	0.012 5
	经济成本指标（0.125 5）	工程建设投资费用	0.026 7
		工艺运行费用	0.019 0
		占地面积	0.010 2
		每吨废水运行维护成本	0.069 6
	管理操作指标（0.070 2）	易操作水平	0.009 8
		安全水平	0.051 8
		技术先进性	0.005 0
		改扩建难易程度	0.003 6
	环境性能指标（0.622 8）	资源回用水平	0.124 6
		工程噪声产生情况	0.498 2

根据滨海工业带湖库水体的特点，以及实地调研，形成以下几项集成技术（表 4-3）。

表 4-3 湖库治理技术集成

技术序号	技术名称
T1	点源、面源和内源控制技术
T2	点源、面源和内源控制技术 + 前置库技术（副库）
T3	点源、面源和内源控制技术 + 库滨缓冲带
T4	表面曝气技术
T5	点源、面源和内源控制＋前置库技术＋库滨缓冲带
T6	点源、面源和内源控制＋库滨缓冲带 / 人工湿地 + 生态多样性生境恢复技术
T7	点源、面源和内源控制＋库滨缓冲带 + 生物操纵技术

根据上表的技术集成体系，分别对每项技术集成进行技术评估，结合已经计算得到的指标权重，确定得到表 4-4 的内容，最终确定 T5，即“点源、面源和内源控制 + 前置库技术 + 库滨缓冲带”为饮用水库的最佳可行技术，选择该项技术集成为滨海工业带饮用水库水生态修复技术。

表 4-4　饮用水库技术评估表

指标 \ 技术	T1	T2	T3	T4	T5	T6	T7
COD/PI 减少率	0.7	0.8	0.7	0.9	0.8	0.7	0.7
NH_3-N 减少率	0.7	0.8	0.8	0.8	0.9	0.8	0.8
TP 减少率	0.7	0.8	0.8	0.8	0.9	0.8	0.8
TN 减少率	0.7	0.6	0.7	0.7	0.9	0.8	0.8
SS 减少率	0.7	0.8	0.6	0.4	0.9	0.8	0.8
特殊污染物去除率	0.7	0.6	0.5	0.9	0.8	0.7	0.7
工程建设投资费用	0.6	0.4	0.5	0.3	0.4	0.3	0.3
工艺运行费用	0.7	0.7	0.7	0.3	0.7	0.6	0.6
占地面积	0.4	0.3	0.4	0.4	0.3	0.4	0.4
每吨废水运行维护成本	0.6	0.6	0.6	0.3	0.6	0.6	0.4
易操作水平	0.7	0.6	0.6	0.4	0.6	0.5	0.5
安全水平	0.8	0.8	0.8	0.5	0.6	0.2	0.6
技术先进性	0.5	0.6	0.6	0.3	0.7	0.5	0.6
改扩建难易程度	0.7	0.6	0.6	0.4	0.6	0.5	0.4
资源回用水平	0.7	0.8	0.7	0.6	0.9	0.6	0.6
工程噪声产生情况	0.7	0.7	0.7	0.3	0.7	0.7	0.7
加权总计	0.691 4	0.705 8	0.690 3	0.441 0	0.727 7	0.645 6	0.652 6

2. 常规水库水生态修复技术最佳可行技术确定

常规水库水生态修复技术最佳可行性技术评估方法见第 3 章，计算方法同饮用水库，故省略计算过程，最终确定 T6，即“点源、面源和内源控制＋库滨缓冲带 / 人工湿地 + 生态多样性生境恢复技术”为常规水库的最佳可行技术，选择该项技术集成为滨海工业带常规水库水生态修复技术。

4.1.3　饮用水库和常规水库水生态修复、生境恢复最佳技术对比

1. 饮用水湖库水体最佳可行技术：点源、面源和内源控制 + 前置库技术（副库）+ 库滨缓冲带

饮用水湖库水体主要污染物源于外源污染物的入侵，生态修复的主要目的是在截留污染物进入库区的基础上，降低水体富营养化，减少藻类爆发，使湖库水质长效保质。通过对点源、面源和内源控制的常规技术后，库滨缓冲带是修复后生境恢复的常规技术。副库（前置库）是饮用水湖库的关键技术：主要是通过延长水体停留时间，促进水中泥沙及营养盐的沉降，同时利用子库中大型水生植物、藻类等进一步吸附、吸收、拦截营养盐，使营养盐合成

有机物或沉降于库底，从而降低进入下一级子库或者主库水中的营养盐含量；其次，可以收集面源污染的雨水，设法使其净化后再流入水库。

2. 常规水库水体的最佳可行技术：点源、面源和内源控制＋库滨缓冲带／人工湿地＋生态多样性生境恢复技术

常规水库的水体污染物源于外源污染物的入侵，同时也有自身内源污染物的释放，通过对点源、面源和内源控制的常规技术后，库滨缓冲带是修复后生境恢复的常规技术。常规水库水体修复的主要目的是通过建立湿地保护区，在生物操纵技术的基础上，通过营建大面积浅滩、水下微地形、小型岛屿，设计环流渠，增加水体循环量，创造隐蔽空间等措施创造栖息和觅食空间，在保护区内增加生物多样性。因此，生物多样性生态恢复是滨海工业带湖库的关键技术。

4.1.4　湖库水体生态修复技术应用模式小结

①饮用水源地湖库：点源、面源和内源控制＋前置库技术（副库）+ 库滨缓冲带。

②非饮用水源地湖库：点源、面源和内源控制＋库滨缓冲带／人工湿地＋生态多样性生境恢复技术。

湖库污染控制及生态修复模式如表 4-5 所示。

表 4-5　湖库污染控制及生态修复模式

<table>
<tr><th colspan="2">控制污染源类型</th><th>控制措施</th><th>工程项目</th><th>应用</th></tr>
<tr><td rowspan="5">外源污染控制</td><td>点源污染</td><td>产业结构调整、清洁生产、循环经济，退鱼还湿</td><td>工业污染源治理工程</td><td rowspan="10">营城水库、北大港水库、沙井子水库、钱圈水库、北塘水库和黄港水库</td></tr>
<tr><td rowspan="4">面源污染</td><td>生态农业建设</td><td>农业面源污染治理工程</td></tr>
<tr><td>污水截排、灌溉设施建设</td><td>入库河流和消减工程</td></tr>
<tr><td>垃圾处理场建设</td><td>固体废弃物处理处置工程</td></tr>
<tr><td>农村分散污染物收集处置</td><td>新农村环境污染治理工程</td></tr>
<tr><td colspan="2">内源污染物控制</td><td>底泥处理处置</td><td>底泥污染防控工程</td></tr>
<tr><td rowspan="3">生态修复</td><td>库滨缓冲带</td><td>依靠缓冲带植被的吸收、过滤和拦截及土壤吸附、微生物吸收等实现过滤转化</td><td>岸带修复工程</td></tr>
<tr><td>人工湿地</td><td>人工湿地建设、入库流域河道水生态环境综合治理</td><td>生态修复及生境恢复工程</td></tr>
<tr><td>生物操纵</td><td>发挥食物链关系，适当养殖以藻类为饵料的鱼类，控制藻类数量</td><td>河流生态廊道建设工程</td></tr>
<tr><td>生境恢复</td><td>生态多样性生境恢复</td><td>在生物操纵技术的基础上，通过营建大面积浅滩、小型岛屿，设计环流渠，创造隐蔽空间等措施创造栖息和觅食空间，增加生物多样性</td><td>河流生态廊道建设工程</td></tr>
<tr><td colspan="2">前置技术（副库）</td><td>置于水库之前的“库”，用于收集面源污染的雨水，延长水力停留时间，促进水中泥沙及营养盐的沉降，利用水生植物、藻类等进一步吸附、吸收、拦截营养盐</td><td>副库／前置库</td><td>于桥水库等饮用水源地水库</td></tr>
</table>

湖库生态修复模式和集成体系如图 4-3 所示。

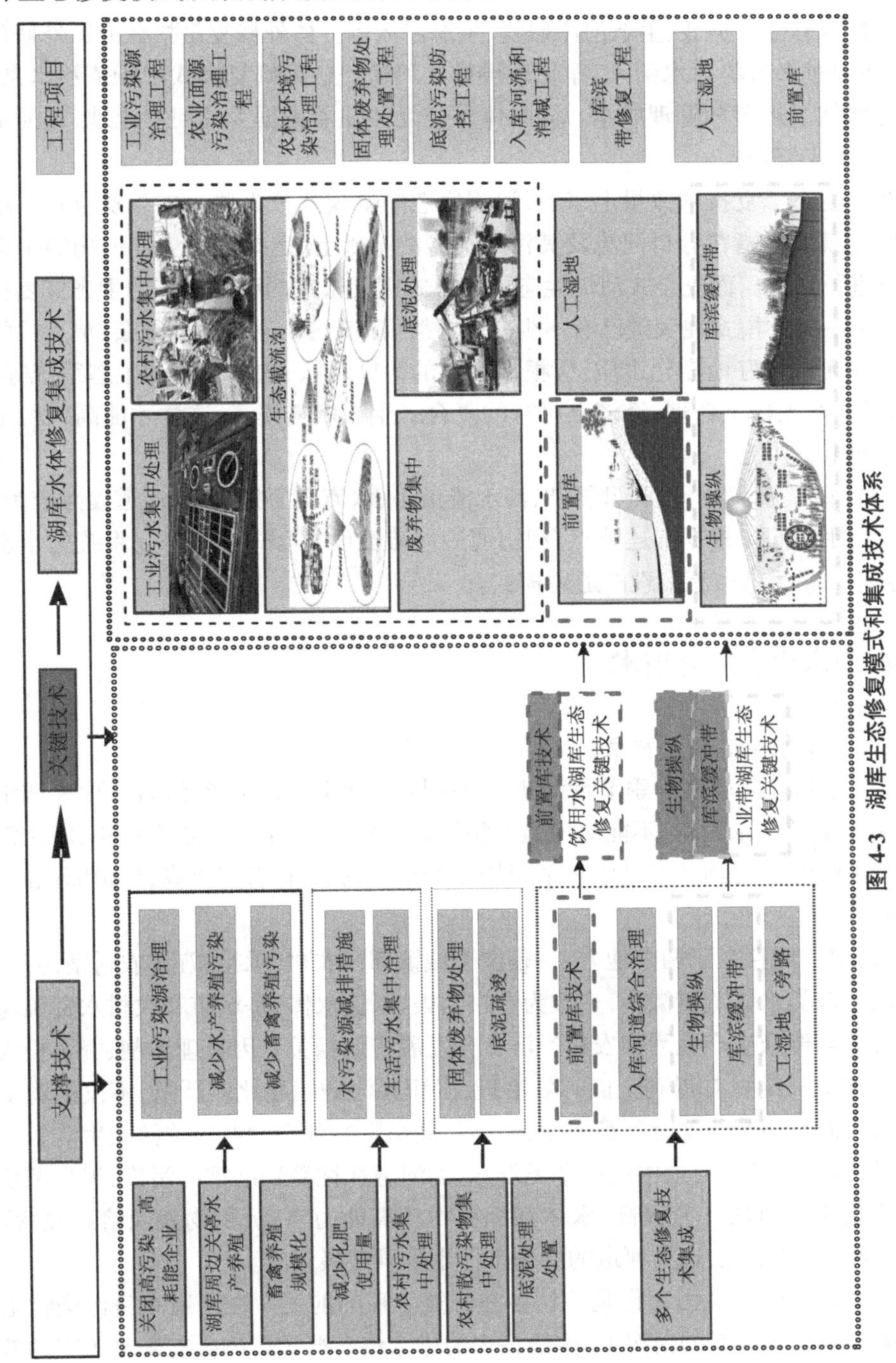

图 4-3　湖库生态修复模式和集成技术体系

4.2　缓滞 / 丰水河道水生态修复技术集成体系研究

从修复空间角度来看，河流生态修复模式主要有两种：体内修复和体外修复。体内修复是指对河道本身进行修复,利用河岸、河床、河滩等建立生态修复措施,达到净化污染的目的。常用技术有生态护坡、生态河床修复、生态浮床等。体外修复是指在河道外修建生态修复措施,并通过水泵将污水引入,净化后再排入河道。这种修复模式由于依赖水泵,因此一定程度上增加了运营和管理成本。同时体外修复往往需占据大片河岸土地,对河道生态环境也会造成一定影响。

从选用生态修复技术数量上来看,河流生态修复模式分为单一式和复合式。单一式河流生态修复模式是指在分析河流及其污染类型的基础上,选择一种最佳适用的生态修复技术对河流进行修复。而复合式河流生态修复模式则是选用两种或更多的生态修复技术来修复河流。单一式的模式在我国已有不少应用,然而河流污染通常类型复杂,单一式的生态修复模式往往无法较好地净化水质,应根据河流的污染现状、物理结构和生态系统等特点,制定技术上科学、工程上合理、经济上可行的复合式生态修复模式,这样才能高效稳定地发挥净化作用和生态功能。

一些入库河流污染严重类型复杂,河水流量小、水流截面狭窄,但河道漫滩较为开阔,有较大的可利用空间。根据上述特点,利用河流河滩建设复合式生态修复系统的生态修复模式应是这些入库污染河流治理的适用模式。

4.2.1 河道水生态修复技术

1. 缓滞河道水生态修复技术

天津市近郊区河道多为季节性河道,汛期排沥为其主要功能,汛后多用来调水、蓄水。近年来,由于上游来水偏少,不能对河道淤积形成有效冲刷,加上河道纵坡小、缺乏定期维护及河道管理不善等,目前各河道淤积情况均较严重,河底高程普遍抬高,河道断面减小,过流能力锐减。

缓滞河道一般存在于两个地方,一是位于城镇郊区农村,承接城市、农村雨污;二是农田灌溉、排沥。该类水体流量微小,多数为农村沟渠、断流水体,是城市和农村水资源与水环境的重要载体,与群众生产生活和农村经济社会发展密切相关。因管理体制、资金投入等多种因素影响,河道长期没有得到全面有效治理,淤积和污染问题比较严重,不仅削弱了城市防洪排涝能力,而且还制约着近郊经济社会发展,甚至影响到广大群众的健康生活。

缓滞类河道是城市河道中的一个类群,这类河道往往受到严重的污染,黑臭沉积物淤积较多,沉积物中有机质含量极高,水体和沉积物耗氧能力强,沉积物表面溶解氧含量极低。从河道治理的角度来说,这类河道的治理工作也是难度最大的。

对于缓滞类河道,截污工作是一切生态修复工程的前提。在河道本身污染物浓度已经极高,环境容量几乎为 0 的情况下,生活污水的排入将会严重影响生态修复工程的效率。在截污完成后,该类型河道的主要污染源是底泥内源和降雨面源,应根据河道是直立硬驳岸还是坡岸选择是否使用生态护岸技术。使用在缓滞类河道关键技术的概念、优缺点及适用范围详见第 3 章。下面介绍关键技术的主要作用。

（1）生态截留沟 / 渠（农田缓冲带）

生态截留沟 / 渠（农田缓冲带）控制重点是中小型畜禽养殖场及农药污染区，从而控制和减少地表径流造成的营养物流失和农药污染。为了更好地达到防止农村面源污染的效果，可以把缓冲草地带和缓冲林带有机地结合起来。国外研究结果表明，农田与水体间 50 m 宽的沿岸植被缓冲带能减少进入地表水 89% 的氮和 80% 的磷，另有试验表明，与免耕相结合的缓冲草地带可以减少约 47% 氮流失和 63% 的磷流失。

农田缓冲带还可以有效控制坡耕地和平原农田面源污染的形成，这是控制地表径流的有效手段。植被缓冲带一方面会对地表径流起到阻滞作用，调节入河洪峰流量；另一方面可有效地减少地表和地下径流中固体颗粒的养分含量（图 4-4）。

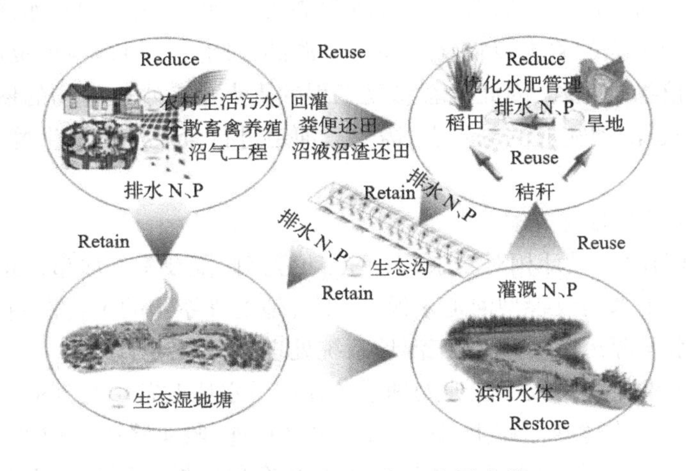

图 4-4　消减农业面源污染缓冲带

（2）微纳米曝气生物接触氧化技术

微纳米曝气生物接触氧化技术可以通过微纳米曝气增加缓滞类河道中淤积黑臭沉积物内部氧气含量，促进微纳米曝气生物接触氧化技术中生物膜内有优势微生物增加，对底泥进行消化、降解富集的污染物，提高水体透明度、降低底泥有机物含量，达到水体净化目的（图 4-5）。

图 4-5　微纳米曝气生物接触氧化工程

（3）水体微生物 / 促生剂修复技术

对于多数的缓滞类河道，由于该类河道水体流动性较差，底部污泥聚集较多，内部土著微生物种类较多，生存环境太恶劣，生物活性受到抑制，水体微生物数量却较少无法发挥它们的作用，通过向受污染的水体中投放生物激活剂，增加土著微生物，达到净化水体解目的。该技术已广泛应用于水产养殖、农业等领域。

2. 丰水河道水生态修复技术

对于丰水河道而言，河道黑臭状况已不太明显，但水体富营养化情况较为严重，藻类水华时常爆发，常造成水体缺氧、水生动物大面积死亡等现象。因此，对于丰水河道，生态治理工作的首要诉求是改善河道水质，使其从劣Ⅴ类变为Ⅴ类，水质进一步满足景观用水的需求。这需要在原有的水体治理基础上，增加水体修复功能，以满足河道水质进一步巩固提升的需要。生态治理工程的着力点也应该在污染源的控制上。但是与黑臭河道不同，这类河道较为适宜水生植物的生长，因此生态修复工程的重点也是水生植物的恢复。河道水体修复在控源截污、生态治理完成的基础上，需要对河道进行景观美化和生境恢复，具体实用的关键技术如下。

（1）人工湿地旁路修复技术

由于占地面积较大，设计相对复杂，人工湿地旁路修复技术在城市河道生态治理中的应用还不是很多。对于水质改善型河道来说，人工湿地处理系统的主要作用有两点：处理外源污染物特别是降水面源污染；旁路人工湿地系统处理受污染河水。

①降雨面源污染处理是人工湿地处理系统在河道水质改善中起到的最重要的作用。这类人工湿地系统主要修建在河岸上，通过与雨水管相连，收集降雨形成的地表径流，并汇入调蓄池中，再将调蓄池中的雨水通过人工湿地系统净化后排入河道。这类处理系统的关键是雨水的收集和人工湿地系统的选择。人工湿地系统在设计施工前，要根据人工湿地面积和处理量以及当地雨水污染的情况，计算最大可处理的雨水量，以设计雨水管的接入情况。人工湿地可以因地制宜，根据具体情况选择水平潜流人工湿地或者是垂直流人工湿地，具体的湿地类型和湿地植物的选择要根据当地降雨径流中主要污染物的浓度来确定。

②在降水不足的季节，河岸的人工湿地系统同时又作为异位处理受污染河水的处理装置。河水通过提水泵被抽入调蓄池中，再流经人工湿地，经过生物净化后，重新排入河水中。

（2）人工技术生态浮岛

在水质改善工作中，生态浮岛在直立驳岸这一不利于岸带植物恢复的河道中起到的作用主要是营养元素的消减和根系化感物质控藻。相对于黑臭治理型工程，考虑到恢复沉水植物的需要，浮岛面积最好控制在河道水域的 10%~15% 以内，以减少浮岛对光线的遮挡。浮岛植物主要选择生物量较大、对氮磷营养元素富集能力较强的美人蕉、风车草、梭鱼草、黄花鸢尾、菖蒲等，也可以考虑布设一些漂浮植物，如荇菜、睡莲、水芹、菱角等。而对于人工强化生物膜来说，在这里主要的作用是通过生物膜中的硝化、反硝化作用消减氨氮，控制浮游藻类以及提升水体透明度。但由于还需要恢复沉水植物，生物膜的布设不宜过密，主要铺设在河流上游。

植物根系可以增大污染物质与水体接触氧化的表面积，且能分泌大量的酶，加速污染物质的分解，通过根系吸附并吸收水体中氮磷等营养盐供给自身生长，从而改善水质。浮床植物与微生物形成好氧、兼性和厌氧的不同小生境，为多种微生物的生存提供适宜的环境，创造适合硝化、反硝化的环境，

优点：费用低廉。相对于传统治污技术，生物浮岛工艺可节省 50% 以上的建设费用，利用浮岛上的植物及其附着于根系的微生物去除水中氮、磷，浮岛本身可以成为鱼类、鸟类生息的良好生境，浮岛种植一些观赏性的植物，可以营造水体景观（图 4-6）。

图 4-6　人工浮岛景观图

缺点：

①处理耗时长，很难满足一些时效性要求较高的处理项目；

②在冬季植物基本是停止生长的，处理效果也基本停滞，所以只能作为一种预防和改善措施，要彻底达标还需其他水处理措施协助；

③浮岛技术是采用把水体氮磷吸收到植物体内的方式把污染带出水体，但大量植物体的处置又是一个棘手的难题；

④相关配套技术和设施的缺乏也制约着浮岛技术的发展，浮岛载体基本都是现场手工制作，水平较低，缺乏工业化的配套设施。

（3）生态护岸 / 岸带修复技术

生态护岸在水质改善方面，可以有效减少外源污染物的进入，但对于水生植物适生性更好的中污染和轻污染河道，在坡岸上进行滨水植物带的修复有着更为重要的意义。

滨水植物带的具体含义是指从挺水植物到浮水植物再到浮叶植物最后到沉水植物的一整套水生植物带。上述植物带的建立对于还原河岸的基本生态功能、逐级消减入河面源污染物有着重要意义。

用于河道生态治理的水生植物，一般应是适宜治理地区水质条件生长的、多年生水生植物，应具有耐污抗污的特性，同时要求有比较强的治污净化潜能；还需要根系发达，并且根茎分蘖繁殖能力强，植物生长迅速，同时生物量足够大；要求植株高度较低，抵抗倒伏，便于管理；最后还要求四季常绿或驯化后具有某种程度的美化景观效果，以及最好有一定的经济价值。

水生植物可以依据其形态特征、造景功能及生活习性，分为挺水植物、浮水植物、浮叶植物和沉水植物四种类型。

①挺水植物。若污染河水和污染源中氨氮和总氮浓度偏高，则选用氮吸收能力强的植物进行搭配；若总磷浓度偏高，则选用磷吸收能力强的植物进行搭配；若氮磷同时偏高，则选用同时对氮磷吸收能力强的植物进行搭配。植物搭配使用时，种类不可过多，一般选择 3~4 个种类。用于滨岸带时，植物种植密度宜为 9~12 株 /m^2。

②浮水植物和浮叶植物。河道植物种植密度以 10~20 株 /m^2 为宜；其余浮水植物种植密度以 20~30 茎 /m^2 为宜。浮水植物引种时切忌将生有蚜虫等病虫害的植株带入治理河道中。

③沉水植物。除了上述 3 类植物外，滨水植物带的最外侧需要种植沉水植物，并作为整个河道沉水植物恢复的起始。

对于沉水植物的恢复，要采用循序渐进的原则。首先在滨岸带种植沉水植物，此时河道透明度往往较低，同时深水区沉积物往往理化条件更差。滨岸带浅水区深使沉水植物有较多机会接触阳光，生存率较高。当沉水植物扎根生长并逐渐生长旺盛后，在其他生态工程的配合下，沉水植物可以依靠自身的增殖作用，逐渐占领更多的适宜生态位。需要注意的是，不要盲目地在初期大面积种植沉水植物，否则会降低种植的存活率，植物的死亡腐烂会给水体带来额外的污染物。因此，初期种植沉水植物时尽量选择（水深—透明度）≤ 20 cm 的水域种植，种植密度不宜过密，一般每平方米 20 株左右。

部分生态修复工程在沉积物状况较差的情况下，会采用沙袋的方式恢复沉水植物，但在此并不推荐在河道中使用此类方法恢复沉水植物。因为沙袋上种植的沉水植物虽然能够成活，但迁移性极差，死亡后又会影响水质。沉水植物的恢复应在沉积物本身条件较好或者黑臭沉积物经过疏浚或菌剂修复后再进行。

3. 生物操纵技术

当河道水质恢复到一定程度，能够满足河道景观水体的相关功能时，河道治理工作的进一步需求则是逐渐恢复河道的生态功能。河道的生态功能主要包括河道生态系统的完整性、多样性以及可持续性。完整性是指河道生态系统的各个组成结构的完整，包括各门类的生物及其良好的生境；多样性是指河道生态系统中的各生物群落具有多样性，同时其生境也具有多样性；可持续性则是指河道生态系统具有稳定演替的能力，同时对于外界环境的胁迫具有一定的抗性。

河道生态功能的恢复是河道生态治理的终极目标，是使河道具有良好自净能力、长久保持良好水环境的重要基础，也是河道轻度富营养化治理的关键。

水生植物恢复工作一般在前期黑臭治理和水质改善的过程中就已经完成，但对于一些初期水质就较好的河道，水生植物的恢复工作还是需要有序进行。在生态功能恢复的治理工作中，水生植物恢复主要考虑使用天津市的本地种。具体的种源引进工作可以考虑从天津市周边郊县水环境较好的河流中选择。

在实际的生态治理工程中投放的浮游动物往往被称为“食藻虫”，这是新型的生物操纵方法之一，同时也是易发生藻类水华的河道中常用的一种藻华控制方法。实际上“食藻虫”对藻华的控制作用也正是生态系统结构和功能健康的一种表现。常用于投放使用的“食藻虫”一般是枝角类浮游动物，如大型溞、剑水蚤等。这些浮游动物对微藻具有较强的摄食能力，同时繁殖能力也较强，能够有效控制藻类水华。

双壳类底栖动物一般以滤食性为主，可以有效滤食河道中的藻类和有机碎屑，对降低河道浮游植物的密度和提高透明度都有重要意义。一般受污染河道的底栖动物主要是以寡毛类和摇蚊幼虫中的一些耐污种为主，而缺少双壳类动物。所以适当地投放一些双壳类底栖动物也是河道生态功能恢复的重要工作。具体双壳类动物的选择还是要以天津市本地种为主，包括三角帆蚌、河蚬和圆顶珠蚌等都可以作为投放的对象。投放密度不宜过大，以免损害沉水植物。除了双壳类以外，螺蛳、虾等底栖动物也可以适当投放，以增加生态系统的多样性，但这些底栖动物的投放最好在沉水植物恢复、水质逐渐改善后进行。

鱼类投放也是河道生态功能恢复的重要工作。具体投放时可主要选择滤食性鱼类，如鲢鱼、鳙鱼等，以控制河道中浮游植物的密度。同时，辅以部分草食性鱼类和杂食性鱼类，如草鱼、青鱼、鲫鱼等，以平衡河道中沉水植物、底栖动物及有机碎屑的含量。具体的鱼类配比要根据河道的实际情况因地制宜。对于溶解氧和氨氮尚未恢复到较好水平的河道，不要轻易投放鱼类，以免造成鱼类缺氧死亡。

生境多样性的构建是整个生态系统多样性形成的基础。在以往的水生植物恢复工程中，由于缺少对生境多样性的构建，最后造成沉水植物种类日趋单一，抗污染胁迫能力日趋下降。具体的生境多样性可以通过向河道中投放不同的人工基质、通过一定的措施设置不同的河道流速区等方式实现。

4. 河道水体景观美化

除了上述水质改善和水体生态功能恢复方面的作用外，生态治理技术在景观美化方面也发挥着不可替代的作用。在这方面主要需要注意的是生态修复措施的景观美化，河岸绿化和公园化等。在景观美化方面，并没有具体的应用模式，主要是应用不同的治理技术的同时需要考虑技术手段的景观性。

考虑到河岸景观的绿化和公园化，按照“多姿多彩公园化的河道”“充满活力和文化的河道”“清澈而舒适的河道”“建设水和绿色的长廊”“绿色、水、文化协调的河道”等河岸景观措施理念，使河道真正成为“生态河道、文化河道、景观河道”，滨河带要能反映当地独特的景观、历史、文化、风俗；充满鲜花，有人工景点，公园化；能提供休闲、娱乐、体育活动空间；充满文化、艺术、科学气氛，具有现代气息；人、水关系协调，引人入胜，便于人水亲近等；根据沿河两岸的特征、功能、风格、社会历史背景及环境等因素设计亮化工程，增加河岸景观的美感和生气。

河岸绿化景观的设计应遵循以下原则。①坚持生态化原则。把握人与自然的设计主题，在保护原有自然景观的基础上，充分发挥自然环境优势，将自然景观和人文景观高度结合，使之具有很高的园林艺术观赏价值，体现人与自然的有机融合。②坚持自然化原则。造园方式上要依地就势，追求自然古朴，体现野趣。③坚持整体性原则。把河道作为一个有机整体，各段相互衔接、呼应，各具特色，连成整体。④"四季常绿、三季有花"原则。根据各类植物的不同特征和习性，将乔木、灌木、地被等植物进行合理搭配，高低错落有致，景观有序协调，整体做到四季常绿、三季有花。

对于生态浮岛，从景观性角度来说，不易老化的高密度聚乙烯防渗膜和抗氧化塑料等浮岛材料明显更加符合景观性的要求。而在浮岛植物的布设上，生物量较高的植物往往能起到遮挡浮岛基质的作用，使浮岛植物有更好的感官体验。

对于滨岸带植物的恢复，也要考虑景观性，开花植物和不开花植物的布设要交替进行，避免景观单一和集中，植物的高度也要合理配比，避免出现参差不齐的情况，影响景观。

人工强化生物膜和增氧曝气机等人工强化生态修复措施的布设需要尽量考虑隐蔽性，以降低对河道水体景观美化的影响。

在天津市的河道生态治理过程中，生态治理工程的景观性一般都维持得较好。生态浮岛和大部分河道的岸带都具有较好的景观性。水下增氧曝气机部分选择喷泉式，以增加水体景观。

4.2.2 河道水体水生态修复最佳可行技术确定

河道水体的水生态修复分成三个修复类型，分别为缓滞河道、二级河道和一级河道，针对不同的类型，提出不同的最佳可行技术库。

1. 缓滞河道水生态修复技术最佳可行技术确定

本层次分析是采用山西元决策软件科技有限公司的产品 yaahp 进行计算的（表 4-6），该软件可以进行群决策分析，通过调研专家的意见，在软件中综合计算，避免了单一专家打分的片面性。

表4-6　缓滞河道水生态修复技术指标权重计算结果

目标层	准则层	指标层	权重
缓滞河道水生态修复技术评估	技术性能指标（0.255 8）	COD/PI减少率	0.089 3
		NH_3-N减少率	0.073 1
		TP减少率	0.031 6
		TN减少率	0.030 0
		SS减少率	0.010 8
		特殊污染物去除率	0.021 1
	经济成本指标（0.077 8）	工程建设投资费用	0.005 8
		工艺运行费用	0.021 2
		占地面积	0.010 7
		每吨废水运行维护成本	0.040 1
	管理操作指标（0.055 4）	易操作水平	0.004 9
		安全水平	0.005 3
		技术先进性	0.030 5
		改扩建难易程度	0.014 7
	环境性能指标（0.610 9）	资源回用水平	0.523 7
		工程噪声产生情况	0.087 3

根据对滨海工业带缓滞河道水体的特点，以及实地调研，形成以下几项集成技术（表4-7）。

表4-7　缓滞河道治理技术集成

技术序号	技术名称
T1	点源、面源和内源控制技术
T2	点源、面源和内源控制技术＋生态浮岛
T3	点源、面源和内源控制技术＋表面曝气技术
T4	点源、面源和内源控制技术+（生态护岸）+生态浮岛＋表面曝气技术
T5	点源、面源和内源控制+（一体化旁路治理）+微生物菌剂＋微纳米接触氧化技术/曝气（水系循环）+生态浮岛
T6	点源、面源和内源控制技术＋岸带修复＋人工湿地旁路治理

根据上表的技术集成体系，分别对每项技术集成进行技术评估，结合已经计算得到的指标权重，确定得到表4-8，最终确定T5，即“点源、面源和内源控制+（一体化旁路治理）+微生物菌剂＋微纳米接触氧化技术/曝气（水系循环）+生态浮岛”为缓滞河道的最佳可行技术，选择该项技术集成为滨海工业带缓滞河道水生态修复技术。

表 4-8　缓滞河道技术评估表

指标＼技术	T1	T2	T3	T4	T5	T6
COD/PI 减少率	0.7	0.7	0.8	0.8	0.9	0.7
NH_3-N 减少率	0.7	0.7	0.8	0.8	0.9	0.7
TP 减少率	0.0	0.0	0.0	0.8	0.0	0.0
TN 减少率	0.7	0.7	0.8	0.8	0.9	0.7
SS 减少率	0.7	0.7	0.8	0.8	0.9	0.7
特殊污染物去除率	0.7	0.7	0.8	0.8	0.9	0.7
工程建设投资费用	0.8	0.7	0.6	0.6	0.7	0.8
工艺运行费用	0.7	0.7	0.6	0.6	0.7	0.6
占地面积	0.4	0.3	0.4	0.4	0.4	0.2
每吨废水运行维护成本	0.6	0.6	0.5	0.5	0.6	0.7
易操作水平	0.7	0.6	0.6	0.4	0.5	0.6
安全水平	0.7	0.7	0.5	0.5	0.6	0.7
技术先进性	0.4	0.6	0.5	0.6	0.9	0.5
改扩建难易程度	0.7	0.6	0.6	0.7	0.6	0.5
资源回用水平	0.7	0.8	0.7	0.6	0.9	0.6
工程噪声产生情况	0.7	0.8	0.6	0.6	0.8	0.8
加权总计	0.684 3	0.747 9	0.693 9	0.645 1	0.860 6	0.640 0

2. 二级河道水生态修复技术最佳可行技术确定

二级河道水生态修复技术最佳可行性技术评估方法见第 3 章，计算方法同缓滞河道，故省略计算过程，最终确定 T4，即“点源、面源和内源控制技术 +（生态护岸）+ 生态浮岛 + 表面曝气技术”为二级河道的最佳可行技术，选择该项技术集成为滨海工业带二级河道水生态修复技术。

3. 丰水河道水生态修复技术最佳可行技术确定

丰水河道水生态修复技术最佳可行性技术评估方法见第 3 章，计算方法同缓滞河道，故省略计算过程，最终确定 T6，即“点源、面源和内源控制技术 + 岸带修复 + 人工湿地旁路治理”为丰水河道的最佳可行技术，选择该项技术集成为滨海工业带丰水河道水生态修复技术。

4.2.3　缓滞 / 丰水河道水生态最佳可行技术比对研究

1. 缓滞河道水生态修复最佳可行技术

点源、面源和内源控制 +（一体化旁路治理）+ 微生物菌剂 + 微纳米接触氧化技术 / 曝气（水系循环）+ 生态浮岛。

缓滞河道一般存在于城镇郊区农村和农田灌溉、排沥渠。该类水体流量微小、多数为农村沟渠、断流水体，黑臭沉积物淤积较多，沉积物中有机质含量极高，沉积物表面溶解氧含量极低。曝气增氧 - 微纳米接触氧化技术和投加生物菌制剂 / 促生剂技术为关键技术，二者结合可快速高效去除水体中的污染物，解决河道区域内缺氧和有机污染严重的问题。

点源、面源和内源控制是生态修复的常规技术，在此基础上，可以增加生态浮岛、生物操纵等技术完成修复后的生境恢复。水体污染比较严重时，适当增加一体化旁路治理，不定期对水体进行修复，保持水体水质。

2. 二级河道水生态修复最佳可行技术

点源、面源和内源控制技术 +（生态护岸）+ 生态浮岛 + 表面曝气技术。

二级河道（水量大、流量小停滞时间较长），对于上述河道而言，生态治理工作的首要诉求是改善河道水质，水质从劣 V 类变为 V 类，同时满足景观用水的需求。

点源、面源和内源控制是生态修复的常规技术，在此基础上，可以使用生态浮岛、生物操纵等技术完成修复后的生境恢复，在岸带无硬化的河道两旁增加生态护岸修复技术。

3. 丰水河道水生态修复最佳可行技术

点源、面源和内源控制技术 + 岸带修复 + 人工湿地旁路治理。

该类河道常见的为一级河道和排污河，由于该类水体流量和流速较大，而且大多具有行洪作用，不易在河道本身设置水体治理设施，故而一般该类水体具有直立驳岸的大多数采用旁路人工湿地，坡岸选择生态护岸 / 岸带修复，结合库滨缓冲带或者人工湿地进行旁路净化和治理。

点源、面源和内源控制是生态修复的常规技术，在此基础上，可以增加生态浮岛、生态护岸 / 岸带修复＋库滨缓冲带生物操纵等技术完成修复后的生境恢复。

4.2.4　缓滞 / 丰水河道水生态修复技术应用模式小结

1. 缓滞河道水生态修复最佳可行技术

点源、面源和内源控制＋（一体化旁路治理）+ 微生物菌剂＋微纳米接触氧化技术 / 曝气（水系循环）＋生态浮岛。

2. 二级河道水生态修复最佳可行技术

点源、面源和内源控制技术 +（生态护岸）+ 生态浮岛 + 表面曝气技术。

3. 丰水河道水生态修复最佳可行技术

点源、面源和内源控制技术 + 岸带修复 + 人工湿地旁路治理（图 4-7）。

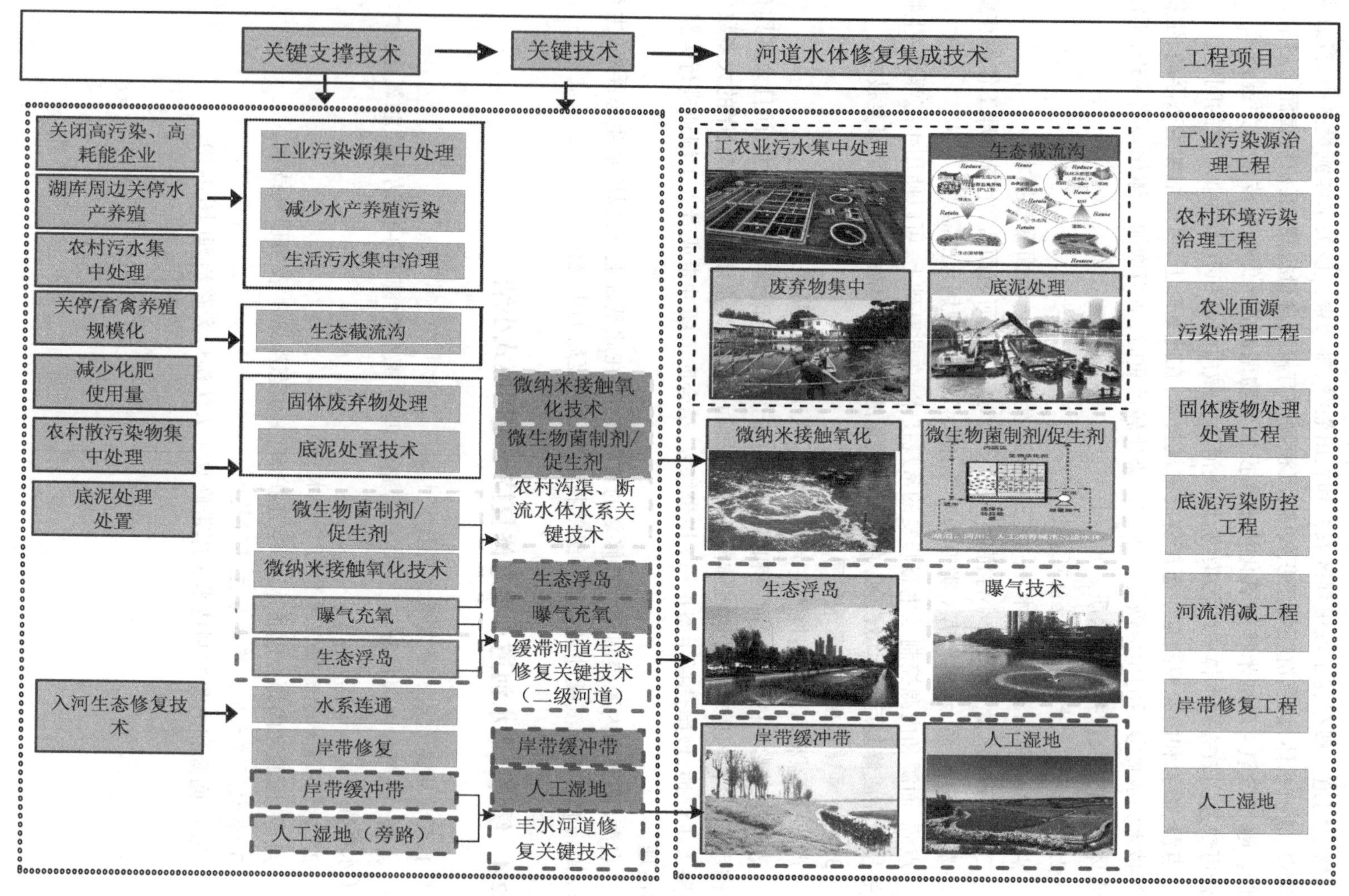

图 4-7 典型水体缓滞河道 / 丰水河道水生态修复模式和技术集成体系

4.3　典型区域(工业园区、产业复合区)水生态修复技术集成体系研究

工业园区生态化建设过程中存在废水排放量大、污染物种类多、降解难度大等问题。天津滨海工业带的工业园区，水资源十分匮乏，因此在园区生态化建设的过程中，常以工业园区污水厂尾水补充生态用水进行人工湿地建设。利用大型人工湿地对滨海新区工业园区尾水深度处理成为理想选择。目前采取的园区污水处理厂尾水深度处理技术，为湖库及湿地末端水生态修复减轻了压力。

工业园区污水处理厂尾水深度处理是当前关注的水环境问题之一，尤其是北方沿海工业园区，其环境本底含盐量高。此外，园区废水经污水厂处理后，尾水中仍残留大量有毒有害物质，存在着较高的环境风险。污水处理厂尾水常作为生态环境补水用于园区景观，但含有较高的氮磷营养盐，易导致景观水体产生富营养化。针对工业园区污水处理厂尾水深度处理难题，我国尚缺乏低成本、高效率、适应性强的污水深度处理技术。人工湿地技术是将景观生态技术与生态处理污染技术相结合的一种低费用、高效率、低碳化、生态化的综合技术，在深度处理工业园区污水中具有独特的优势。

但是，滨海工业带仍存在大量的产业复合区，工业园区内不仅存在工业企业，而且存在大量的生活居民，面对这类产业复合园区，不仅要考虑园区尾水深度处理，同时还要考虑园区生活废水管网建设等的控源截污和强化预处理，然后才能和工业尾水汇合进入人工湿地深度处理，出水进行景观水体回用、生态补水和水体循环。

本节开展了以污水厂尾水为进水的人工湿地构建、残留有机物与营养盐的去除、低温与高盐胁迫下的稳定运行等关键技术研究，使其“能实行、能复制、能推广”，为工业园区污水处理尾水深度净化与景观水体回用、保障工业区的环境安全和生态健康，以及近岸海域海水安全提供技术支撑。

根据不同的河岸类型，有以下应用模式推荐。

①产业复合区：内源控制 + 雨水泵站调蓄池＋多维生态截控技术＋强化预处理 + 人工湿地

②产业园区：初期雨水强化预处理(多介质滤膜技术 / 磁絮凝技术)+ 人工湿地。

4.3.1　典型园区生态修复技术

1. 复合产业园区控源截污技术及强化预处理技术

复合产业园区含有大量生活区，存在生活污水以及垃圾等污染物，因此，对于该类复合产业园区，需重点关注生活区的污水管网全覆盖、生活垃圾及时收集清理以及初期雨水的净化等技术，对面源污染及点源污染进行控源截污。对于纯工业园区，重点关注园区初期雨水的净化技术。具体如下。

1)雨水净化处理技术

城市面源与点源有很大的区别，园区中的大量酸性气体、汽车尾气、工厂废气等污染性

气体,降落地面后,又由于冲刷屋面、沥青混凝土道路等,使得前期雨水中含有大量的污染物质(如原油、氮、磷、重金属、有机物质等),前期雨水的污染程度较高,甚至超出普通城市污水的污染程度。对雨水进行净化处理,主体技术如下。

(1)雨水泵站调蓄池处理技术

雨水泵站调蓄池主要是处理雨水系统的初期雨水和旱季存水,它是在雨水泵站前设置调蓄截流设施,蓄后的初期雨水经处理达标后方可排放。截流后的初期雨水(含部分城市污水)进入调蓄池,经处理后达标排放。将雨水系统的初期雨水和旱季存水等高污染负荷雨水收集、储存,进行水质处理达标后再排入受纳河道,以控制其对水体的污染负荷。降雨过后,当下游总管及污水处理厂产生空余容量时,调蓄池排空泵开始工作,将池内初期雨水通过污水管道就近排入污水处理厂。泵站设备和调蓄池运行分为旱季模式、雨季模式、调蓄池运行模式。

(2)多维生态截控技术

多维生态截控技包括凹式绿地、植草沟、透水铺装、生物带滞留和植被缓冲带等技术,具体如下。

①下凹式绿地(图 4-8)可广泛应用于城市建筑与小区、道路、绿地和广场内。

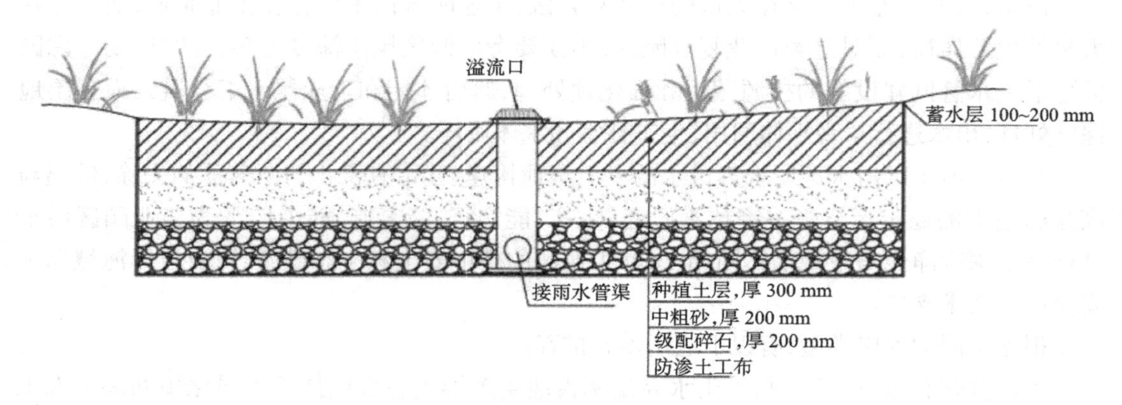

图 4-8 下凹式绿地构造示意图

②透水装置(图 4-9)适用区域广,可补充地下水,并具有一定的峰值流量消减和雨水净化作用。

③植草沟(图 4-10)适用于建筑与小区内道路,广场、停车场等不透水面的周边,城市道路及绿地等区域,可收集、输送和排放径流雨水,也可作为生物滞留、湿塘等低影响开发设施的预处理设施,具有一定的雨水净化作用。

(3)磁絮凝法处理技术

在降雨过程中,雨水及所形成的径流流经城市地面,冲刷、聚集了一系列污染物,导致溢流污水中污染物含量高、变化大、组分复杂,溢流污水如果不经任何处理直接排放至水体,会对城市水体造成严重污染。另外,溢流污染在雨天产生,其排放具有间歇性、突然性、随机性且瞬时排放量较大的特点,给城市径流污染物的处理造成了很大困难。磁絮凝法处理技术是常规混凝与磁化技术的有机结合，可以有效处理溢流污水。该技术通过磁化接种，即投加磁粉，并投加混凝剂，使污染物与磁粉絮凝结合成一体，形成带有磁性的絮凝体，然后通过高梯度磁分离技术或自身的高效沉降，使具有磁性的絮凝体与水体分离，从而将水体中的污染物去除（图 4-11）。经“絮凝剂 + 磁种 + 磁场”处理后，COD、NH_3-N、TP 和 TSS 去除率增加，对于溢流雨水的净化处理，磁絮凝法处理技术具有明显的优势。

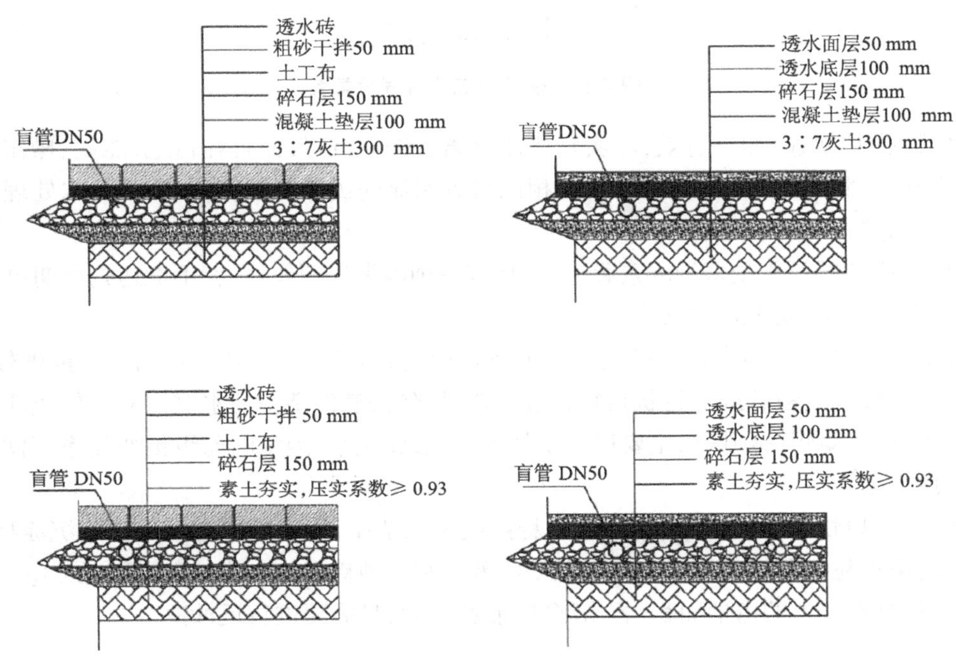

图 4-9　半透水和透水装置典型构造示意图

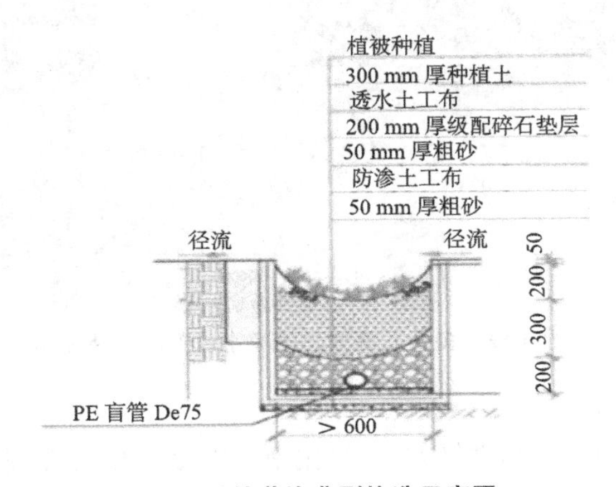

图 4-10　植草沟典型构造示意图

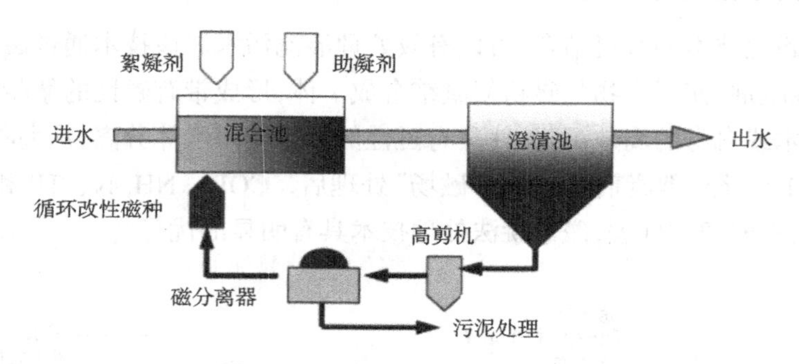

图 4-11 磁絮凝工艺流程示意图

优点：简单快速，经济有效；能实现快速分离和快速沉降，而且在占地、能耗、操作、污泥含水率、脱水性能方面与传统分离技术相比具有明显的优势和独特性；降低污水处理周期，从而节约成本。

缺点：磁絮凝过程受多种因素影响，一旦有一种因素出现差异，就不能达到预期效果。

2）多介质高效滤膜净水技术

多介质高效滤膜净水技术是利用一种或几种过滤介质，在一定的压力下把浊度较高的水通过一定厚度的粒状或非粒状材料，从而有效地除去悬浮杂质使水澄清的过程，常用的滤料有石英砂，无烟煤，锰砂等，主要用于水处理除浊，软化水，纯水的前级预处理等，出水浊度可达 3 度以下。

优点：简单快速，能有效去除水中的悬浮或胶态杂质，特别是能有效地去除沉淀技术不能去除的微小粒子和细菌等，BOD5 和 COD 等也有某种程度的去除效果（图 4-12）。

缺点：具有一点的占地面积，容易堵塞，能耗较大，且需要进行反冲洗。

图 4-12 多介质高效滤膜净水设备现场处理图

3）氧化塘治理技术

按照塘内微生物的类型和供氧方式，氧化塘可以分为好氧塘、兼性塘、厌氧塘、曝气塘、深度处理塘。可以通过不同塘的组合使用，也可以使用增加专用生物曝气装置，增加植物、动物、藻类共生存，添加对目标污染物具有高效去除效果的复合材料等措施，变形出多种类型的氧化塘，如水生植物塘、生态塘、高效率藻类塘、生物滤塘、生态系统塘、组合塘等类型。氧化塘中不仅有分解者即细菌和真菌，生产者即藻类和其他水生植物，还有消费者，如鱼、虾、贝、螺、鸭、野生水禽等，三者分工协作，将塘中污水的有机污染物进行降解和转化，不仅去除了污染物，而且以水生植物和水产、水禽的形式作为资源回收。

（1）优点

①能充分利用地形，结构简单，建设费用低。

采用氧化塘系统处理黑臭水体，可以利用荒废的河道、沼泽地、峡谷、废弃的水库等地段建设，结构简单，大都以土石结构为主，具有施工周期短、易于施工和基建费用低等优点。

②处理能耗低，运行维护方便，成本低。

风能是氧化塘的重要辅助能源之一，经过适当的设计，可在氧化塘中实现风能的自然曝气充氧，从而达到节省电能降低处理能耗的目的。此外，在氧化塘中无须复杂的机械设备和装置，这使氧化塘的运行更能稳定并保持良好的处理效果。

③污泥产量少。

氧化塘污水处理技术的另一个优点就是产生污泥量小，仅为活性污泥法所产生污泥量的1/10，前端处理系统中产生的污泥可以送至该生态系统中的藕塘或芦苇塘或附近的农田，作为有机肥加以使用和消耗。前端带有厌氧塘或碱性塘的塘系统，通过厌氧塘或碱性塘底部的污泥发酵坑使污泥发生酸化、水解和甲烷发酵，从而使有机固体颗粒转化为液体或气体，可以实现污泥的零排放。

（2）缺点

①占地面积大，没有空闲的余地不宜采用。

②气候（季节、气温、光照等）对氧化塘的处理效果影响较大，处理效果全年范围内不稳定。

③若设计或运行管理不当，则会造成二次污染。

④易产生臭味和滋生蚊蝇。

⑤悬浮的藻类使出水COD浓度较高。

⑥稳定塘的防渗处理不当，可能会污染地下水。

⑦污泥不易排出和处理利用。

2. 人工湿地常规污染物的去除技术

基于滨海工业区多水源作为补充生态用水的特点，针对不同污染源如雨洪水，外调水，石化、冶金、医药等不同工业园区污水厂尾水和过境水等，我们采取不同的控污截留措施。为了保证污水厂尾水水质，可以通过人工湿地对尾水做进一步的净化，然后再回补于工业带生态水体中。

1）人工湿地

人工湿地是由土壤和填料（如卵石等）混合组成填料床，污染水可以在床体的填料缝隙中曲折地流动，废水中的不溶性有机物通过湿地的沉淀、过滤作用，可以很快地被截留，进而被微生物利用；废水中可溶性有机物则可通过植物根系生物膜的吸附、吸收及生物代谢降解过程而被分解去除。随着处理过程的不断进行，湿地床中的微生物也繁殖生长，通过对湿地床填料的定期更换及对湿地植物的收割，将新生的有机体从系统中去除。

人工湿地的显著特点是对有机污染物有较强的降解能力，可种植观赏植物改善风景区的水质状况，美化环境。

2）人工湿地分类

（1）表面流人工湿地

表面流人工湿地也称自由水面湿地系统，与天然湿地相类似，水面暴露于大气，污水在人工湿地基质的表层水平流动，水位通常较浅。表面流人工湿地在外观和功能上都接近于自然湿地，具有敞水区、挺水植物、变化的水深以及其他湿地特征。典型的表面流人工湿地包括如图 4-13 所示的几个组成部分。

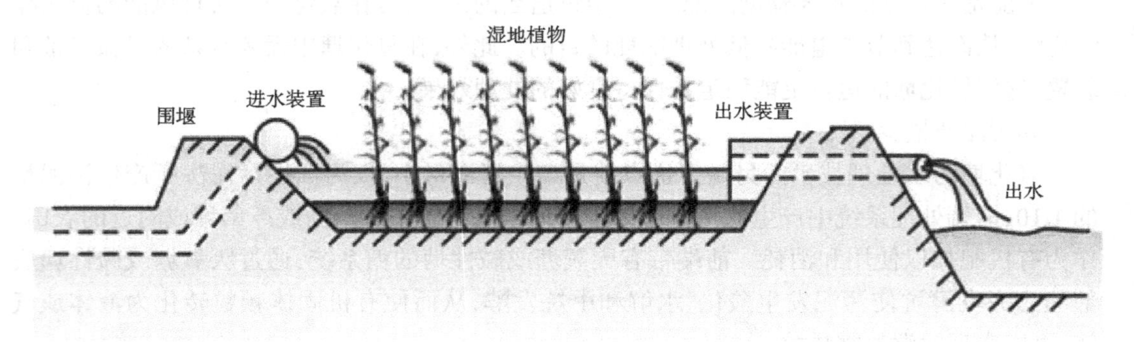

图 4-13　表面流人工湿地示意图

（2）潜流人工湿地

①垂直潜流人工湿地。垂直潜流人工湿地又分为上向流系统和下向流系统，污水自上而下流经填料床的称为下向流，反之称为上向流。常采用间歇进水的方式进行，由此带入大量氧气，同时大气复氧和植物根区输氧也加强了系统中氧的浓度，使硝化反应充分，可处理氨氮含量高的污水（图 4-14）。

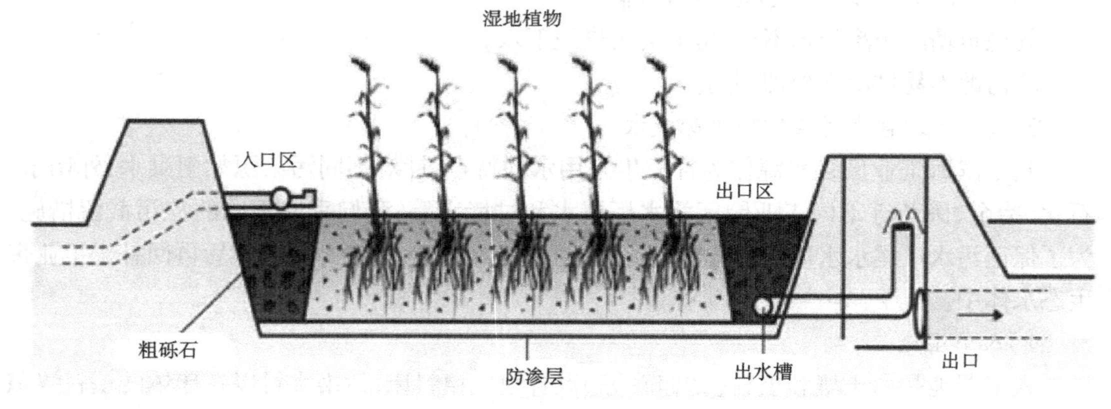

图 4-14　垂直流人工湿地示意图

②水平潜流人工湿地。水平潜流人工湿地污染物的去除效率依赖于氧化还原环境和系统内氧化还原梯度（图 4-15）。进出水可以分为连续进水 + 连续出水、连续进水 + 间歇出水、间歇进水 + 连续出水和间歇进水 + 间歇出水四种。间歇进水提高了氨的去除效果。

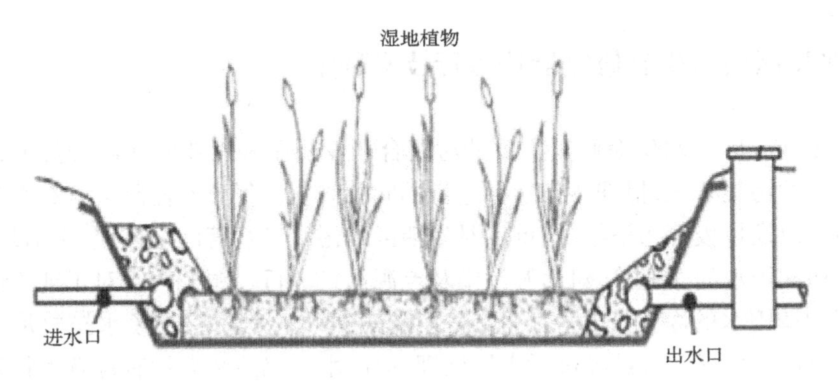

图 4-15　水平流人工湿地示意图

3）湿地植物的选择及配置

人工湿地系统的建立，植物的选择和配置是很重要的考虑因素。在系统建立和植物栽种配置时，要将系统的主要功能与植物的植物学特性充分结合起来考虑。只有这样，才能充分发挥不同植物的优势，达到更好的强化净化效果。湿地植物的栽种配置要根据具体的应用环境和系统工艺来确定，对于一些应用工艺范围较广的植物，要充分考虑其在该工艺中的优势，从而使其充分发挥自己的长处而居于主导地位。为达到全面的治理和利用效果，植物的栽种应进行有机的搭配，如深根系植物与浅根系植物搭配，丛生型植物与散生型植物搭配，吸收 N 多的植物与吸收 P 多的植物搭配，以及常绿植物与季节性植物相搭配等。

（1）人工湿地系统常用植物

挺水植物：美人蕉、香蒲、水葱、千屈菜、茭白、芦苇、灯芯草、石菖蒲等；

漂浮植物：水葫芦、浮萍、睡莲、凤眼莲等；

沉水植物：苦草、黑藻、茨藻、伊乐藻、金鱼藻、狐尾藻等。

（2）滨海工业带人工湿地常用耐盐植物

滨海地区特殊的地理位置使得该地带土壤含有大量盐分，土壤盐分以氯化物为主，含盐量常在 1%~3%，土层上下均有盐分分布，导致地上植物以盐生植被（主要是草本植物）为主。天津滨海地区常见的湿地植物有 90 种，可分为水生植物（挺水植物、浮水植物和沉水植物）和湿生植物（草本植物和木本植物）。

选择耐盐、地上生物量大（易于收获处置）、净化能力强、景观效果好的湿生植物和水生植物作为滨海新区工业区人工湿地植物的备选关键种。常用的滨海工业带耐盐陆生植物有碱蓬、盐地碱蓬、滨藜、中亚滨藜、海蓬子、西伯利亚白刺、柽柳、凤尾兰；挺水植物有互花米草、三棱草、狭叶香蒲、水葱、芦苇、美人蕉。其中互花米草属于外来物种，所以选择种植该物种时需要慎重。

当湿地进水 TDS 为 15 000 mg/L 时，选择湿生植物 7 种：碱蓬、盐地碱蓬、滨藜、中亚滨藜、海蓬子、西伯利亚白刺、凤尾兰；水生植物 4 种：互花米草、狭叶香蒲、三棱草、芦苇。当湿地进水 TDS 为 20 000 mg/L 时，选择湿生植物 5 种：碱蓬、盐地碱蓬、滨藜、中亚滨藜、海蓬子。

4.3.2　典型区域水生态修复最佳可行技术确定

典型工业园区的水生态修复主要针对复合产业园区和工业园区两种类型，不同的产业园区有不同的污染状况，根据污染状况进行不同的修复。复合产业园区含有大量生活区，存在生活污水以及垃圾等污染物，应重点对生活区的污水进行管网全覆盖、生活垃圾及时收集清理以及初期雨水的净化等，对面源污染及点源污染进行控源截污。对于纯工业园区，重点关注园区初期雨水的净化技术。工业园区生态化建设过程中存在废水排放量大、污染物种类多、降解难度大等问题，虽经过污水厂处理，但尾水中仍残留大量有毒有害物质，存在着较高的环境风险。

本次层次分析法采用山西元决策软件科技有限公司的产品 yaahp 进行计算，该软件可以进行群决策分析，通过调研专家的意见，在软件中综合计算，避免了单一专家打分的片面性（表 4-9）。

表 4-9　工业园区水生态修复技术指标权重计算结果

目标层	准则层	指标层	权重
工业园区水生态修复技术评估	技术性能指标（0.554 8）	COD/PI 减少率	0.218 8
		NH_3-N 减少率	0.133 1
		TP 减少率	0.034 0
		TN 减少率	0.043 8
		SS 减少率	0.024 1
		特殊污染物去除率	0.101 1
	经济成本指标（0.099 7）	工程建设投资费用	0.009 8
		工艺运行费用	0.027 9
		占地面积	0.014 4
		每吨废水运行维护成本	0.047 6
	管理操作指标（0.051 9）	易操作水平	0.016 9
		安全水平	0.003 6
		技术先进性	0.024 8
		改扩建难易程度	0.006 7
	环境性能指标（0.293 5）	资源回用水平	0.234 8
		工程噪声产生情况	0.058 7

根据对滨海工业带工业园区水体的特点，以及实地调研，形成以下几项集成技术（表 4-10）。

表 4-10　工业园区治理技术集成

技术序号	技术名称
T1	初期雨水净化技术(雨水泵站调蓄池+多维生态截控技术)
T2	多级稳定塘技术
T3	人工湿地技术
T4	初期雨水净化技术(雨水泵站调蓄池+多维生态截控技术)+人工湿地
T5	初期雨水净化技术(雨水泵站调蓄池+多维生态截控技术)+人工湿地+生态多样性技术
T6	初期雨水净化技术(磁絮凝/多介质)+多级稳定塘技术+人工湿地
T7	初期雨水净化技术(磁絮凝/多介质/MBR)+多级稳定塘技术+人工湿地+生态多样性技术

根据上表的技术集成体系,分别对每项技术集成进行技术评估,结合已经计算得到的指标权重,确定得到表 4-11,最终确定 T7,即“初期雨水净化技术(磁絮凝/多介质/MBR)+多级稳定塘技术+人工湿地+生态多样性技术”为工业园区的最佳可行技术,选择该项技术集成为滨海工业带工业园区水生态修复技术。

表 4-11　工业园区技术评估表

指标＼技术	T1	T2	T3	T4	T5	T6	T7
COD/PI 减少率	0.6	0.9	0.6	0.6	0.8	0.9	0.9
NH_3-N 减少率	0.6	0.8	0.7	0.6	0.8	0.9	0.9
TP 减少率	0.6	0.8	0.7	0.6	0.8	0.9	0.9
TN 减少率	0.6	0.8	0.7	0.6	0.8	0.9	0.9
SS 减少率	0.6	0.7	0.8	0.7	0.8	0.9	0.9
特殊污染物去除率	0.6	0.8	0.6	0.5	0.7	0.9	0.9
工程建设投资费用	0.6	0.7	0.5	0.4	0.6	0.4	0.4
工艺运行费用	0.7	0.3	0.5	0.6	0.6	0.4	0.4
占地面积	0.7	0.3	0.5	0.5	0.6	0.3	0.3
每吨废水运行维护成本	0.7	0.6	0.8	0.7	0.6	0.6	0.6
易操作水平	0.7	0.6	0.8	0.8	0.6	0.5	0.5
安全水平	0.6	0.6	0.6	0.6	0.5	0.5	0.7
技术先进性	0.4	0.4	0.5	0.6	0.5	0.5	0.9
改扩建难易程度	0.6	0.5	0.7	0.6	0.5	0.5	0.6
资源回用水平	0.6	0.7	0.6	0.7	0.6	0.6	0.9
工程噪声产生情况	0.7	0.5	0.6	0.6	0.5	0.5	0.5
加权总计	0.611 7	.	0.631 9	0.620 6	0.691 6	0.743 6	0.825 4

产业复合园水生态修复技术最佳可行性技术评估方法见第三章,计算方法同工业园区,

故省略计算过程，最终确定 T5，即“初期雨水净化技术（雨水泵站调蓄池＋多维生态截控技术）+ 人工湿地 + 生态多样性技术”为产业复合园水生态修复最佳可行技术，选择该项技术集成为滨海工业带产业复合园水生态修复技术。

4.3.3　典型园区水生态修复最佳修复技术

1. 复合产业园区最佳修复技术

初期雨水净化技术（雨水泵站调蓄池＋多维生态截控技术）+ 人工湿地 + 生态多样性技术。

复合产业园区含有大量生活区，初期雨水的污染程度较高，甚至超出普通城市污水的污染程度。对初期雨水的净化（如磁絮凝沉淀、雨水泵站调蓄池、、多维生态截控和植草沟等技术）等面源污染进行控源截污为关键技术。通过初期雨水净化后，作为生态补水，进入湿地和河道进行循环，形成城市景观。

2. 工业园区最佳修复技术

初期雨水净化技术（磁絮凝 / 多介质 /MBR）+ 多级稳定塘技术 + 人工湿地 + 生态多样性技术。

工业园区存在废水排放量大、污染物种类多、降解难度大等问题，虽经过污水厂处理，但园区尾水和园区初期雨水中仍残留大量有毒有害物质，存在着较高的环境风险。此外，污水处理厂尾水常作为生态环境补水用于园区景观，但含有较高的氮、磷营养盐，易导致景观水体产生富营养化的风险。

所以，稳定塘强化预处理技术将尾水中的微量难降解有机污染物，进行进一步的降解；初期雨水净化技术对园区面源污染进行控源截污；因此初期雨水净化技术和多级稳定塘技术是污水进入人工湿地的强化预处理技术技术是关键技术，保证污水经过人工湿地后稳定达标。

净化后的水体进入人工湿地，进行生境恢复技术。人工湿地中通过营建大面积浅滩，构建生态“鱼道”确保不同鱼类洄游空间，在湿地深水区投加生态着床，确保虾蟹及鱼类栖息产卵；利用地形微调，构建浅水洼淀，为包括直翅目、蜻翅目等典型湿地昆虫构建生境空间。通过植物群落的恢复、鸟岛植被恢复、浅滩植被恢复和林带植被恢复，保证鸟类相应的食物来源（浆果丛、农作物、鱼虾等），利用（高大乔木、灌丛、草排、草丘等）以及水质净化（多塘及水生植物）为鸟类、两栖类提供相应的庇护所，构建丰富的生态环境，维持生物多样性。

4.4　小结

不同类型河道 - 湖库集成技术体系汇总（表 4-12）。

表 4-12 不同类型水体生态修复关键技术及集成技术体系

类型	水体特点	关键技术	集成技术	特点	技术应用推广
湖库水体生态修复	饮用水湖库	前置库技术（副库）	点源、面源和内源控制＋前置库技术（副库）＋库滨缓冲带	对流入库区的水体污染物进行截留，保护库区水体	于桥水库
	基于生态多样性及水质保持的北方浅水型湖库	生态多样性生境恢复技术	点源、面源和内源控制＋库滨缓冲带 / 人工湿地＋生态多样性生境恢复技术	高盐碱度下维持生物多样性，控制藻类暴发	营城水库、北大港水库、沙井子水库、钱圈水库、北塘水库和黄港水库
河道水体生态修复	基于水质稳定改善的大水量、富营养化水体（一级河道）	人工湿地旁路治理技术	点源、面源和内源控制技术＋岸带修复＋人工湿地旁路治理	面源污染控制、进行旁路湿地治理和净化	海河干流，独流减河等多数一级河道
	基于水量小，停滞时间较长水体（二级河道）	生态浮岛＋表面曝气技术	点源、面源和内源控制＋（生态护岸）＋生态浮岛＋表面曝气技术	水系连通，生态补水、氧气充氧兼具景观作用，岸带无硬化，可设置生态护岸	外环河及多数天津二级河道
	微小流量、农村沟渠、断流水体水系	微生物菌剂＋微纳米接触氧化技术 / 曝气	点源、面源和内源控制＋（一体化旁路治理）＋微生物菌剂＋微纳米接触氧化技术 / 曝气（水系循环）＋生态浮岛	防止变为黑臭水体，曝气充氧，点源、面源及内源控制，污染严重时，可设置一体化旁路治理	农村沟渠及黑臭河道
园区尾水生态修复	复合产业园	初期雨水净化技术（泵站调蓄池＋多维生态截控）处理技术	初期雨水净化技术（雨水泵站调蓄池＋多维生态截控技术）＋人工湿地生态多样性技术	截污措施、多水源补水、人工湿地	中新生态城
	工业园区尾水	初期雨水净化技术＋多级稳定塘强化预处理技术＋人工湿地技术	初期雨水净化技术（磁絮凝 / 多介质 /MBR）＋多级稳定塘技术＋人工湿地＋生态多样性技术	强化措施，初期雨水治理、人工湿地	临港、南港、西区、空港

典型区域（产业复合区 / 工业园区）水生态修复模式和技术集成体见图 4-16。

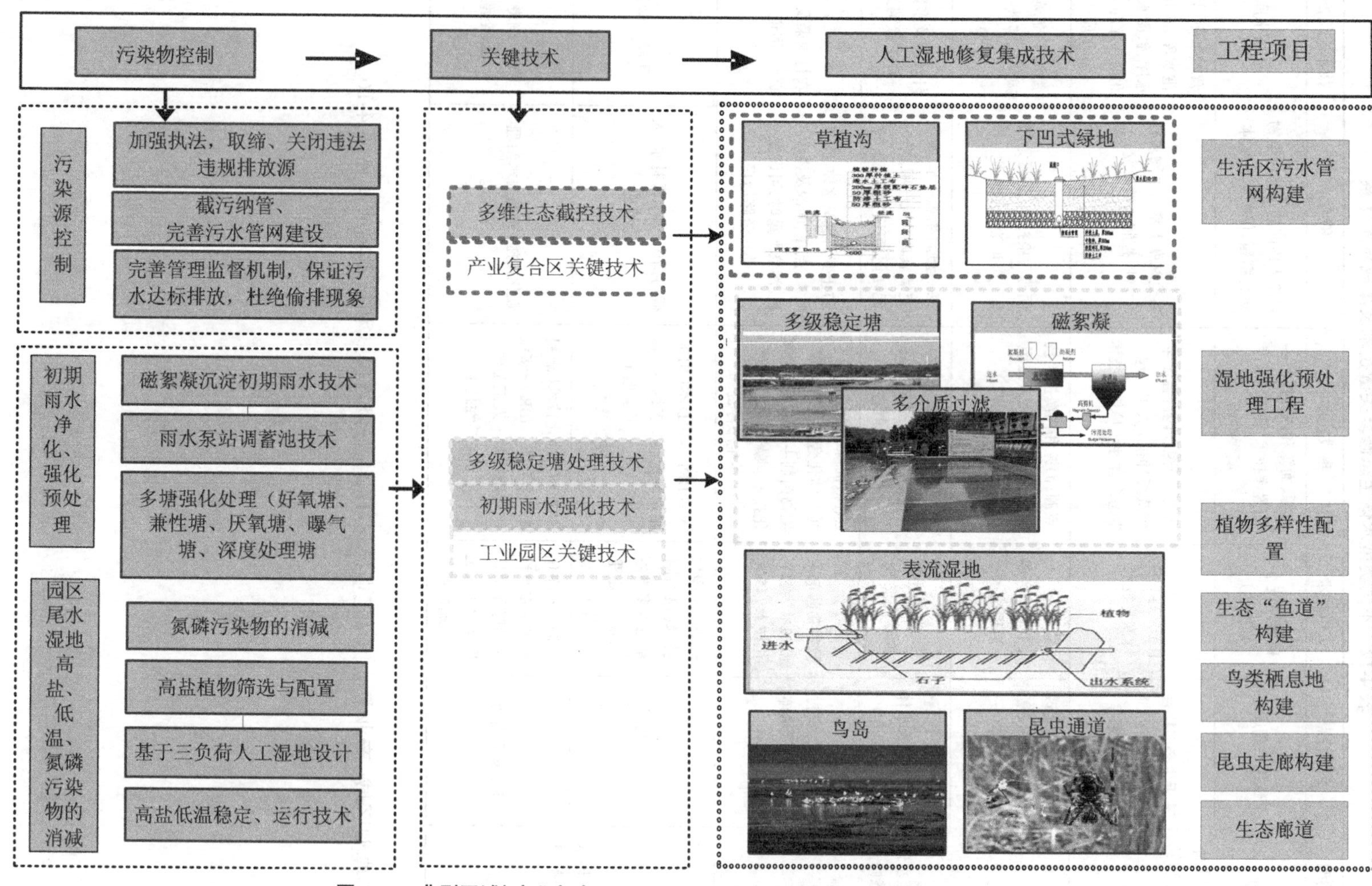

图 4-16 典型区域（产业复合区 / 工业园区）水生态修复模式和技术集成体

第5章 滨海工业带典型流域水污染控制与水生态修复集成技术案例研究

独流减河本身属于丰水河道，但是其水系生态环境状况较差，汇入独流减河的支流包含有多级河道、排污河、防洪排干以及农灌区，它们分属于二级河道、缓滞河道以及坑塘。因此，本章以独流减河运用滨海工业带水生态环境修复技术模式为例，介绍多种河道的生态环境治理修复技术。

5.1 独流减河区域概况

5.1.1 地理位置

独流减河位于天津市区南部，河道从第六埠开始至万家码头，流经静海区、西青区、津南区、滨海新区的大港、塘沽等行政区域，与马厂减河平交后经滨海新区大港滩涂处工农兵防潮闸入海，全长 67 km。独流减河建于 1953 年，为东淀分流入海的泄流工程，与北大港、团泊洼共同构成了天津市南部地区贯穿东西的生态廊道。

根据独流减河进洪闸水文站 1955—2007 年实测流量资料统计，其多年平均径流量为 6.66 亿 m^3，径流量主要集中在 8~10 月，最大年径流量为 77.89 亿 m^3（1954 年）。进入 80 年代后，由于来水偏枯和上游用水量的不断增加，多数年份的径流量为零，主要为两侧二级河道通过泵站进行排水，河道呈断流但不干涸状态。

独流减河汇水区总面积约 2 031 km^2，包括静海区全部、西青区大部分及滨海新区大港部分区域。独流减河沿线共有 38 条汇入支流（口门），包括陈台子排水河、南运河、十米河、八米河、马厂减河、宽河、赤龙河、迎丰渠等。近年来上游来水较少，主要收纳汇水区内城镇生活污水、农业农村污水和部分雨水。

2018 年，独流减河入海水量达 2.5 亿 m^3。独流减河是天津市入海行洪河道和南部防洪重要防线及北大港湿地的主要补给水源，也是亚洲东部候鸟南北迁徙的重要一站。

5.1.2 河道水系

独流减河区域地表水与地下水资源较为丰富，地下水埋深在 1.5~2.5 m，地表水系主要为河流与水库。该区域地处海河流域下游，境内自然河流与人工河道纵横交织，素有“九河下梢”之称。

1. 西青区进入独流减河排污口门

在西青区独流减河属于一级河道，与独流减河相连接的一级河道有 4 条，分别为大清河、子牙河、南运河和中亭河。

独流减河天津境内二级河道 9 条：八百排干、西琉城排干、西大洼排水河、陈台子排水河、南引河、二杨排干、新赤龙河、西赤龙河、截留沟。

2. 静海区进入独流减河排污口门

在静海区与独流减河相连接的一级河道有 4 条，分别为大清河、子牙河、南运河、马厂减河。

独流减河在静海区境内的二级河道为：运东排干、迎丰渠北段、六排干、七排干、八排干、青年渠、争光渠、港团河等。

3. 滨海新区进入独流减河排污口门

根据滨海新区水务局提供的《滨海新区入河排污口门治理工程计划表》，独流减河入河口门共计 2 个，分别为中塘泵站和北台泵站。只有二级河道八米河进入工农兵防潮闸之前进入独流减河。

一级河道的主要功能为行洪、输水、蓄水、排沥等。二级河道的功能主要为储蓄城市雨水、美化环境、调节气候并维护城市生态。一级河道是城区雨水排除的主要出路，二级河道收集远离一级河道地区的雨水，起调蓄作用，大雨、暴雨时将城区雨水下泄到海河或其他河道汇入渤海。

5.1.3 独流减河周边主要河流湖库情况

1. 子牙河

子牙河是海河水系西南支，设计流量 300 m^3/s，经由小河闸至天津市静海区十一堡汇入南运河，由南向北贯穿静海区西部地区，至静海区第六埠与大清河交汇，界内河道长 43.1 km，至天津市区金钢桥附近和北运河合流。

2. 大清河

大清河位于静海区西北，由河北省雄县陈家柳起，经前卜庄由雄固坝新河汇入，行至椤椤圈由牤牛河汇入，再东经台山、胜芳，于扬芬港入静海界内，在西河闸以西 553 m 汇入子牙西河，静海界内河长 15.35 km，上河宽 52 m，河底宽 8 m，设计水位 2 m，设计流量 100 m^3/s，1970 年疏浚时流量扩大为 400 m^3/s。沿河建有桥梁 2 座，闸 3 座。

3. 中亭河

中亭河位于大清河左侧，由河北省雄县陈家柳起，经前卜庄由雄固坝新河汇入，行至椤椤圈由牤牛河汇入，再东经台山、胜芳，于扬芬港入西青界内，在西河闸以西 553 m 汇入子牙新河，西青界内河长 8.48 km，上河宽 52 m，河底宽 8 m，设计水位 2 m，设计流量 100 m^3/s，1970 年疏浚时流量扩大为 400 m^3/s。沿河建有桥梁 2 座，闸 1 座。

4. 南运河

南运河在静海区界内成南北向，南端由唐官屯镇梁官屯村入境，至上改道闸与子牙河交汇。静海界内河道长49.02 km，河道宽6 m，设计水位8.0 m，流量30 m^3/s。南运河在西青区界内成东西向，西端在大杜庄泵站与独流减河相连通，东端经西横堤入红桥区，至三岔河口与北运河会合后入海河。西青界内河道长31.9 km，河道上开口宽63.6 m，设计水位2.5 m，流量20 m^3/s。

5. 陈台子排水河

陈台子排水河自保山西道与外环线交汇处起，在陈台子排水河的终点建有排水泵站1座，排水能力32 m^3/s，大雨时密云路泵站、咸阳路泵站的雨水及农田沥水经由排水泵站排入独流减河。在陈台子排水河与大沽排污河交汇处设闸控制，降雨时，雨、污混合水排入大沽排水河。陈台子排水河在西青界内河道长18公里，河道上开口宽64 m，河底宽8~25 m，下游过水能力41 m^3/s。

6. 赤龙河

位于西青区王稳庄镇界内，分别与大沽排水河和独流减河相连通，是兼顾灌溉、蓄水和景观的区管二级河道。西青界内河道长10.1 km，河道上开口宽37 m，设计水位2.5 m，设计流量40 m^3/s。

7. 马厂减河

马厂减河是海河下游人工开挖河道，在天津市南部。西起河北省青县东马厂，导引南运河之水，东流与独流减河交汇后，又东至天津市滨海新区塘沽新城注入海河。分泄南运河、子牙河、大清河汛期洪水。河道全长75公里，设计流量120 m^3/s。

8. 青静黄排水渠

青静黄排水渠自河北省青县，经天津市静海区、大港至马棚口入渤海湾，全长47.5 km，排水总面积765 km^2，始建于1955年。在静海区界内河道长度9.1 km。

9. 团泊水库

团泊水库位于静海区东15 km，独流减河南，运东大三角地区。团泊水库兴建于1978年，原设计库容0.98亿 m^3，1993年水库堤坝加高进行了增容，设计库容达到了1.8亿 m^3，是一座大(二)型平原水库，具有以蓄代排功能，没有防洪功能。2010年完成对团泊水库除险加固工程，降低围堤24.19 km，水库围堤迎水坡加固22.755 km，护砌维修5.58 km。围堰总长33.56 km，堤顶高程6.5 m，蓄水位改为4.3 m。水库配套工程有大邱庄扬水站和管铺头扬水站，输入河渠有港团河和青年渠等。团泊水库可灌溉农田1.33万公顷，绿化宜林面积80公顷，养鱼面积0.47万公顷，盛产鱼、虾、蟹等。

10. 鸭淀水库

鸭淀水库是西青区最大的蓄水拦洪水库，因水库是在原鸭淀洼地基础上修建的，故名鸭淀水库，为平原洼地型水库。1977年建成，设计最大库容量3 400万 m^3，有效库容2 400万 m^3。

11. 东淀

东淀位于天津市西青区、静海区与河北省霸州市交界地带。介于大清河以北、中亭河以南、子牙河以西的狭长低洼地带。清乾隆二十八年(1763)以赵北口为界，分东、西二淀，因地处白洋淀(西淀)以东，故称东淀。总面积345 km^2，西青区境内面积28.47 km^2，地面高程3.94~5.64 m，周边堤防高程均在9 m以上。1963年汛期第六埠最高水位达8.5 m，最大滞洪量达 11.2 亿 m^3。历史上为引洪、行洪区。1949 年后，大清河上游兴建不少大中型水库，滞洪量锐减。东淀可耕地面积 9 万亩，现根据天津市的需要，发展成为蔬菜生产基地。

12. 青泊洼

青泊洼位于西青区东南部。大致范围在独流减河以东，津港运河以西，大寺镇青凝侯村以南，王稳庄镇大泊村以北的三角地带。因介于青凝侯、大泊村之间，故名青泊洼。面积约 5.73 平方公里，一般海拔 3.4 ~4.3 m，最低海拔 2 m。地势低洼易涝，历史上常季节性积水，夏季一片水汪汪，春季一片白茫茫，为大片的盐碱荒草地，1962 年国家投资建立农场，发展种植业，栽植林果。1974 年，王稳庄乡在此建新村，大泊村村民迁此定居，主产小麦、杂粮、水果等。

13. 卫南洼

卫南洼位于西青区东南部，泛指天津旧城防以南低洼地区。因地处天津卫南，故名。大致范围是介于卫津河、大沽排水河、大芦北口、王兰庄之间。面积 14 km^2，地面高程 2~3 m。1949 年前，有窑厂多处，挖土烧砖，形成大片坑塘洼地，杂草丛生，每逢涝年，一片汪洋。当地百姓又称此处为“跑水洼”“倒霉圃”。1949 年后，兴修水利，种稻养鱼，逐步变成“鱼米之乡”，主产韭菜、水稻、淡水鱼等。李港铁路、津淄公路从中经过。

14. 团泊洼

团泊洼西靠南运河，北靠独流减河右堤，东南至马厂减河左堤，是一个三角封闭洼淀。团泊洼位于独流减河南侧，也称为运东大三角地区，历史上常年积水，盛产芦苇。是大清河、子牙河洪水汇聚西三洼后超量洪水的分洪场所。该洼地处天津市静海区和大港境内，区内地势是西南高、东北低；地面最低高程 1.0 m 左右（黄海，以下同）。运用机遇为 100 年一遇。

15. 北大港水库

北大港水库位于天津市滨海新区东南部，东临渤海湾，北与独流减河共堤，毗邻 7 库区。历史上为蓄水洼淀，为解决本市自备水源，蓄泄兼筹。于 1974 年 3 月开始，对独流减河以南港区的四围堤进行加高加固，并修建蓄、引、排水配套工程，于 1980 年建成北大港水库。该库为大型平原水库，围堤总长 54.511 km，设计堤顶高程 9.50 m（大沽），正常蓄水位 7.0 m，相应库容 5.0 亿 m^3，水面面积 1.49 万公顷。

16. 池塘

西青区、静海区以及滨海新区由于窑厂烧砖取土、盖房取土和兴建商品鱼基地的需要，形成了许多大小不等、形态各异的池塘，主要分布在李七庄乡、西营门乡、大寺镇、王稳庄镇、南河镇，其面积占全区池塘总面积的 88%。其余的乡镇，如杨柳青镇、工农联盟农场、杨柳青农场、辛口镇、张家窝镇也有不少池塘。

5.2 水环境基本情况

独流减河位于天津南部，全长 67.2 km，流经天津市津南区、西青区、静海区、滨海新区 4 个行政区域，流域总面积 3 737 km^2，总人口超过 260 万。

5.2.1 独流减河沿河闸门

独流减河流域地势构造复杂，地势由静海区西南的河流冲积平原向东北逐渐下降，整个流域内主要为平原和洼地，海拔高度均在 20 m 以下。根据独流减河流域土地利用情况分析，该地区建筑用地、耕地等人类活动用地密布，是受人类活动影响较大的区域，区域内人口聚居，农业、工业、商业活动频繁，林地、草地面积稀少，生态环境非常脆弱，缺乏缓存，极易被破坏。

独流减河沿线共有 38 条支流汇入，其中西青区 17 个（实际排水 9 个）；静海区有 6 个闸门（18-23），实际排口有 6 个；滨海新区共有 15 个闸门（24-38），实际排口有 2 个。汇水面积囊括静海区全部、西青区大部及滨海新区部分区域见表 5-1。

表 5-1　独流减河沿河闸门（38 个）

序号	所属辖区	口门名称	经度 /°	纬度 /°
1	西青	**大杜庄泵站**	116.966 8	39.046 4
2	西青	**琉城西泵站**	116.996	39.037 8
3	西青	**八百米干渠琉城东泵站**	117.015 7	39.035 09
4/5	西青	**宽河泵站**	117.048 2	39.020 16
6	西青	小卞庄闸	117.067 9	39.004 88
7/8	西青	**陈台子排水河陈台子排污站（市管）**	117.117 3	38.985 4
9	西青	**南引河泵站**	117.143 4	38.963 6
10	西青	建新站	117.154 0	38.948 2
11	西青	二扬排干二扬站	117.159 2	38.941 1
12/13	西青	**小孙庄泵站**	117.178 6	38.917 8
14	西青	小泊闸	117.208 1	38.888 2
15	西青	小泊站	117.215 0	38.882 6
16	西青	三八闸	117.268 7	38.848 5
17	西青	东台子泵站	117.313 6	38.835 4
18	静海	**良王庄站**	117.011 9	39.024 5
19	静海	**宽河小闸**	117.040 9	39.011 3
20	静海	**迎丰站**	117.060 1	38.998 5
21	静海	**铺头出水闸**	117.100 6	38.976 3
22	静海	**小团泊站闸**	117.157 0	38.922 8
23	静海	**大港油田团泊开发公司排涝泵站**	117.204 3	38.877 9
24	滨海	洪泥河首闸	117.336 3	38.833 4
25	滨海	**中塘泵站**	117.361 1	38.827 9
26	滨海	石化站	117.414 3	38.813 8

续表

序号	所属辖区	口门名称	经度/°	纬度/°
27	滨海	十米河南站	117.422 2	38.814 6
28	滨海	新建小闸 1	117.266 7	38.837 8
29	滨海	新建小闸 2	117.275 4	38.835 4
30	滨海	新建小闸 3	117.279 4	38.834 0
31	滨海	新建小闸 4	117.286 6	38.832 0
32	滨海	新建小闸 5	117.294 6	38.829 6
33	滨海	新建小闸 6	117.296 1	38.829 0
34	滨海	**北台站**	117.297 1	38.826 0
35	滨海	南台穿提闸	117.303 6	38.826 2
36	滨海	新建小闸 7	117.305 3	38.825 2
37	滨海	华明西侧小闸	117.315 2	38.815 8
38	滨海	华明化工厂小闸	117.315 8	38.814 6

注:表中标粗的为实际排口。

5.2.2 独流减河入河河口汇水情况

独流减河起止地点:进洪闸—万家码头。境内河道长 43.95 km,设计水位 5.0 m,设计流量 3 200 m^3/s。河道北岸为西青区界内,北岸与 10 条一级支流通过泵站和闸涵相连通, 10 条一级支流又分别与 31 条二级支流以及 23 条三级支流相连通,独流减河沿线排水口共 11 个,均为排水泵站,年排水量 18 300 万 m^3。国控监测断面位于河道下游万家码头大桥。汇水区面积 440.11 km^2,汇水区内户籍人口 11.26 万人。独流减河万家码头断面上游汇水区基本情况见图 5-1。

1. 独流减河入河河口在西青区的汇水情况

西青区(14 个)的主要排水口门为大杜庄泵站、琉城西泵站、琉城东泵站、宽河泵站(老)、宽河泵站(新建)、陈台子排污站(市管)、陈台子扬水站(区管)、南引河泵站、建新站、二扬站、小孙庄泵站(老闸)、小孙庄泵站(新闸)、小泊站、东台子泵站(改建),排放方式为雨污合流水,主要为接纳中心城区生活污水和混合污水。其中,咸阳路污水处理厂排水口 1 有水量和水质监测,化工厂小桥口门和四孔闸有水质监测,污水排入陈台子排水河后通过陈台子排污站和陈台子扬水站进入独流减河。

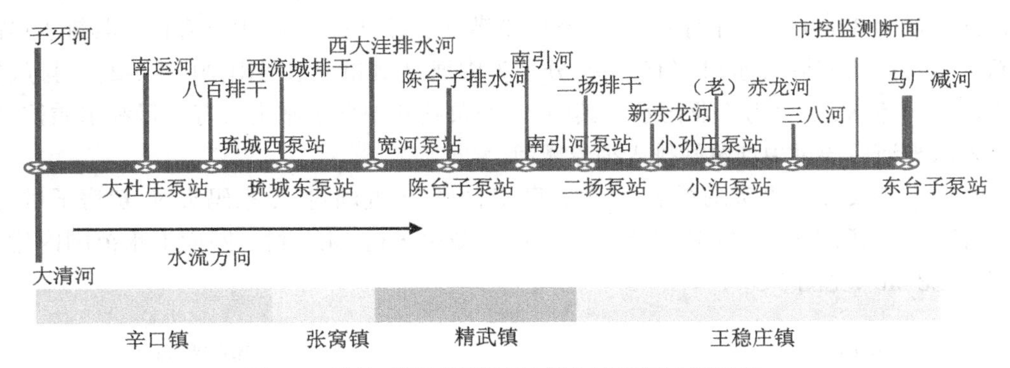

图 5-1 独流减河西青断面上游汇水区基本情况表

2. 独流减河入河河口在静海区的汇水情况

独流减河南岸为静海区界内，南北岸与 5 条一级支流通过泵站和闸涵相连通，5 条一级河流为青静黄排水渠、大清河、子牙河、南运河、马厂减河，与 36 条一级支流和 287 条二级支流相连通。总长 398.08 km。在静海区北部有区级大 II 型水库 1 座，即团泊水库，水深 5 m，库容 1.8 亿 m^3。在独流减河沿线共有 38 个排水口门，静海区的主要排污口门（5 个，良王庄站、迎丰站、捕头出水闸、小团泊站和大港油田团泊排涝站），排放方式均为雨污合流水。其中，天宇科技园污水处理厂、北环工业园污水处理厂、华静污水处理厂有水量和水质监测，污水排入运东排干后通过良王庄站进入独流减河。

2018 年 10 个水质监测数据显示，5 个排水口门水质均较 2017 年有明显改善，但部分口门仍然没有稳定达到 V 类水体标准。独流减河上游水质较差，良王庄站、捕头出水闸排水和小团泊站最为典型，紧邻河道均存在大面积的水产养殖区域。断面上游实际汇水范围覆盖静海开发区良王庄乡、大丰堆镇、杨成庄乡、大邱庄镇和团泊镇，汇水面积 417 km^2，见图 5-2。

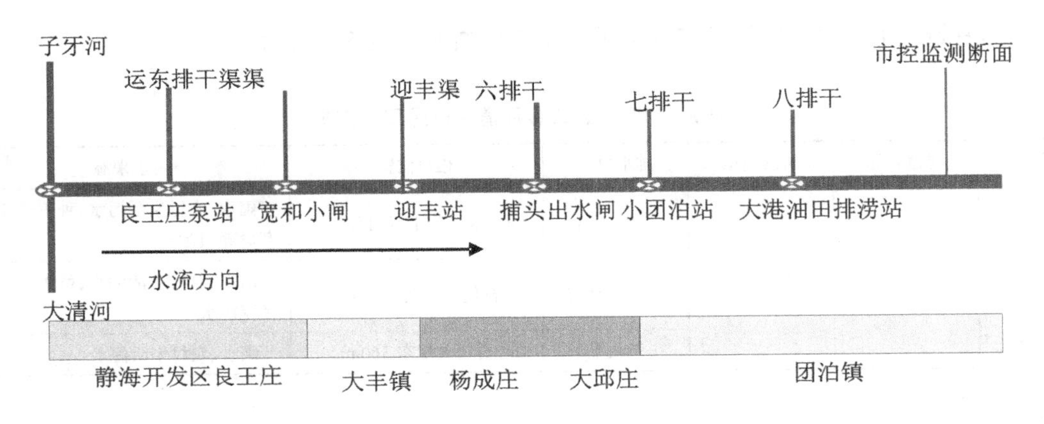

图 5-2 独流减河静海断面上游汇水区情况

3. 独流减河入河河口在滨海新区的汇水情况

滨海新区范围内独流减河干流西起团泊洼泵站，东至工农兵闸，长度约为 24.054 km，河道设计流量为 3 600 m³/s，主导功能为行洪、排涝、调水河道、灌溉、生态廊道。其排水口门滨海新区占 15 个，实际排水口门有 2 个，分别为中塘泵站和十米河南闸（表 5-2）。排放方式均为雨污合流水，主要为工业污水。其中，大安泵站和中塘泵站出口有水量和水质监测，污水排入八米河后通过中塘泵站排入独流减河。

断面上游实际汇水范围覆盖大安村、薛卫台村、十九顷村、万家码头村、黄房子村、张港子村、渔业村、杨柳庄、小国庄、常流庄、刘塘庄、新房子村、北台村。断面汇水范围内建成区面积约 2.8 km²，见图 5-3。

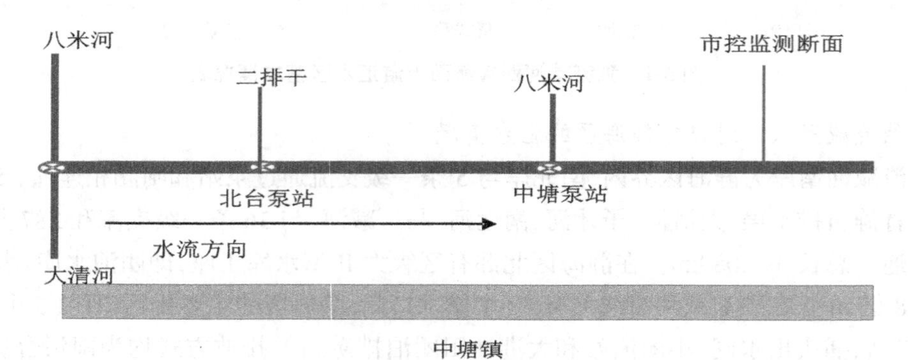

图 5-3　独流减河滨海新区断面上游汇水区情况

表 5-2　汇水区内独流减河入河口门统计表

序号	入河排污口名称	相对位置	设置单位	入河方式	污水来源
1	中塘泵站	八米河沿岸	中塘镇	强排	雨水、污水处理厂出水
2	北台泵站	二排干沿岸	中塘镇	强排	雨水和生活、农业种植污水

滨海新区汇入独流减河的二级河道排水口门情况如表 5-3 所示。

表 5-3　汇水区二级河道内排污口门排放

序号	河道名称	所属街镇	排水口门	相对位置	污水来源
1	八米河	中塘镇	大安泵站	八米河与十米河交口	雨水、农村生活污水、种植径流、畜禽养殖污水
2			薛卫台泵站	石化火炬西 1 200 m	雨水、农村生活污水、畜禽、种植径流污水
3			三甜干	石化火炬东 360 m	雨水、农村生活污水

5.3　流域水环境现状分析

5.3.1　流域水质现状

独流减河划分为 1 个水功能一级区（独流减河天津市开发利用区），4 个水功能二级区。由于上游来水连年减少，区域降水少，且区域内部污水排放负荷大，加之人工河道生态环境脆弱，从 2004 年开始，独流减河的各个河段都受到了严重的污染，一度形成“酱油河”，水体不仅呈现红色，还散发着刺鼻的气味，岸边不时出现被蓝色物质包裹的死鱼，附近桥梁的桥墩也被污水浸渍成了黄色。在枯水期，干涸后的河床中还残留着红、黄、绿、蓝等各色物质的痕迹。独流减河的污染问题严重影响了周围居民的日常生活，多次造成庄稼的损害和鸡鸭的死亡，甚至破坏两岸生境，污染地下水，对两岸居民的身体造成伤害，形成了较坏的社会影响。近几年来，随着天津市清水河道等一系列工程的实施，天津市对于独流减河的水污染问题愈发重视，采取了一系列治理措施，取得初步成效，河流目前已基本杜绝黑臭现象，但 2016 年的水质均是 V 类和劣 V 类，暂未达到水功能区水质目标。2018 年的独流减河入河河口及支流水质（年平均值）汇总如表 5-4。

表 5-4　独流减河入河河口支流水质汇总表

河道名称	CODcr/（mg/L）	氨氮 /（mg/L）	TP/（mg/L）	地表水类别
南运河南段	31.48	0.66	0.17	V
八百米排干	32.62	0.41	0.16	V
西琉城排干	32.65	0.91	0.25	V
西大洼排水河	36.55	3.42	0.51	劣 V
陈台子排水河	39.71	2.48	0.46	劣 V
南引河	42.13	1.51	0.58	劣 V
二扬排干	52.94	1.91	0.73	劣 V
新赤龙河	52.35	0.92	0.54	劣 V
老赤龙河	52.79	0.64	0.55	劣 V
津港运河	55.56	0.92	0.58	劣 V
运东排干	33.75	1.21	0.17	V
迎丰渠	37.78	3.31	0.53	劣 V
六排干	37.52	0.328	0.015	V
七排干	41	0.838	0.239	劣 V
八排干	57	0.328	0.015	劣 V
八米河	53	0.42	0.3	劣 V

注：根据《地表水环境质量标准》（GB 3838—2002）判断水质类别。

5.3.2　流域水环境主要影响因素分析

由于区域降水量少，上游来水有限，独流减河补水主要来自区域内的支流汇入，其污染物也主要来源于汇水区内各支流，故对河流域内主要支流纳污情况进行了调查，如表 5-5。

表 5-5　独流减河主要支流纳污情况分析量

支流名称	河道溯源	污染物主要来源
南运河南段	与自来水河、丰产河、郑庄子排干、下改道河相连，主要收集辛口镇和杨柳青镇、张家窝镇局部区域沥水	生活污水及农业污染
八百米排干	上游与丰产河相连，主要外排张家窝镇西南部区域沥水	张家窝农田沥水及一石化区域生活污水
西琉城排干	上游与丰产河相连，主要外排张家窝镇沥水	张家窝镇生活污水及农田沥水
西大洼排水河	上游与东场引河、南运河东段（杨柳青镇东节制闸至环内）、东西排总河、自来水河、丰产河、程村排水河相连。主要排西营门街、中北镇、杨柳青镇东部、海泰工业园、张家窝镇北部、大学城、精武镇西南部、李七庄街环外区域沥水	居民生活污水
陈台子排水河	上游与自来水河、丰产河、程村排水河相连。主要担负环内西南部、环外李七庄街、精武镇、大学城区域排水任务	居民生活污水
南引河	上游与卫津河、中引河、总排河相连。主要担负环内梅江区域、大寺镇及开发区排水任务	生活污水、工业废水和水产养殖尾水
二扬排干	主要担负王稳庄镇建新村区域排沥任务及陈塘热电厂循环水排放	建新村生活污水
新赤龙河	上游与津港运河相连。主要担负王稳庄小孙庄区域、大寺镇、开发区区域排水任务	生活污水、工业废水及赤龙河两岸养殖尾水
老赤龙河	上游与津港运河相连。主要通过老赤龙河为王稳庄镇区域排水	王稳庄区域内工业废水、水产养殖尾水及生活污水

根据实地调查情况和查阅各类资料，总结分析出了造成独流减河流域水体污染和生态破坏严重的原因，主要分为以下几个方面。

（1）工业源

独流减河沿线有部分企业废水处理不达标，少量企业甚至存在偷排现象。

（2）农业源

①农田种植污染。独流减河周边分布有农田，农田中的土粒、氮素、磷素、农药重金属与生活垃圾等有机或无机物质，在降水和径流冲刷作用下，通过农田地表径流、农田排水和地下渗漏，随农田沥水直接或者间接地进入沟渠、河道，影响水质。

②农村点源污染。排污体系不完善，污水跑冒、外溢，通过雨水管网进入河道；河道、沟渠底泥污染；企业偷排偷倒等都会严重制约河道水生态环境质量的进一步提升。有多个村

尚未建设污水管网，导致农村生活污水直排。运维不到位，部分已建农村生活污水处理站设施运维水平低、管理不规范，超标排放。

③畜禽养殖。畜禽散养普遍，粪污直排突出；规模化畜禽养殖粪污资源化利用不足。畜禽规模化养殖户及散养户沿河道、沟渠分布，产生的畜禽粪便影响河道和沟渠水质，直接或者间接进入独流减河。

④沿岸水产养殖。水产养殖面积大、无序发展，存在大引大排、高河两岸存在大规模水产养殖，静海和西青两区水产养殖面积达 8.6 万亩，其中西青区有 3.74 万亩（共 271 家），静海有 4.86 万亩，多数养殖户无尾水治理措施，不达标水体直接进入河道，影响水质。

（3）生活源

城镇污水管网建设滞后，流域建成区范围内存在 14 处雨污合流区域，汛期污水直排；农村生活污水处理缺口较大，尚有 208 个村未建设污水处理设施。汇水区周边存在管网建设空白，已建设管网但暂未与市政管网连通等区域，两岸村庄居民生活污水直排进入河道。

（4）流域生态用水短缺

独流减河流域内来水主要来自各口门排放，均为行洪、排水河道。独流减河流域地表水资源匮乏，上游来水很少，主要补水为流域内生产、生活排水和汛期雨沥水，水体流动性差，自净能力不足。

（5）流域河道日常清理、管护不到位

流域内支流、沟渠周边垃圾、堆肥较为普遍，缺乏日常清理和监管。

图 5-4 为独流减河水环境污染源解析概化图。

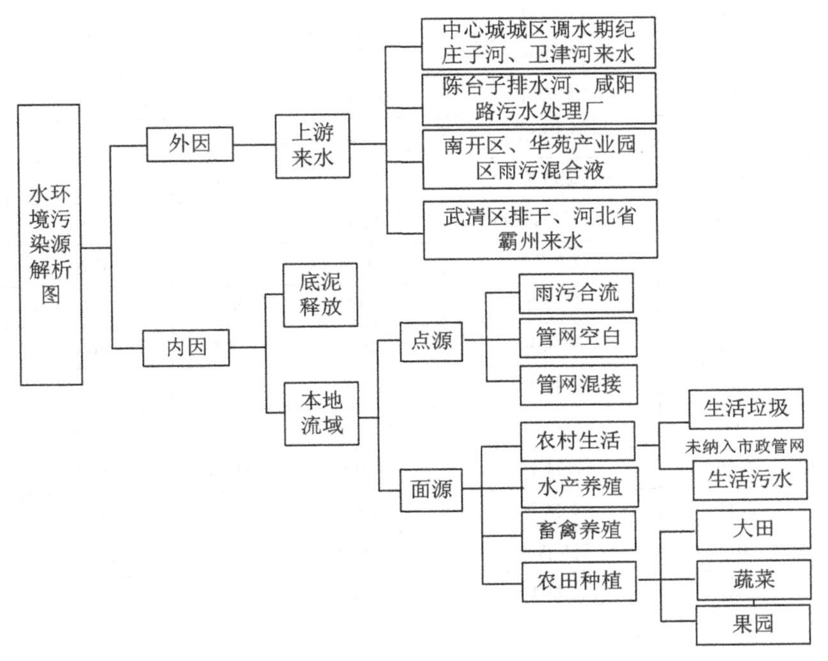

图 5-4 水环境污染源解析图

5.3.3 流域污染控制分区

根据独流减河流域各支流、湖库的实际情况，结合周边的污染源特征和行政区划情况，并参考已有文献的分区方法，将整个流域划分为4个一级分区和21个二级分区。其中一级分区分别为西部源头控制单元（控制单元1）、中部核心控制单元（控制单元2）、东北部控制单元（控制单元3）和东南部控制单元（控制单元4）。二级分区基本以子流域为单元进行划分，划分过程中进行了适当的调整，合并了部分相似的子流域，将特征明显不同的子流域进行分割。

5.3.4 污染负荷分析

根据现场调查情况和流域污染特点，结合已有文献资料，确定将COD、氨氮、TN、TP四种污染物作为识别对象，对全流域进行污染负荷分析。计算结果如表5-6。

表5-6 2018年各子流域四种污染物的入河量

控制单元	子流域代号	子流域水系	COD/t	氨氮/t	TN/t	TP/t
控制单元1	1001	南运河	2 690.5	208.2	354.3	43.9
	1002	子牙河	2 468.9	216.3	396.9	66.6
	1003	大清河	370	33.6	56.8	11.4
	1004	子牙河	267.4	22.1	58.2	10.4
控制单元2	2001	南运河	251.6	26.5	59.1	10.6
	2002	西大洼排水河	18.4	1.7	8.3	1.8
	2003	西琉城排干	13.5	1.3	1.5	0.2
	2004	陈台子排水河	32.3	2.7	25.8	5.7
	2005	西赤龙河	204.6	16.2	177	40
	2006	马厂减河	374.3	40.6	39	6.1
	2007	迎风渠	826.7	32.5	156.1	36.2
	2008	六排干	115.4	9.7	35.5	0.2
	2009	大寨渠	1 156.8	24.1	226.9	49.4
	2010	八排干	1 091.9	114.8	168.2	17.3
	2011	七排干	404	51.1	76.9	12.2
	2012	运东排干	1 229.7	229.2	442.3	58.7
	2013	二排干	59.7	6.7	24.3	0.4

续表

控制单元	子流域代号	子流域水系	COD/t	氨氮 /t	TN/t	TP/t
控制单元 3	3001	大沽排污河	133.8	15.2	84.6	17.5
	3002	大沽排污河	631	59.8	104	21.9
	3003	大沽排污河	501.5	45.7	97.3	20.1
	3004	十米河	819.1	43.2	65.5	10
	3005	马厂减河	80.7	5.1	12.9	0
	3006	洪泥河	624.7	50.2	23.4	5.5
控制单元 4	4001	青静黄排水渠	265.2	25.7	72	17.6
	4002	青静黄排水渠	1 128.3	98.9	178.7	37.8
	4003	青静黄排水渠	432.1	43	76.5	15.6
总计			16 192.1	1 424.1	3 022	517.1

根据计算结果，2018 年独流减河流域共排放 COD 16 192.1 t，氨氮 1 424.1 t，TN 3 022 t，TP 517.1 t。

分控制单元来看，4 个控制单元中控制单元 1 和控制单元 2 的污染物排放量要远大于控制单元 3 和控制单元 4（图 5-5）。分析其原因，独流减河流域的最主要的污染源为农业农村污染，控制单元 1 和控制单元 2 位于独流减河的上游和中游，该地区有大面积的农田分布，农村城镇分布相对密集，农村生活污水排放量较大，畜禽、水产养殖业发达，污染物排放量大，所以后续的污染物控制工作重点应放在独流减河上游和中游分区。

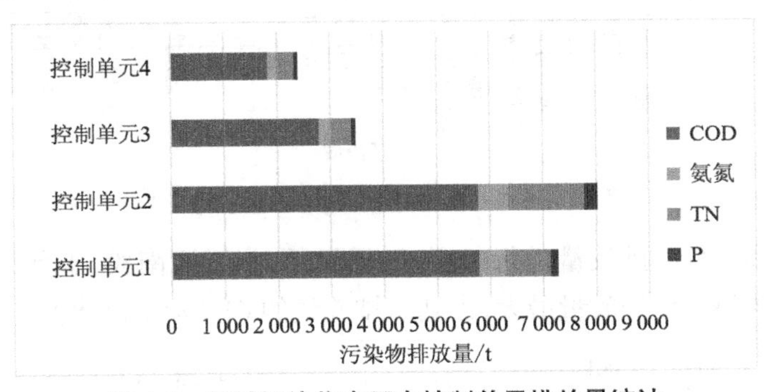

图 5-5　四种污染物在四个控制单元排放量统计

对各流域化学需氧量（COD）排放量进行分析，结果显示南运河南段、子牙河、青静黄排水渠三个子流域化学需氧量排放量最大，占到总排放量的 44.8%（图 5-6）。

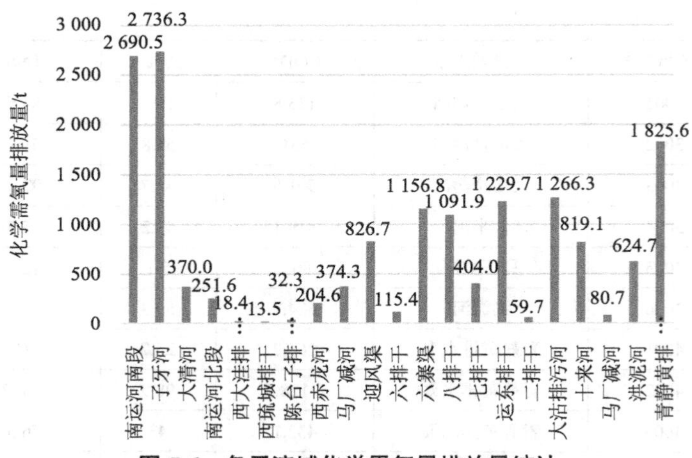

图 5-6　各子流域化学需氧量排放量统计

对各流域氨、氮排放量进行分析，结果显示，南运河南段、子牙河、运东排干、青静黄排水渠四个子流域氨、氮排放量最大，占总排放量的 59.2%（图 5-7）。

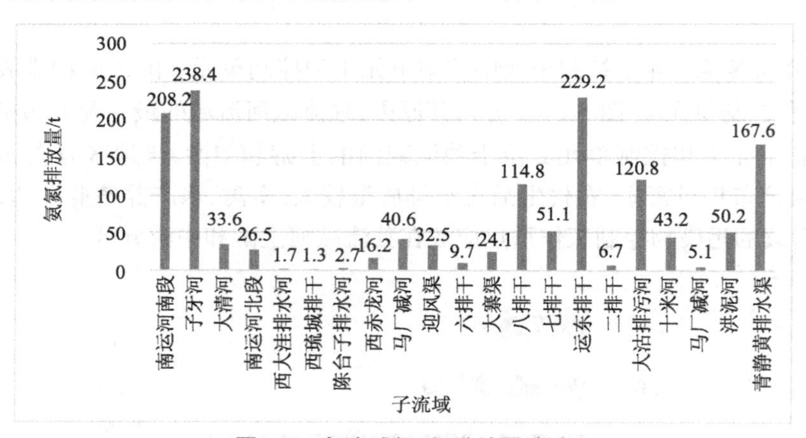

图 5-7　各流域氨、氮排放量统计

对各流域总氮（TN）排放量进行分析，结果显示，南运河南段、子牙河、运东排干、青静黄排水渠四个子流域 TN 排放量最大，占到总排放量的 61.7%（图 5-8）。

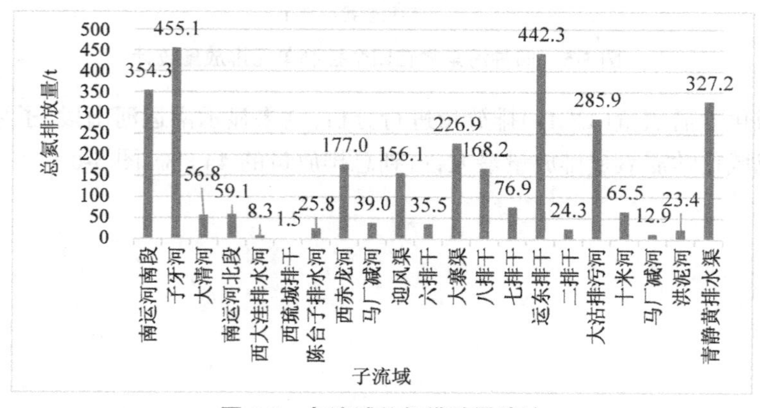

图 5-8　各流域总氮排放量统计

对各流域总磷（TP）排放量进行分析，结果显示，子牙河、运东排干、青静黄排水渠、大沽排污河四个子流域 TP 排放量最大，占到总排放量的 51.4%（图 5-9）。

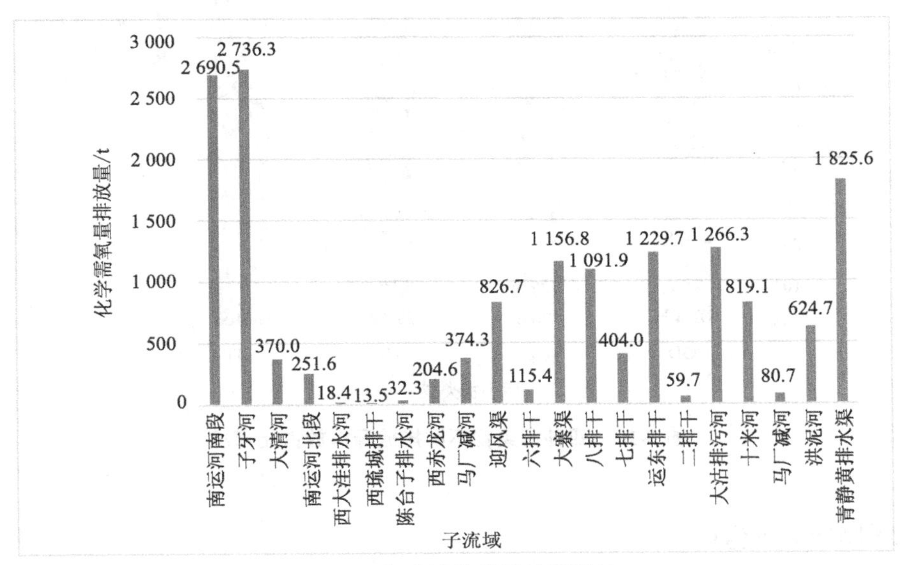

图 5-9　各流域总磷排放量统计

2018 年不同排放源 COD 和氨氮排放量如表 5-7。

表 5-7　2018 年不同排放源 COD 和氨氮排放量

排放源	COD/t	氨氮 /t	TN/t	TP/t
工业	755.3	26.6	143.2	31.2
城镇生活	4 973.6	239.3	509.8	84.4
农村农业	10 463.1	1 158.3	2 368.7	401.7
总计	16 192	1 424.2	3 021.7	517.3

按排放源进行统计，农村农业排放在各类排放源中占比最大，COD、氨氮、TN、TP 排放占比依次为 64.6%、81.3%、78.4%、77.7%；其次为城镇生活排放，占比分别为 30.7%、16.8%、16.9% 和 16.3%；而工业源对四种污染物的排放量贡献非常小。农村农业对于四种污染物的排放贡献远远大于其他两个污染源（图 5-10）。

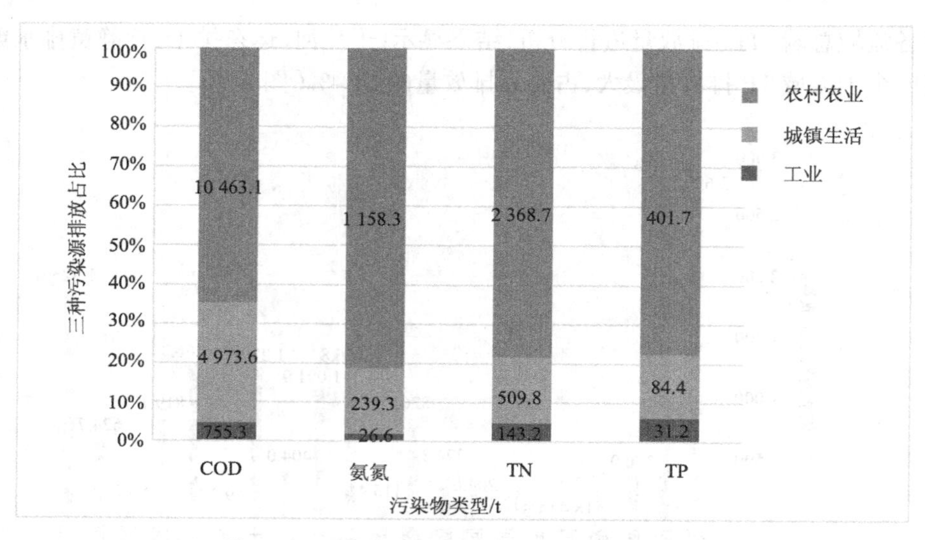

图 5-10　四种污染物不同排放源排放占比情况

5.3.5　环境容量核算

1. 确定计算公式

独流减河闸坝众多，深度不大，认定污染物在较短时间内基本可混合均匀，故选择一维稳态衰减微分方程对其进行环境容量计算：

$$C = C_0 e^{-Kx/u} \tag{5-1}$$

式中　u——河流断面平均流速，m/s；

x——河段纵向距离，km；

K——污染物综合降解系数，1/d；

C——废水与河水混合均匀后污染物浓度，mg/L；

C_0——前一个节点后污染物浓度，mg/L。

2. 选取参数

查阅独流减河水文资料，确定其断面平均流速为 u=0.100 m/s。根据天津市河流污染特点，将 IV 类水质标准下的氨、氮和 COD 确定为水环境容量的指标。参考一般河道水质降解系数，确定 COD 降解系数为 K_{COD} =0.23（1/d）、氨氮降解系数为 $K_{NH_3\text{-}N}$ =0.10（l/d）。综合分析独流减河沿岸污染物排放情况以及口门设置，确定污染物入河系数为 0.5~0.8。流域内一级河道共有 6 条，长约 275.2 km，二级河道 12 条，长约 274.4 km。

3. 计算结果

计算流域水环境容量如表 5-8。

表 5-8　IV 类水质目标下独流减河环境容量

污染物	基准年入河负荷 /(t/a)	IV 类水质标准下水环境容量 /(t/a)
COD	16 192.0	21 475.2
氨氮	1 424.2	943．1

根据计算结果，独流减河流域氨、氮排放量已超过水环境容量 51.0%，COD 排放量占水环境容量的 75.4%，独流减河流域水环境问题比较严重，尤其是氨、氮排放量超标严重。要实现 IV 类水质目标，氨、氮去除将是最为关键的约束条件，所以如何在各子流域优化对氨、氮的去除量，以及各子流域治理技术的选择就成了关键问题。

5.4　流域水生态环境治理修复技术集成

5.4.1　生态治理及修复原则、理念

1. 修复原则

1）系统性原则

在保证河道防洪、排涝功能的前提下，对河道进行系统的规划设计，将河流从上游到下游整体纳入生态修复范围。

最大程度上提升区域地表河 - 库的水环境质量，扩充区域水环境容量，恢复河道生态自净功能，保持区域水环境容量是规划的核心和首要原则，也是自然生境恢复的物质基础。

2）协调性原则

遵从河流功能与生态定位，加强对城市水系自然形态的保护，保持河道自然岸线及河床走向，恢复和保持河湖水系的紫檀连通性和流动性。

3）自然性原则

充分尊重区域环境本底现状，利用或再生现状留存的景观元素或乡土印记，确保最大限度地留存自然及人文肌理，将乡土物种的可适性、区域景观的和谐性及净水机制的自然性紧密结合，用最小的人工干预，换取最大的生态环境效益和自然景观价值。

以自然修复为主，人工修复为辅，恢复河道自然水生态系统生境。充分利用现状河道的形态、地形、水文等条件，物种的选择配置宜以本土物种为主。

4）针对性原则

需对局地气候、土壤、地质及相关背景数据进行充分考量，并在实地踏勘、综合研判的基础上得出相应结论，科学地诊断河道问题，有重点地采取不同的修复措施。

5）经济性原则

节效高能，统筹前期建设和后期管理，降低后期维护成本，可持续性发展。

6)生态性原则

水质净化是前提条件,应在全面实施控源截污的基础上,实施生态修复工程。

2. 生态修复理念

1)控源为本

河道水质修复以污染源控制为基础,通过制定合理的截污工程技术方案,将相关河道及相应支流沿岸居民的生活污水、农业污水、生活垃圾及初期雨水等各种点源、面源污水截流纳入污水处理系统,在满足环境容量的基础上,实现水体收纳污染负荷的总量和浓度控制。

2)再生水为先

污水厂尾水经深度处理及生态处理,满足河道水质保持及生态建设需求后,可作为城市水体的补水水源,改善各河道的水动力流态,实现水体的良性循环,解决由于水质问题而引起的水流缓滞、污染物沉积、水体自净能力退化甚至丧失,以及一系列由此引发的水环境问题。

3)生态保育

在实现控源和调配目标的基础上,借助工程技术措施,实施河底泥清淤、河道疏浚,通过综合技术措施与管理手段,实现底泥长期稳定的控制与管理。空间上,针对目前城区段水体的现状,提出切实可行的技术手段与实施措施;时间上,依据生态学原理,通过以生物生态操控为主的生态恢复与构建技术途径,全面修复河道的多元水生态系统,达到水体水质生态化的保育目标。

4)景观协调

分析水体各空间内的景观需求,对沿河两岸进行景观打造,实现黑臭河道治理技术与景观效应的协调一致,形成人水和谐的生态水系。

5.4.2 总体治理及修复思路

根据环境容量分析,造成独流减河水质超标的主要污染物为氨氮和化学需氧量。结合2018年各类污染源的排放情况来看,独流减河流域农村农业化学需氧量和氨氮的排放在各类污染源中占比最大,分别为64.6%和81.3%;其次为城镇生活排放,占比分别为30.7%和16.8%。将农业源与城镇生活源加和,则其对于化学需氧量和氨氮的排放贡献占比高达95%和98%。可以看出,农业农村和城镇生活贡献了绝大多数的化学需氧量和氨氮的排放,所以后续的治理工作主要围绕农业源和城镇生活源展开。

对于独流减河入河河口及支流生态治理,考虑到独流减河流域水体特点、气候条件和自然条件,并对其综合规划用地、运行管理、生态修复和综合投资进行比较分析,推荐采用目前国内比较成熟的技术,有针对性地选择,优化工艺组合,形成高度协同的运行模式。同时,结合各入河支流水质、水量及纳污情况,逐一分析并选择一种或多种工艺组合进行生态治理,主要工艺包括:截污纳管、生态补水技术、城市入河雨水多维生态截控技术、农业面源污染控制技术、岸带修复技术、人工湿地技术、生态浮岛、曝气增氧技术等。以上技术的应用旨在实现水质提升的同时,也构建水域生态系统,提升水体自净能力,消减内源污染,长效保持支流水体水质和维持水生态平衡。

5.4.3　生态治理及修复集成技术

1. 有效控制污染负荷

污染负荷控制是整个治理技术的第一步，也是水体生境改善和生态修复的基础，关系到整个治理体系的成败。独流减河流域主要污染源有农业面源污染、生活污水、初期雨水、养殖业污水几个方面。根据污染源特点和治理需求，对技术库中的技术进行筛选，适合的治理方法主要有截污纳管、城市入河雨水多维生态截控技术、农业面源污染控制技术 3 种，尤其是管网空白地区，应该加大污水管网建设，提高城镇、农村生活污水处理率。

1）截污纳管技术

截污纳管技术能够最大限度地减少农村和城镇污水直排进入水体，是保护城市河道水体最有效的手段。对于生活污水、养殖业污水、企业废水等大部分污水都可以较好处理和显著改善。目前研究区域内，绝大部分生产企业和所有工业园区已经实现了污水管网 100% 覆盖，但河道沿线还有大量的村庄和城镇管网需要进一步完善。

2）入河雨水多维生态截控技术

初期雨水溶解了空气中的污染性气体，降落地面后，又通过冲刷建筑物、路面、农田等，携带大量的污染物。最大化地收集和处理初期雨水，可最大限度地降低污染物入河总量，改善河道水质。

3）农业面源污染控制技术

农业面源污染控制技术利用独流减河及其支流河道沿岸的沟渠、水塘等建立农业缓冲带，通过植被带将农田与水体进行分离，来避免污染物直接进入水体。也可用于对畜禽养殖场及农药污染区的面源污染控制。该技术在控制农业面源污染方面具有独特的优势，不但可以截留污染物，还可以涵养水土，改善环境。有研究表明，农田与水体间 50 m 宽的沿岸植被缓冲带能减少 89% 的氮和 80% 的磷进入水体。

2. 有效控制内源污染负荷

1）底泥消减技术

底泥消减技术是清除内源污染、改善水体环境、提高水环境容量的主要技术手段。通过查阅历史资料发现，独流减河两岸曾经有多家化工厂，虽然近几年已经陆续关停，但是其多年污染物排放的累积，使得独流减河底泥严重污染，重金属、氮、磷等污染物均严重超标。

在受污染水体中投加底泥微生物复合剂，辅以深层曝气技术，可以使底泥消减微生物快速氧化分解底泥中的富营养物质。相对于传统的底泥疏浚，底泥消减技术不需要清淤，避免了机械清淤工程量大、底泥处理困难等问题，因此处理效率较高。根据相关工程经验，该方法 3~6 个月即可恢复环境的自净能力。

2）微纳米曝气生物接触氧化技术

首先应对水域进行人工补氧，从而达到改善水体水质的目的。微孔纳米曝气头以及生物膜软性载体表面附着生长生物膜，能够激活土著微生物，提高河道自净能力。

3. 多级净化技术初步改善水体生境

水体生境的改善主要是通过水体污染治理和生态补水来实现，通过消减已进入水体的污染物，改善水质，为后续的生态修复奠定基础。该类技术一般用于缓滞河道和二级河道。

1）多介质高效滤膜净水技术

多介质高效滤膜净水技术内部设计科学，具有精密的过滤柱、配水系统、冲洗系统等，能对水体进行大水量循环净化，有效去除水体中的SS、COD、氨氮、总磷等污染物质和营养物质，迅速恢复水体清洁状态。

2）人工曝气技术

维持水体的富氧环境，满足污染物氧化降解，好氧生化降解，铁、硫循环，水生动植物呼吸等各方面对氧的需求，是创造水体自然环境和恢复自然水性状的关键。常见河道治理曝气形式主要有推流式曝气机、微孔曝气系统、喷泉曝气机（表曝机）、纳米曝气系统、造流曝气机（离心曝气机）。

3）高效流离脱氮生物滤池

高效是一种结合生物膜和活性污泥的复合型生物处理法，利用特殊的固 - 液 - 气三相运动，有好氧、厌氧的多变环境发生，达到脱氮除磷效果。该法处理出水悬浮物浓度低，无须沉淀池，无须处理污泥，流程简单，投资及运行费用低。

4）微生物菌制剂 / 促生剂技术

在河道内投加微生物和激活本土微生物的活化剂，利用微生物活化剂促进微生物繁殖，通过食物链降低水体中氮、磷浓度，提高了水体的自净能力。通过一年的生态修复，底泥中有机质含量去除率可达到50%~70%，大大降低淤泥中有机质的含量，从而达到生物清淤的目的。

5）除藻技术

可以向富营养化的水体中投加氧化还原、絮凝沉淀、矿物质除藻剂，通过混凝沉淀或化学氧化等方式除藻，也可以通过机械除藻，如气浮除藻、过滤除藻、遮光除藻、超声波除藻和黏土除藻，或者通过生物、酶制剂进行除藻。

4. 生态补水技术

由于区域降水量较少，上游来水缺乏，独流减河流域的生态问题很大程度上源于维持河道的生态需水量不足。李莉等通过对独流减河流域生态需水量进行研究，指出维持独流减河流域河口生态需水量应该在2.076亿m^3左右，最少不能低于1.209亿m^3。而查阅历史资料，发现独流减河多年的平均入海径流仅为0.219亿m^3，所以生态补水是有效缓解独流减河流域污染的手段。

5. 恢复和重建生态环境

考虑到独流减河河岸湿地最接近表面流人工湿地状态，因此，可就地取材，因地制宜，最大限度地将独流减河流域湿地改造为表面流人工湿地、这样不但工程量小，对流域生态的扰动小，还能最大程度保护流域生态环境，同时又可大大节约投资成本。其中可以利用独流减河宽河槽湿地，通过改变水体流动形成起到增氧作用。

后续可在表流湿地片区构建生态“鱼道”，确保不同鱼类洄游空间，在湿地深水区投加生态着床，确保虾蟹及鱼类栖息产卵，利用地形微调，构建浅水洼淀，为包括直翅目、蜻翅目等典型湿地昆虫构建生境空间。透过对湿地区域进行划分，减少人类干扰，为鸟类营造稳定的栖息环境。

通过对国内外河道治理工程案例进行实地考察、文献调研和技术交流，结合到西青区独流减河流域周边水体的污染物成分特点，考虑当地气候条件和自然条件，并对其综合规划用地、运行管理、生态修复和综合投资进行比较分析，独流减河入河河口及支流生态治理工程推荐采用目前国内应用比较成熟的技术，有针对性地选择，优化工艺组合，实现最优的处理效果，形成高度协同的运行模式（图 5-11）。

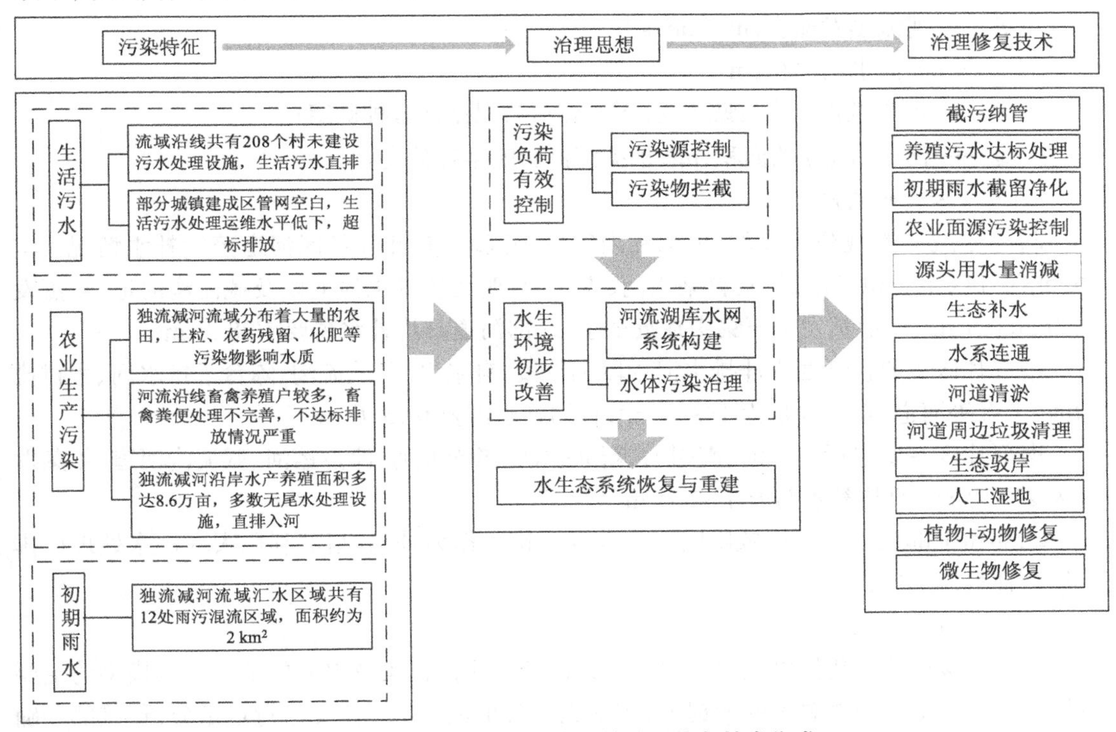

图 5-11　独流减河水生态环境治理修复技术集成

5.4.4　区域水循环优化调度方案

1. 调度原则

总体调度原则：利用河网、闸群、泵站、湿地、水库进行水量水质联合调度。

水量调度：以本区经常性排水为稳定水源，以外环河、子牙河优质水源为补充水源，达到水量供需平衡。

水质调度：本着分质供水、优质专用的原则，利用经常性排水为林地灌溉、河湖及湿地生态需水提供水源；利用外环河、子牙河优质水源为西部优质蔬菜灌溉和东部优质水稻灌溉提供水源。

排涝调度：按照西青区现有排涝调度方案，汛期遇暴雨时，外排泵站全部启动，排除区内涝水。

2. 水源补给量计算

参考已有文献中河流生态环境需水理论，构建生态补水方程组如下：

$$W = \left(Q + EA + \sum_{i=1}^{n} E_i A_i \right) t \tag{5-2}$$

式中 W——河流维持正常状态的生态需水量，m^3；

Q——河流基本径流量，m^3/s，以多年径流量平均值的30%计；

E——河流蒸发速度，$m^3/(m^2 \cdot s)$；

A——河流水面面积，m^2；

E_i——河岸植被 i 的蒸腾速度，$m^3/(m^2 \cdot s)$，根据优势种确定；

A_i——河岸植被 i 的面积，m^2，根据河流影响半径确定。

1）调度方案的确定

将独流减河流域分为北部、中部和南部三个区域，并计算各区河道蒸发补水情况。其中，北部片区主要包括南运河、自来水河、丰产河、西大洼排水河上段及截流沟河道，年蒸发量为269万m^3，考虑蒸发主要集中在夏秋季，北部河道日均补水需要1.28万m^3。

中部片区主要包括西大洼排水河中段和下段、自来水河、截流沟、陈台子排水河、程村排污河、干渠等河道，年蒸发量为158万m^3，日均补水需要0.75万m^3。

南部片区主要包括卫津河、南引河、新赤龙河、老赤龙河、津港运河、截流沟河道，年蒸发量为277万m^3，日均补水需要1.32万m^3。

北部和中部规划可利用咸阳路污水处理厂排水作为补水；南部利用大寺污水处理厂排水作为补水（图5-12）。

2）治理技术优化

本节的拟构建优化模型主要针对独流减河流域主要污染物氨氮的消减。该模型的主要目标是在满足氨氮减排总量的前提下，实现成本最小化。由于需要进行定量分析，该部分确定的技术为滨海工业带水生态治理修复技术库里可以在优化模型中进行定量的部分技术。本文主要选取在工程上应用较为广泛的截污纳管、农业面源污染控制技术、岸带生态修复技术和人工湿地四种技术进行分析。

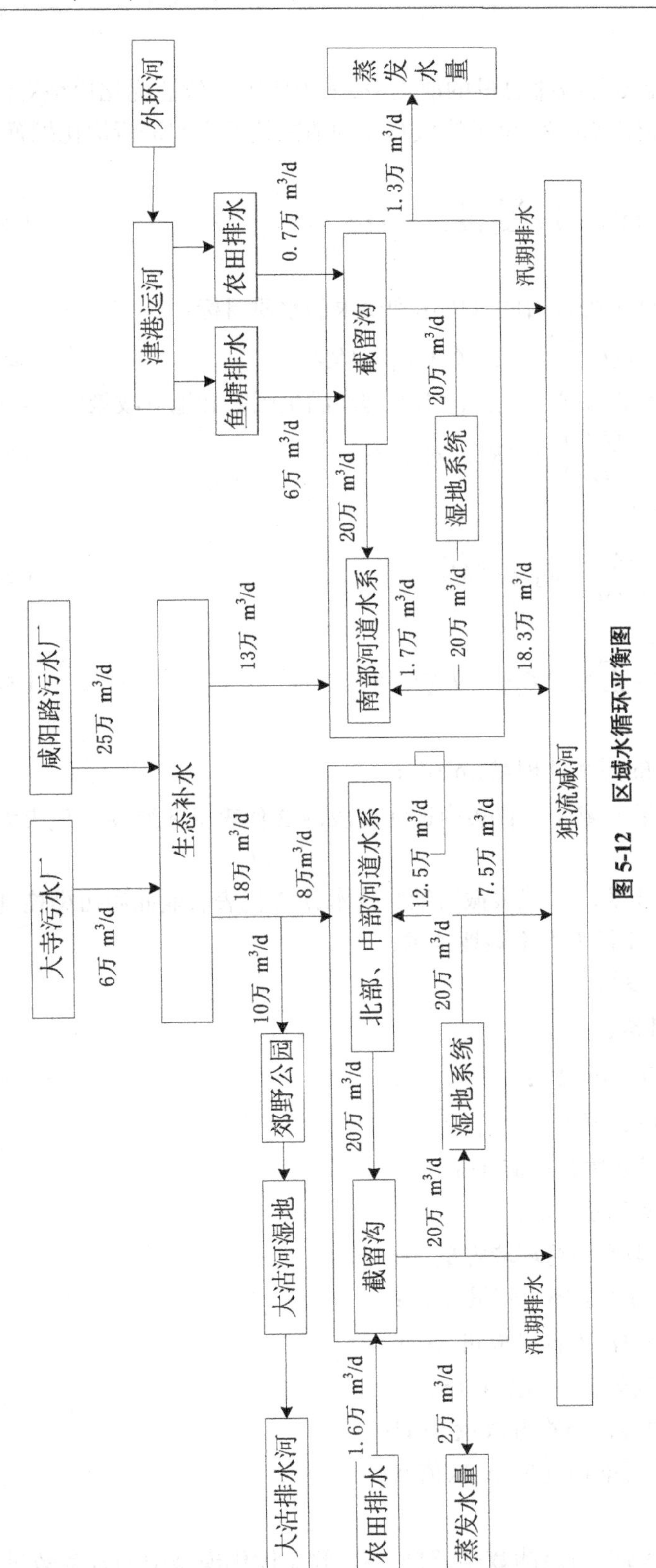

图 5-12　区域水循环平衡图

3. 定量分析模型的构建

本分析的主要目标是在满足氨氮减排总量的前提下，采用成本 - 效益优化模型对消减方案进行优化。将消减总量在独流减河 21 个子流域和 4 种消减技术之间进行优化配置。

1）确定目标函数

$$\min(C)=\sum_{i=1}^{n}\sum_{i=1}^{m}k_{1j}Q_{ij}^{k_{2j}} \tag{5-3}$$

设立约束条件：

①环境容量约束，该约束保证了处理后的水体达到要求的水质目标：

$$0\leqslant TQ-\sum_{i=1}^{n}\sum_{i=1}^{m}Q_{ij}C_i\eta_j\leqslant TSQ \tag{5-4}$$

②生活污水处理率约束，该约束保证了生活污水处理率满足国家和地方政策要求：

$$\frac{Q_{i1}C_i\eta_1}{TLQ_i}\geqslant TRS,\ \text{对于}\forall i \tag{5-5}$$

③农业非点源污染处理率约束：

$$\frac{Q_{i3}}{TQM_i}C_i\eta_3\geqslant TRM,\ \text{对于}\forall i \tag{5-6}$$

④子流域污染物消减量约束：

$$TQ_i-\sum_{j=1}^{m}Q_{ij}C_i\eta_j\geqslant TSQ_i,\ \text{对于}\forall i \tag{5-7}$$

式中 C——总成本；

Q_{ij}——技术 j 对子流域 i 的污水处理量，$m^3\cdot d^{-1}$；

i =1，2，…，21 代表 21 个子流域，i=1 代表南运河南段，i=2 代表子牙河，i=3 代表大清河，…，i=21 代表青静黄排水渠；

j=1，2，3，4 代表 4 种治理技术，j=1 代表截污纳管技术，j=2 代表农业面源污染控制技术，j=3 代表岸带生态修复技术，j=4 代表人工湿地技术；

k_{1j}——技术 j 的投资费用参数；

k_{2j}——技术 j 的运营费用参数；

C_i——流域 i 的污染物浓度，$mg\cdot L^{-1}$；

η_j——技术 j 的污染物浓度去除率；

TQ——独流减河流域的污染物总负荷，$t\cdot a^{-1}$；

TQ_i——子流域 i 的污染物负荷，$t\cdot a^{-1}$；

TSQ——独流减河流域污染物的总环境容量，$t\cdot a^{-1}$；

TSQ_i——子流域 i 的污染物的总环境容量，$t\cdot a^{-1}$；

TQS_i——子流域生活污水中污染物排放量，$t\cdot a^{-1}$；

TRS——生活污水的污染物处理率，取值 0.5；

TQM_i——子流域 i 农村面源污染物排放量，$t\cdot a^{-1}$；

TRM——农村面源污染的污染物处理率，取值 0.4。

2）确定参数值并求解模型

根据行业设计手册先期计算结果与监测数据，对成本 - 效益优化模型中的各参数进行逐一确定(表 5-9~ 表 5-11)。

表 5-9　各流域的相关数值

子流域 i	子流域水系	TQ_i /($t \cdot a^{-1}$)	TQS_i /($t \cdot a^{-1}$)	TQM_i /($t \cdot a^{-1}$)
1	南运河南段	208.2	66.9	108.1
2	子牙河	238.4	41.9	157.4
3	大清河	33.6	0.1	27.8
4	南运河北段	26.5	2.5	19.5
5	西大洼排水河	1.7	0.1	1.5
6	西琉城排干	1.3	0.8	0.1
7	陈台子排水河	2.7	0.1	2.0
8	西赤龙河	16.2	0.1	12.7
9	马厂减河	40.6	5.7	27.2
10	迎风渠	32.5	0.1	25.8
11	六排干	9.7	7.8	0.1
12	大寨渠	24.1	13.6	5.2
13	八排干	114.8	74.3	20.5
14	七排干	51.1	16.0	25.3
15	运东排干	229.2	114.7	77.7
16	二排干	6.7	5.0	0.1
17	大沽排污河	120.8	0.1	92.3
18	十米河	43.2	15.4	17.6
19	马厂减河	5.1	3.7	0.1
20	洪泥河	50.2	28.2	12.5
21	青静黄排水渠	167.6	0.1	127.3

表 5-10　技术成本参数

技术 j	k_{1j}	k_{2j}
1	136.92	0.888 1
2	76.47	0.889 8
3	92.33	0.915 6
4	15.74	0.884 8

表 5-11　其他数据

数据	取值
TQ	1 424.2 $t \cdot a^{-1}$
TSQ	根据水环境容量计算，IV 类水质目标下氨氮环境容量为 943.1 $t \cdot a^{-1}$

续表

数据	取值
TRS	参考天津市点源污染相关政策，确定取值 0.7
TRM	参考天津市农业农村污染治理相关政策，确定取值 0.5

将确定好的各参数值带入模型运算，得到结果如表 5-12、表 5-13。

表 5-12 独流减河流域氨氮去除技术成本－效益分析结果

单位：$t \cdot a^{-1}$

技术 j / 子流域 i	1	2	3	4
1	51.6	25.9	8.9	11.5
2	55.0	26.9	9.5	13.0
3	8.8	6.7	1.5	3.7
4	7.7	2.4	1.3	3.2
5	0.4	0.1	0.1	0.2
6	0.3	0.1	0.0	0.1
7	0.6	0.2	0.1	0.2
8	4.0	1.2	0.7	1.6
9	10.1	3.1	1.7	4.2
10	8.7	2.7	1.5	3.7
11	2.2	0.7	0.4	0.9
12	6.4	2.0	1.1	2.7
13	27.3	8.4	4.7	11.4
14	13.7	1.2	2.4	7.7
15	54.2	4.7	9.4	28.6
16	1.9	0.6	0.3	0.8
17	31.3	2.6	5.4	18.1
18	9.4	0.1	1.6	6.9
19	1.5	0.1	0.3	1.6
20	15.3	1.7	2.6	11.4
21	40.2	2.4	7.0	26.8

表 5-13　各子流域治理技术成本分配　　单位:万元

子流域 i \ 技术 j	1	2	3	4
1	154 031.6	11 655.1	5 474.6	10 169.0
2	164 258.4	12 129.8	5 838.0	11 429.9
3	26 432.4	3 029.2	939.5	3 258.9
4	23 128.3	1 073.5	822.0	2 851.6
5	1 258.7	58.4	44.7	155.2
6	786.7	36.5	28.0	97.0
7	1 730.7	80.3	61.5	213.4
8	11 800.2	547.7	419.4	1 454.9
9	30 051.1	1 394.8	1 068.1	3 705.1
10	26 117.7	1 212.2	928.3	3 220.1
11	6 608.1	306.7	234.9	814.7
12	19 195.0	890.9	682.2	2 366.6
13	81 657.2	3 790.0	2 902.2	10 067.7
14	41 064.6	554.1	1 459.5	6 827.4
15	161 898.4	2 107.0	5 754.2	25 254.1
16	5 664.1	262.9	201.3	698.3
17	93 614.7	1 190.8	3 327.2	15 953.0
18	28 005.7	45.1	995.4	6 099.5
19	4 405.4	45.1	156.6	1 425.4
20	45 627.3	765.9	1 621.7	10 036.5
21	120 204.5	1 073.1	4 272.3	23 642.3
总计	1 047 540.8	42 249.1	37 231.6	139 740.6

3)结果分析

对计算结果从子流域消减份额分配、子流域消减成本分配、各技术消减份额分配、各技术消减成本分配以及总的消减量和成本五个方面进行分析。

对独流减河流域 21 个子流域的氨氮消减量分配情况进行分析,南运河南段、子牙河、运东排干、青静黄排水渠四个子流域分配了主要的氨氮去除任务,四个子流域总计氨氮去除量占全流域去除总量的 57.3%(图 5-13)。

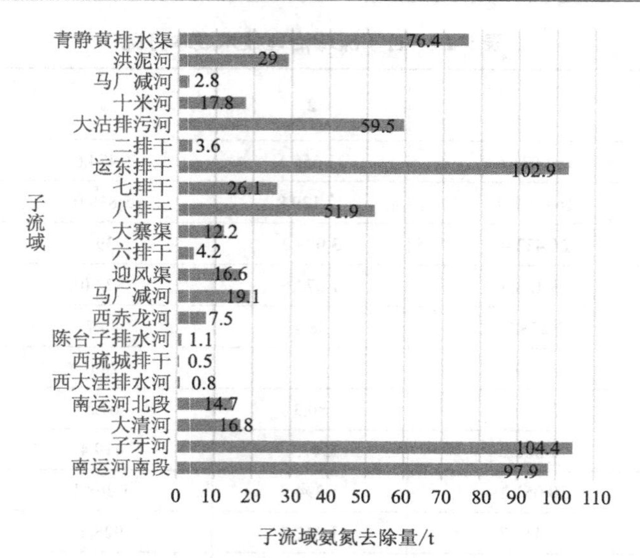

图 5-13 独流减河流域各子流域氨氮去除量分配情况

21 个子流域中，治理费用最高的为运东排干，约 19.50 亿元，费用占比较高的还有子牙河（19.37 亿元）、南运河南段（18.13 亿元）、青静黄排水渠（14.92 亿元），这四个子流域总费用需求，占全流域总费用的 52.0%（图 5-14）。

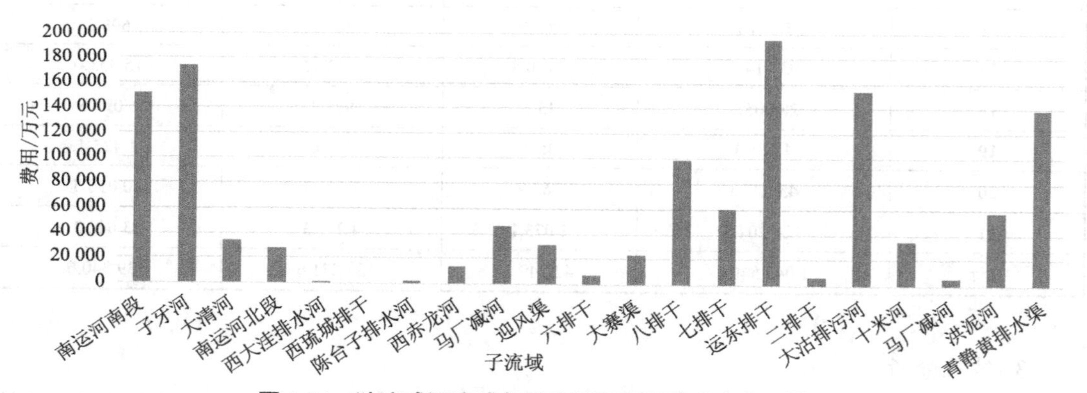

图 5-14 独流减河流域各子流域氨氮去除成本分配情况

从技术角度来看，在满足约束条件的前提下，4 种治理技术对氨氮的消减量由高到低依次为截污纳管、人工湿地、农业面源控制技术、岸带生态修复技术，消减量占比分别为 52.84%、23.87%、14.13%、9.16%（图 5-15）。

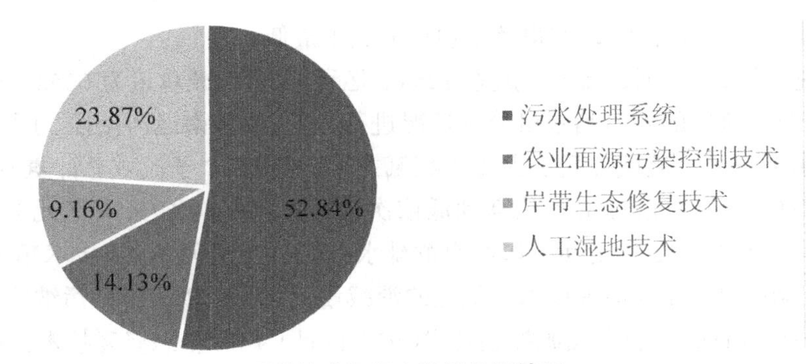

图 5-15　四种技术氨氮去除量分配情况

就各技术成本花费来看，花费成本最高的为截污纳管（104.75 亿元，占比为 82.69%），分析其原因主要是流域沿线城镇村庄密集，污水处理要求高，截污纳管承担了较大份额的氨氮去除量；同时，该技术前期管网铺设和污水处理厂的建设需要大量的投资成本。后续依次为人工湿地技术（13.97 亿元，占比为 11.03%）、农业面源污染控制技术（4.22 亿元，占比为 3.34%）和岸带生态修复技术（3.72 亿元，占比为 2.94%）。见图 5-16。

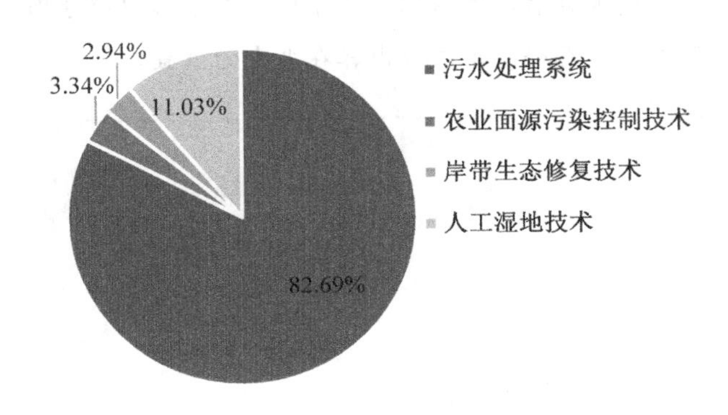

图 5-16　四种技术氨氮去除成本分配情况

5.5　小结

本章在流域综合管理和综合集成方法论的基础上，提出了滨海工业带水生态治理修复技术集成框架，并以天津滨海新区作为具体案例进行区域水体治理分析。通过对滨海新区基本情况、水体分布、社会经济发展的历史资料整理和调查，结合对滨海新区的水生态环境健康状况评估，得出独流减河流域污染最为严重。进而对该流域进行污染物负荷分析、环境容量核算，找出影响水质超标的关键污染物为氨氮。然后，将 IV 类水水质目标下氨氮的环境容量确定为消减目标，对该流域氨氮消减展开分析。将独流减河流域划分为 4 个控制单元 21 个子流域，通过定性分析选择了截污纳管、农业面源污染控制技术、人工湿地技术、岸带生态修复技术 4 种水生态治理修复技术进行技术集成初步方案。然后，通过成本 - 效益模型对 21 个子流域的氨氮消减量进行空间的优化配置和对不同技术的消减量在满足约束条件的基础上进行优化，以使得整个项目的成本最低。

经过计算，整个项目需投入成本126.66亿元，氨氮消减总量为665.8 t·a^{-1}。对独流减河流域21个子流域的氨氮消减量分配情况进行分析，发现南运河南段、子牙河、运东排干、青静黄排水渠四个子流域分配了主要的氨氮去除任务，四个子流域总计氨氮去除量占全流域去除总量的57.3%，治理费用从高到低依次为运东排干（约19.50亿元）、子牙河（19.37亿元）、南运河南段（18.13亿元）和青静黄排水渠（14.92亿元）。从技术角度来看，在满足约束条件的前提下，4种治理技术对氨氮的消减量由高到低依次为截污纳管（350.7 t·a^{-1}）、人工湿地（158.4 t·a^{-1}）、农业面源控制技术（93.8 t·a^{-1}）、岸带生态修复技术（60.8 t·a^{-1}），消减量占比分别为52.84%、23.87%、14.13%、9.16%。就各技术成本花费来看，花费成本最高的为截污纳管（104.75亿元），后续依次为人工湿地技术（13.97亿元）、农业面源污染控制技术（4.22亿元）和岸带生态修复技术（3.72亿元）。见图5-17。

本章部分图例

说明：为了方便读者查看彩色图例，二维码节选了书中部分内容。二维码中页面左侧的页码表示该段内容在书中的位置。

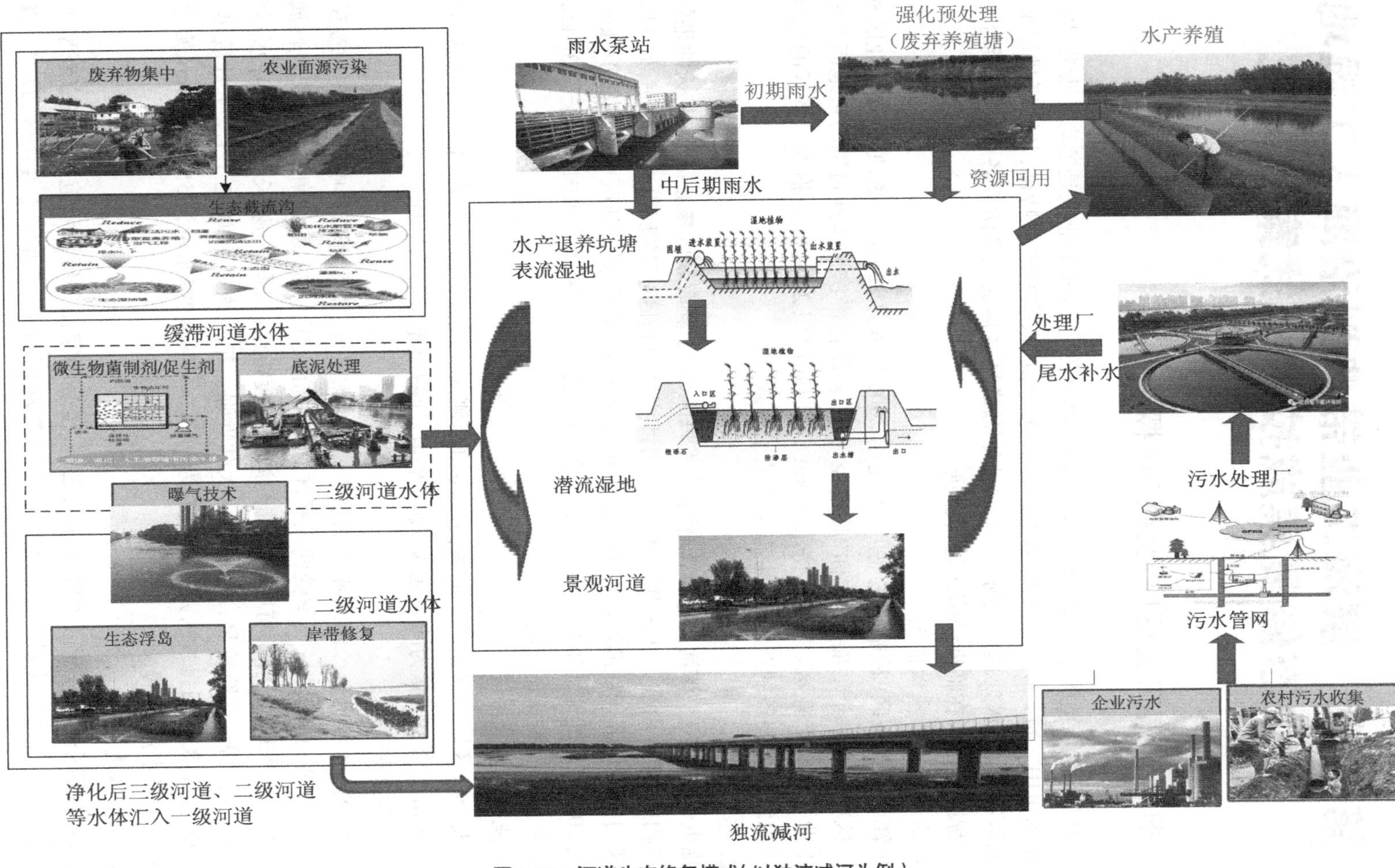

图 5-17　河道生态修复模式（以独流减河为例）

第6章　滨海工业带典型沿海人工湿地水生态修复集成技术模式案例研究

6.1　典型滨海工业区临港经济区概况

经开区、临港经济区、滨海高新区、空港经济区四个典型工业区是滨海工业带水污染防治工作的重中之重。研究选取临港经济区作为示范，根据其产业特征，从园区排污准入、企业及园区减排、污水处理厂提标、人工湿地生态修复增容及风险防控各个环节，将水污染防控全过程防控模式在临港经济区进行验证。

1. 临港经济区基本情况

天津临港经济区（原临港工业区）始建于2003年6月，2010年底，原临港工业区和原临港产业区整合为一个功能区，统称“临港经济区”。临港经济区是通过围海造地而形成的港口与工业一体化产业区。规划用海205 km^2，总成陆面积200 km^2。临港经济区的功能将定位为国家级重型装备制造基地、生态型临港工业区。

2. 区域位置

临港经济区位于海河入海口南侧滩涂浅海区，处于滨海新区核心区，北与天津港隔大沽河航道相望，南接南港工业区和轻纺工业区，西为滨海新区中部新城，东临渤海，处于环渤海经济区的中心地带。临港经济区有着优越的交通网络，距离滨海新区中心城区10 km，距天津市区50 km，距北京160 km，距中国最大的航空货运中心天津滨海国际机场仅38 km。

3. 自然环境和社会概况

1）地形地貌

临港经济区位于京畿门户的海河入海口南侧滩涂浅海区，通过围海造地而形成，规划总面积200 km^2，周边现状为滩涂地貌，地势平坦，地貌类型主要为平地。

2）气候条件

临港经济区位于中纬度欧亚大陆东岸，面对太平洋，季风环流影响显著，冬季受蒙古冷高气压控制，盛行偏北风；夏季受西太平洋副热带高气压左右，多偏南风。天津气候属暖温带半湿润大陆季风型气候，有明显由陆到海的过渡特点：四季明显，长短不一；降水不多，分配不均；季风显著，日照较足；地处滨海，大陆性强。年平均气温为12.3 ℃。7月最热，月平均气温可达26 ℃；1月最冷，月平均气温为−4 ℃。年平均降水量为550~680 mm，夏季降水量约占全年降水量的80%。

3）社会环境概况

临港经济区是滨海新区重要功能区之一，也是国家循环经济示范区和国家新型工业化产业示范基地，定位为建设中国北方以装备制造为主导的生态型临港经济区，致力于发展装备制造、粮油加工、口岸物流三大支柱产业。

临港经济区围绕自身发展定位,大力发展实体经济,目前已形成了装备制造、粮油食品加工、口岸物流、现代化工等四大支柱产业。其中,装备制造业已形成以大机车为代表的轨道交通、以中船重工为代表的造修船、以博迈科为代表的海上工程、以华能为代表的新型能源、以太重为代表的工程机械和大型成套设备研制等五大产业板块。粮油食品加工产业已引进了中粮油、中储粮、京粮油、美国ADM、印尼金光等国际国内领军企业。口岸物流产业已引进了世界500强普洛斯、孚宝、思多而特等企业,正在迅速发展壮大。现代化工产业保留了以天碱、大沽化、LG化工、天津新龙桥为代表的现代化工板块,此产业目前已全部投产并不断增资扩产。科技型中小企业发展迅速,已由2011年的17家发展到2012年的70家,其中8家被认定为"科技小巨人"。

临港经济区横跨两河、纵对大海、背靠三北、面向世界,直接经济腹地包括京津两个直辖市和华北、西北十个省区,总面积200多万km^2,人口2亿多,同时还可辐射日本、韩国、朝鲜、蒙古等东北亚国家。

4. 水环境概况

作为填海造陆形成的工业园区,临港经济区化工园区主要存在三大水系,分别是内部环绕园区的景观河道、经由塘沽市区蜿蜒而来的大沽排污河(与景观河道通过排海泵站相连)以及北部的大沽沙航道(图6-1)。三大水系水文各有特点:园区景观河道为人工开凿的河道,具有断面整齐规则、水流稳定的特点;大沽排污河入海河段具有典型的河口特点;而大沽沙航道水域面积广阔,水深而流急。

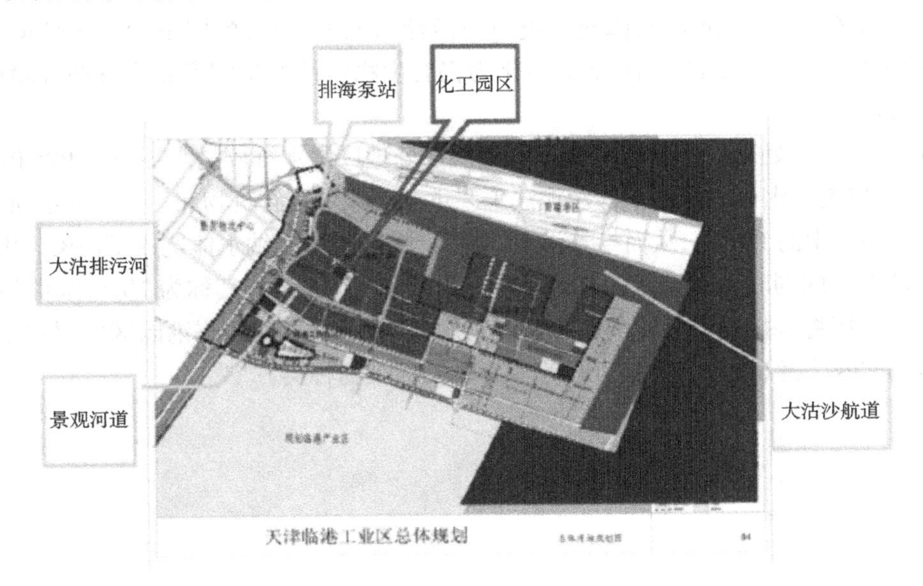

图6-1 天津临港经济区水环境分布

5. 工业园区尾水水质特点

企业处理达到污水处理厂收水标准:园区各企业产生的污水需在厂区内进行污水预处理,符合工业区污水纳管标准要求后,排入工业区集中污水处理厂处理。企业直接委托污水处理厂处理:考虑到某些入区企业的特殊要求,如果企业不具备自行处理污水能力,产生的污水可以采用“点对点”独立管道委托污水处理厂单独处理。企业直接处理达到排放标准(一级A):自行处理达到一级A标准后与工业区污水处理厂出水汇合后排入规划湿地系统。工业区污水处理厂出水和大型企业出水,需经再生水厂回用(70%),尾水处理达到《污水综合排放标准 DB12/355-2018》一级A标准后排入湿地系统(图6-2)。

通过对天津临港工业区威立雅污水处理厂、天津临港工业区胜科污水处理厂废水的全分析,确定废水中有机物种类。工业区、主要产业情况包含有基础化工原料生产,包括氯乙烯、化工罐区、化工码头等,通过GC-MS扫描,可知天津临港工业园区尾水中不仅含有PPCPs、VOCs,还含有有机POPs。

2000年,美国地勘局对139条河流进行调查,发现超过89%的河流中有个人护理品(PPCPs)残留;2013年,López-Serna等对巴塞罗那城区地表水环境进行调查,发现抗生素等药物的赋存浓度最高可达1 000 ng/L以上。这些PPCPs的排放给河道水环境的生态安全带来了重大挑战。有研究证明,超过100种抗生素对藻类、水蚤、鱼类等水生生物具有急性毒性(EC50 $<$ 1 mg/L);同时,部分药物(如抗生素)进入环境后会对环境微生物产生选择性压力,诱导其产生或获得抗性,导致其抗药性水平提高,甚至导致超级细菌的产生。

人体或动物排泄物和尿液排于污水处理厂,通过污水处理后,还有一些药物被降解为低分子物质,部分物质被颗粒物吸附,部分物质通过共轭物的生成而转化为溶解性更强的物质。因此经过污水处理厂的一些PPCPs的浓度有所降低,并不能说明它们发生了结构上的改变或者破坏,它们可能仅仅是以另一种状态和形态存在于环境中。PPCPs在污水处理厂不能有效去除,通过水体或者吸附于活性污泥上,通过施肥最后进入环境中,部分PPCPs物质在整个排放过程中,能够转化为仍有生物活性的中间产物出现在环境中,并进行生物富集。

近年来,污水处理厂作为重要排放城镇污水处理厂尾水排放是水环境中PPCPs的重要来源之一,传统污水处理厂的活性污泥法工艺主要去除传统有机物和一些营养物质,并不能完全去除污水中的PPCPs,从而导致污水厂尾水排放时,对受纳水体造成了污染。由于该类物质在被去除的同时也在源源不断地被引入环境中,人们还将其称为“伪持续性”污染物。其处理得好坏将直接影响人体的健康和受纳水体的水质。因此,临港园区的尾水中也存在大量的PPCPs。表6-1为工业园区尾水中常见的污染物种类。

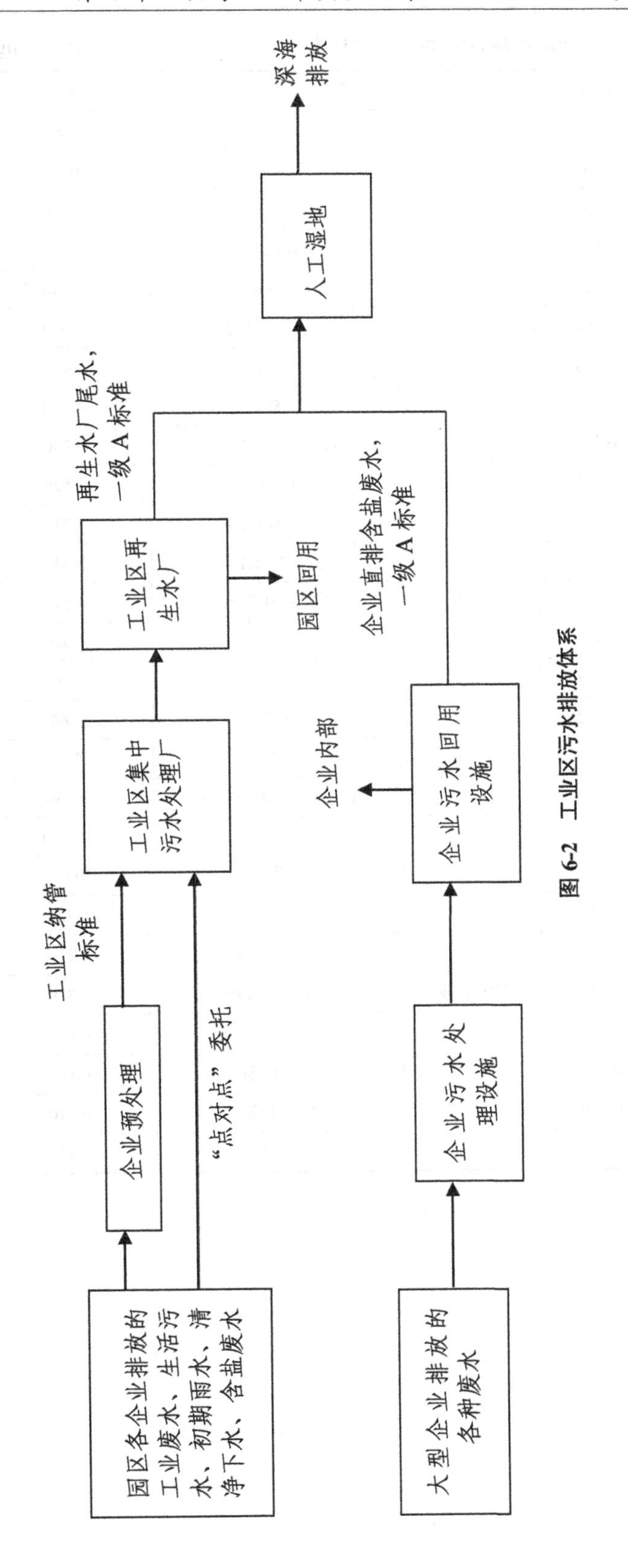

图6-2 工业区污水排放体系

表 6-1 工业园区尾水中的污染物种类 单位:mg/L

化合物		浓度	化合物		浓度
PPCPs	萘啶酸	0.014	VOCs	苯	0.33
	恶喹酸	0.088		苯胺	0.28
	环丙沙星	0.148		苯酚	1.21
	竹桃霉素	0.005		4- 溴酚	2.86
	罗红霉素	0.013		4- 氯酚	0.740
	双酚 A	0.104		2,4- 双氯酚	2.630
	吉非罗齐	0.063		4- 溴苯胺	1.460
农药	螺螨酯	0.079	VOCs	苊	4.840
	肟菌酯	0.025		1,2- 苯并 [A] 蒽	3.030
	恶嗪草酮	0.023		苯并(a)芘	2.520
	双氟磺草胺	0.004		苯并(B)荧蒽	1.730
	精喹禾灵	0.006		苯并(G,H,I)苝	5.240
	异菌脲	0.575		苯并 [k] 荧蒽	4.670
	敌百虫	0.018		屈	3.020
	3- 羟基呋喃丹	0.035		二苯蒽	2.680
	甲萘威	0.002		荧蒽	23.600
有机 POPs	七氯	1.510		芴	27.890
	A- 六六六	0.300		茚并(1,2,3-CD)比	1.950
	B- 六六六	1.170	有机 POPs	萘	36.770
	D- 六六六	0.030		菲	20.530
	G- 六六六(林丹)	0.010		芘	6.780
	O,P' - 滴滴涕	0.620		4.4' - 滴滴滴	0.150
	P,P' - 滴滴涕	0.930		4,4' - 滴滴伊	0.370
	β- 硫丹	0.690		艾氏剂	0.470
	硫丹硫酸酯	0.290		异狄氏剂	0.130
	顺式氯丹	0.910		环氧七氯	0.740
	反式氯丹	0.370		α- 硫丹	0.320

6.2　人工湿地水生态修复概述

6.2.1　人工湿地研究概述

1. 人工湿地的概念

根据《湿地公约》定义，湿地是指自然或人工、长久或暂时的沼泽地、湿原、泥炭地或水域地带，带有或静止或流动，或为淡水、半咸水或咸水水体，水深一般不超过 6 m。而人工湿地在自然条件下并不存在，是人为创造水湿条件及种植相应的水生植物等所形成的湿地。

根据湿地水面位置和污水流动方式的不同，大致可将湿地分为三类：表面流人工湿地、水平潜流人工湿地和垂直潜流人工湿地。

2. 人工湿地修复技术简介与分类

湿地可以分为自然湿地和人工湿地两大类。美国哈默（D. A. Hammer）博士将人工湿地定义为“为了人类的利用和利益，通过模拟自然湿地，人为设计与建造的由饱和基质、挺水植物与沉水植物、动物和水体组成的复合体”。鉴于人工湿地的不断发展，有人将其概念归纳为“根据自然湿地的功能、特点，由人工建造并控制运行的湿地的总称”。为了尽量减少对自然湿地利用的同时更有效地解决水污染问题，许多国家开始通过建设人工湿地来进行水质的净化和污水处理工作。

人工湿地实质上是一项人工构造工程，是为处理污水而人为地在有一定长宽比和底面坡度的洼地上用土壤和填料（如砾石等）混合组成填料床，使污水在床体的填料缝隙中流动或在床体表面流动，并在床体表面种植性能好、成活率高、抗水性强、生长周期长、美观及具有经济价值的耐水性植物（如芦苇、美人蕉、蒲草等），形成一个独特的土壤—水生植物—微生物—基质生态体系图 6-3。

3. 人工湿地工艺类型及特性

人工湿地可以分为表面流人工湿地和潜流人工湿地两大类，其中潜流人工湿地又分为水平潜流人工湿地和垂直潜流人工湿地。

1）表面流人工湿地

表面流人工湿地系统也称为自由水面湿地系统，与天然湿地相类似，水面暴露于大气，污水在人工湿地基质的表层水平流动，水位通常较浅。污水主要是通过湿地植物、基质和内部微生物之间的物理、化学、生物的综合作用得到净化。表面流人工湿地在外观和功能上都接近于自然湿地，具有敞水区、挺水植物、变化的水深以及其他湿地特征。典型的表面流人工湿地。主要包括环绕各处理单元的围堰、可调节及均匀布水的进水装置、敞水区和植物生长区的不同组合形式、可进一步均匀布水及调节处理单元水位的出水装置。湿地设计的形状、尺寸以及复杂程度主要取决于场地条件，而不是采用的设计准则。

图 6-3　人工湿地图

2)潜流人工湿地

(1)垂直潜流人工湿地

垂直潜流人工湿地又分为上向流和下向流系统,污水自上而下流经填料床的称为下向流,反之称为上向流。常采用间歇进水的方式进行,由此带入大量氧气,同时大气复氧和植物根区输氧也加强了系统中氧的浓度,使硝化反应充分,可处理 NH_3-N 含量高的污水,占地面积较小。但垂直潜流湿地流程短,反硝化作用弱,故常与其他类型的人工湿地联用。垂直潜流湿地可改变系统的供氧能力,加强污水净化效果,提高布水均匀性。但潜流型湿地构造比较复杂,对基质材料的要求较高,因此投资成本比表面流湿地高。

(2)水平潜流人工湿地

水平潜流人工湿地污染物的去除效率依赖于氧化还原环境和系统内氧化还原梯度。进出水策略可以分为连续进水 + 连续出水、连续进水 + 间歇出水、间歇进水 + 连续出水和间歇进水 + 间歇出水四种。通常,间歇进水策略提高了氨的去除效果,间歇进水方式提供了比持续进水方式更高的氧化处理环境,进而促成了更高水平的氨的去除效果。不同类型人工湿地对照表见表 6-2。

表 6-2　不同类型湿地比较

类型 因素	表面流人工湿地	水平潜流型人工湿地	垂直潜流型人工湿地
主要功能	污水净化、处置,景观	污水净化,景观	污水净化,景观

续表

因素＼类型	表面流人工湿地	水平潜流型人工湿地	垂直潜流型人工湿地
水力形式	水面推流	基质下水平流动	表面向基质底部纵向流动
水深设计 /m	0.3~0.5	0.3~0.7	地面 / 介质表面以下
湿地单元形状	长方形或不规则	长方形，长宽比≥ 3:1	长方形，长宽比≥ 3:1
水力负荷、污染物负荷	较低	较高	较高
占地面积	较大	中等	较小
基质及其渗透性	天然基质；差	天然或人工基质；好	人工基质；好
植被	人工栽种或自然生长	人工栽种或自然生长	人工栽种
配水系统	无须	无须	必需
集水系统	明渠	管道	管道
植被收割及处置	1 次 /1~2 年	1 次 /1~2 年	1~2 次 / 年
景观效果	自然，一般	自然，一般	人工，较好
水体流动	表面漫流	表面向基质水平流动	表面向基质底部纵向流动
去污效果	一般	对 BOD、COD 等有机物和重金属去除效果好	N、P 去除效果较好
系统控制	简单，受季节影响大	相对复杂	相对复杂
环境状况	夏季有恶臭，滋生蚊蝇	良好	夏季有恶臭，滋生蚊蝇

4. 人工湿地修复技术原理

人工湿地的修复原理是利用自然生态系统中物理、化学和生物的三重共同作用来实现对污水的净化。这种湿地系统是在一定长宽比及底面有坡度的洼地中，由土壤和填料（如卵石等）混合组成填料床，污染水可以在床体的填料缝隙中曲折地流动，或在床体表面流动。在床体的表面种植处理性能好、成活率高的水生植物（如芦苇等），形成一个独特的动植物生态环境，从而对污染水进行处理。

人工湿地的显著特点之一是其对有机污染物有较强的降解能力。废水中的不溶性有机物通过湿地的沉淀、过滤作用，可以很快地被截留，进而被微生物利用；废水中可溶性有机物则可通过植物根系生物膜的吸附、吸收及生物代谢降解过程而被分解去除。随着处理过程的不断进行，湿地床中的微生物也繁殖生长，通过对湿地床填料的定期更换及对湿地植物的收割而将新生的有机体从系统中去除。由于这种处理系统的出水质量好，适合于处理饮用水源，或结合景观设计，种植观赏植物，改善风景区的水质状况。其造价及运行费用远低于常规处理技术。这种技术已经成为提高大型水体水质的有效方法。英、美、日、韩等国都已建成一批规模不等的人工湿地。

人工湿地由基质、植物、微生物三方面组成，三者有机结合，实现对黑臭水体中氨、氮和有机污染物的有效去除。一般来说，基质为植物提供稳定的根际环境，维持植物正常生长，为微生物生长附着提供空间。基质通过吸附污染物不仅可以降低出水浓度，还可以提高污染物与微生物的接触时间，利于污染物被降解去除。植物的存在通常可以加强湿地去除污染物的能力。

湿地中存在好氧区和厌氧区，通常基质表层可通过大气复氧保持一定的溶解氧浓度，根系泌氧也可提高根际溶解氧浓度，而湿地下层和离根际较远的区域常常会出现厌氧状态。河道有机污染物的降解在好氧和厌氧的条件下均可进行，但通常认为在人工湿地中，好氧降解是主要途径。人工湿地中，SS 的去除主要靠物理沉淀、过滤作用；BOD 的去除主要靠微生物吸附和代谢作用；COD 的去除原理与 BOD 基本相同；N、P 的去除主要是利用生物作用及植物吸收的方法。

1)基质的作用原理

人工基质又称填料，一般由土壤、细沙、砾石、灰渣及石灰石、沸石等组成，是在人工湿地床体内为人工湿地植物和微生物提供生长繁殖的环境，并且对污染物起过滤、吸收作用的填充材料。

污水进入湿地系统，污水中的固体颗粒与基质颗粒之间会发生作用，水流中的固体颗粒直接被基质颗粒表面拦截。水中颗粒迁移到基质颗粒表面时，在范德华力、静电力以及某些化学键和某些特殊的化学吸附力作用下，被黏附在基质颗粒上，或因为絮凝颗粒的架桥作用而被吸附。此外，由于湿地床体长时间处于浸水状态，床体很多区域内的基质形成土壤胶体，土壤胶体本身具有极大的吸附性能，也能够截留和吸附污水中的悬浮颗粒。物理过滤和吸附作用是通过湿地系统对污水中的污染物进行拦截，从而达到净化污水的目的。

2)植物的作用原理

植物是人工湿地的重要组成部分。人工湿地根据主要植物优势种的不同，分为浮水植物人工湿地、浮叶植物人工湿地、挺水植物人工湿地、沉水植物人工湿地等不同类型。湿地中的植物对净化污水起到了极其重要的作用(图 6-6)。

①湿地植物和所有进行光合自养的有机体一样，具有分解和转化有机物和其他物质的能力。植物通过吸收同化作用，能直接从污水中吸收可利用的营养物质，如水体中的氮和磷等。水中的铵盐、硝酸盐以及磷酸盐都能通过这种作用被植物体吸收，最后通过收割而离开水体。

②植物的根系能吸附和富集重金属和有毒有害物质。植物的根茎叶都有吸收富集重金属的作用，其中根部的吸收能力最强。在不同的植物种类中，沉水植物的吸附能力较强。根系密集发达交织在一起的植物亦能对固体颗粒起到拦截、吸附作用。

③植物为微生物的吸附生长提供了更大的表面积。植物的根系是微生物重要的栖息、附着和繁殖场所。相关文献表明，植物根际的微生物数量比非根际微生物数量多得多，而微生物能起到降解水中污染物的作用。

④植物还能够为水体输送氧气，增加水体的活性。

3)微生物的作用原理

湿地系统中的微生物是降解水体中污染物的主力军。好氧微生物通过呼吸作用,将废水中的大部分有机物分解成为二氧化碳和水,厌氧细菌将有机物质分解成二氧化碳和甲烷,硝化细菌将铵盐硝化,反硝化细菌将硝态氮还原成氮气。通过这一系列的作用,污水中的主要有机污染物都能得到降解同化,成为微生物细胞的一部分,其余的则变成对环境无害的无机物质回归到自然界中。

此外,湿地生态系统中还存在某些原生动物及后生动物,甚至昆虫和鸟类也能参与吞食湿地系统中沉积的有机颗粒,然后进行同化作用,将有机颗粒作为营养物质吸收,从而在某种程度上去除污水中的颗粒物。

5. 影响湿地对有机污染物净化效果的因素

天津生态环境科学研究院先前开展的对湿地系统处理难降解有机物的研究表明,不同起始浓度的有机污染物,在实验室期间其浓度均有下降趋势,其去除效果与以下环境因素有关。

1)溶解氧(DO)的浓度

系统中随水深度的增加而DO的浓度变小。水中DO的浓度,对难降解有机污染物的去除影响较大。总的趋势是好氧条件下有机污染物的去除速率最快,半衰期最短,去除率也最大;其次是兼性条件;效果最差的是厌氧条件,尤其是甲苯的去除最明显。其他几种污染物DO不同只影响去除速率,而最终的去除率无明显差别。

好氧条件下难降解有机污染物去除速率快的原因,一是难降解有机污染物在好氧菌的作用下分解速度较快,而在兼性菌、厌氧菌的作用下分解速度较慢或根本不分解;二是这些难降解有机污染物有挥发性,水体上层的挥发速率可能大于下层。

2)停留时间

难降解有机污染物进入模拟系统后,前7天去除速度很快,污染物浓度急速下降,在第7天到第16天期间污染物浓度下降缓慢,基本是平稳趋势。因此,从难降解有机污染物去除角度,建议污水在表流湿地(如稳定塘)中的有效停留时间应为10~15天。

3)微生物

通过实施监控湿地中微生物菌群的变化,结果表明,随着时间推移,微生物种类和数量逐渐增多,表明有机污染物的去除与微生物分解作用有关。

4)含盐量

虽然无机盐在微生物生长过程中起着促进酶反应、维持膜平衡和调节渗透压的重要作用,但盐浓度过高,会对微生物的生长产生抑制作用,导致微生物呼吸速率降低, BOD去除率降低,消化细菌受抑制。主要抑制原因在于:①废水中钠盐浓度的高低直接影响水的活性,从而影响水的渗透压,渗透压过高时,会使微生物细胞脱水,从而引起细胞原生质分离;②高盐情况下因盐析作用而使脱氢酶活性降低;③高氯离子浓度对细菌有毒害作用;④由于水的密度增加,活性污泥容易上浮流失。

随着湿地运行时间的推移,利用现代分子生物学DGGE-PCR技术,实施监控湿地中微生物菌群的变化。DGGE图谱分析中,条带数量随着湿地中盐度的增加而减少,说明随着盐度的增加，微生物的种类和数量会逐渐减少。只有嗜盐菌能够生存在此类高盐环境中。这将导致微生物之间的协同作用减少，有机污染物降解效率降低。

嗜盐菌的生长需要很复杂的营养结构，一些细菌在葡萄糖、氨和无机盐的介质中就可生长，但大多数嗜盐菌都需要诸如氨基酸或维生素等生长因素。在实验室中，可利用酵母膏和蛋白质水解产物提供这些生长因素。嗜盐菌的生长随着盐浓度的增加，所需的营养构成就越复杂。在湿地这种寡营养状态下，微生物的代谢活动会降低，相应降解作用受到影响。

尽管随着湿地盐度的增加，微生物种类和数量减少，湿地对有机污染物的降解作用降低，但是，随着湿地运行时间的延长，运行条件趋于稳定，一些嗜盐微生物逐渐适应环境，有机污染物和微生物都附着于湿地中植物根际或者湿地填料上，植物根能够分泌如糖类、有机酸、氨基酸和醇类物等多种物质，可为根际微生物提供足够的能量，也为嗜盐微生物提供供代谢的糖类物质，利于微生物发挥降解作用。同时，湿地中植物和填料可以为微生物提供一个好氧、缺氧和厌氧环境，这种有氧和缺氧区域的共同存在为根区好氧菌、厌氧菌和兼性菌等各种微生物提供了适宜的生存环境，促进了根区微生物的生长繁殖，从而提高了系统的净化能力。

5）植物种类

人工湿地中植物的存在和种类也会影响系统中微生物的多样性及分布。一般植物根区周围的微生物种类分布较为丰富，在营养生长阶段，根际微生物活性和丰度明显高于根外土壤。不同植物构成的湿地系统，其根区微生物种类和数量也有所不同。因此，人工湿地系统中植物的种类及其组成是影响其微生物多样性的主要因素。

6.2.2 人工湿地研究进展

通过对国内外人工湿地工程的文献进行研究，可知国内人工湿地中大多采用表面流人工湿地 + 潜流人工湿地的组合工艺，其次为水平潜流人工湿地、表面流人工湿地 + 渗滤湿地、垂直流人工湿地。湿地处理的污水种类包括生活污水、城市污水、工业废水和景观微污染地表水等。水平潜流人工湿地、渗滤湿地和表面流人工湿地多为连续进水，终年运行；垂直潜流人工湿地多采取间歇进水、休床运行方式。国外人工湿地中表面流人工湿地 + 潜流人工湿地组合工艺、潜流人工湿地、表面流人工湿地应用较多，处理废水为生活污水、养牛场废水、高浓度的农场粪便废水与生活污水的混合液、高浓度的垃圾渗滤液、污水处理厂出水 + 发电厂废水、市政污水和雨水的混合废水。

1. 国内外人工湿地常规有机污染物降解

对于 COD 较高的进水在人工湿地前段加入了预处理工艺，如厌氧沉淀 + 兼氧池、化粪池、格栅、沉淀池、消毒池。冬季运行的湿地则进行了保温处理。

根据 Garica 等人的研究，VSB 湿地系统水深在 0.27 m 和 0.5 m 时，COD、BOD_5 的去除率分别为 70%~80%、70%~85% 和 60%~65%、50%~60%。国外人工湿地对 BOD 的去除率为 20%~96%。

国内对人工湿地净化城市污水的研究表明，在进水浓度较低的情况下人工湿地对 BOD_5 的去除率可达 85%~95%，对 COD 的去除率达 80%，处理出水 BOD_5 的浓度在 10 mg/L 左右，SS 小于 20 mg/L。其中北京昌平的水平潜流人工湿地主要考察冬季处理低浓度污水效果，在低水力负荷下，COD 去除率高达 60% 以上；中水力负荷下，去除率可达 50%~60%；高水力负荷下，去除率保持在 30% 以上。梁世军等对人工湿地降解水中有机物 BOD_5 和 COD 的研究表明：外界气温变化对 BOD_5、COD 在人工湿地床中沿程降解影响都不大，气温对细菌总数有影响，温度越高，细菌总数越多；随着人工湿地深度的增加（水位的增加），有机物降解的效果逐步下降；细菌总数与有机物的降解没有明显的相关关系。

袁英兰在人工湿地污染物去除效率稳定性分析研究中发现（以沈阳市满堂河污水处理中心为例），在进水波动较大的情况下，潜流人工湿地对 COD 的去除率仍可保持在 50%~70%。表面流人工湿地作为独立的处理系统或者对潜流人工湿地的补充，对 COD 也有很好的去除率，且去除率稳定在 20% 左右。随着人工湿地系统运行时间的增加，系统去除效率会越来越稳定。

2. 苯类物质在湿地水环境中的净化过程

苯类物质是被世界卫生组织公布的具有致癌、致突变、致畸作用的有害污染物，是 1977 年美国 EPA 公布的 129 种优先控制污染物，也是我国于 1989 年公布的 68 种水环境优先控制污染物。

好氧条件下苯系物可以被假单胞菌、分枝杆菌、小动杆菌、甘杆菌、芽孢杆菌、诺卡氏菌等微生物转化降解，其中降解效果最显著的是假单胞菌微生物，它可以降解地下水中大约 87% 的石油污染物。在厌氧条件下，芳香类化合物降解的关键是开环，在好氧条件下，氧使芳香类化合物的苯环被破坏，开环后的化合物在氧的参与下最终转化为 CO_2。但是，芳香类化合物在厌氧条件下降解的情况要比好氧条件下复杂得多。苯系物在厌氧条件下以硝酸根、硫酸根、Fe（Ⅲ）、Mn（Ⅳ）为电子受体，在微生物作用下经过复杂的过程开环，并最终被降解为 CO_2。除此以外，也可以在产甲烷菌的作用下被转化为甲烷。

Derek 等利用长期处于还原条件下的土壤作为基质来模拟苯的厌氧降解。在实验中，为模拟苯降解而向微环境中投加 1 μmol/L 的苯，结果在 60 天内被全部降解。再次向微环境中投加了苯以后，发现苯的降解速率提高了。使用 14 C 同位素跟踪的方法研究苯的最终产物，发现 92% 的 14 C 被转化成了 CO_2。国内学者刘凌、张小啸等研究了湿地微生物对苯类物质的去除作用，研究表明，微生物对苯浓度耐受范围 8.8~17.6 mg/L，当苯类物原浓度超过 17.6 mg/L 时，将对该菌株产生明显的抑制作用。

为了提高微生物降解速率，可加入有利于微生物生长的养分以刺激微生物生长。在红树林沉积物中加入矿物盐后，芘的降解率提高到 97%，这说明营养元素的改善可以提高芘的降解率。大分子量的多环芳烃（PAHs）很难被微生物降解，是微生物修复的难题。用实验室模拟人工湿地的方式考察湿地对 PAEs 的净化作用，发现人工湿地对邻苯二甲酸酯类物质有很好的净化效果，平均去除率达到 99.95% 以上，出水酞酸酯质量浓度为 10^{-9} 级，低于国家排放标准。

应用人工湿地处理芳香胺类染料、邻苯二甲酸酯等微量有机污染物的研究已开展，

Runes发现阿特拉津在表面流人工湿地的去除率在16%~24%之间。

3. 药物与个人护理品在湿地水环境中的净化过程

随着现代医学的发展，药物和个人护理品(PPCPs)如抗生素、血压/血脂调节剂等的种类和使用量逐年增加。大量PPCPs随着生活污水、制药废水、养殖废水等的排放进入受纳水体。药物和个人护理品在人们日常生活中使用已有很长的历史，但由于其在环境介质中的浓度水平较低(ng/L-μg/L)，因此往往被人们忽视。虽然PPCPs的半衰期较短，但由于有源源不断的输入源头，导致其在环境介质中呈现"伪持续存在"的状态。PPCPs种类繁杂，包括各类抗生素、人工合成麝香、止痛药、降压药、避孕药、催眠药、减肥药、发胶、染发剂和杀菌剂等。作为人类生活的必需品，PPCPs的生产和消费量十分巨大。这类"新兴污染物"在近些年来越来越受到广泛的关注，并已在污水、地表水、地下水、饮用水和污泥等环境介质中检测出PPCPs。

在国内，对PPCPs的研究主要集中在经济较发达的区域。如Yan等调查了21种目标PPCPs在我国西南地区(重庆)污水处理厂出水中的浓度水平，其中布洛芬、双氯芬酸、美托洛尔和卡马西平的平均浓度分别为114.6 ng/L、3.2 ng/L、64.7 ng/L和16.5 ng/L；lin等研究了太湖水域原水中PPCPs的含量水平，其中卡马西平、罗红霉素和甲氧苄氨嘧啶的浓度最高值分别达1.01 ng/L、5.20 ng/L和17.0 ng/L。Tif、Sun等研究了季节性变化对厦门污水处理厂出水中PPCPs去除的影响，其出水中布洛芬、双酚A、美托洛尔和双氯芬酸的平均浓度分别为50 ng/L、34 ng/L、120 ng/L和40 ng/L。

为削弱PPCPs对人类及生态系统的危害，国内外学者分别在给水厂、污水厂和人工湿地中利用物理处理、生物处理、膜分离、高级氧化处理等方法对此类微污染物的去除进行了探究，并取得了一定成果。其中人工湿地技术综合了水文、水力、地表径流、土壤、景观建筑等多个领域的内容，因具有操作简单、运行成本低和易于维护等特点，而逐渐成为污水处理研究的热点。

Matamoros等对选择的一些优先有机物在潜流人工湿地中的去除进行了研究，发现林丹、硫丹和五氯苯的去除率达到90%以上，而安妥明酸与敌草隆却难以被去除。他们还研究了表面流人工湿地中12种有机微污染物(包括农药、个人保健品和除草剂)的去除，除立痛定与安妥明的去除率在30%~47%之外，其他微污染物的去除率均大于90%。N. Cahin T.在两个试验室规模的潜流人工湿地中，研究了三种广泛应用的医药品(安妥明酸、布洛芬和立痛定)的行为，发现安妥明酸和立痛定在水环境中持续时间相当长，而布洛芬在传统的处理中被稳定地去除，与Matamoros的结论一致。

6.3 基于末端尾水深度净化的滨海人工湿地水生态修复

工业园区生态化建设过程中存在废水排放量大、污染物种类多、降解难度大等问题，虽经过污水厂处理，但尾水中仍残留大量有毒有害物质，存在着较高的环境风险。天津滨海工业带的工业园区，水资源十分匮乏，因此在园区生态化建设的过程中，常以工业园区污水厂尾水补充生态用水进行人工湿地建设。天津是我国北方重要的沿海经济中心，在滨海新区规划中还提出了“一核双港、九区支撑、龙头带动”的发展战略，于是利用大型人工湿地对滨海新区工业园区尾水深度处理成为理想选择。人工湿地技术是将景观生态技术与生态处理污染技术相结合的一种低费用、高效率、低碳化、生态化的综合技术，在深度处理工业园区污水中具有独特的优势。但是仍有许多核心的问题需要解决，如工业园区污水处理厂尾水中含有的难降解有机物环境风险高、尾水中含盐量高、水体富营养化问题突出等。而目前，面对高盐、难降解有机物含量高的工业园区尾水的深度处理难题，我国始终未构建出低成本、高效率、适应性强的污水深度处理技术。

我们开展了以污水厂尾水为进水的人工湿地构建、残留有机物与营养盐的去除、低温与高盐胁迫下的稳定运行等关键技术研究，使其“能实行、能复制、能推广”，为工业园区污水处理尾水深度净化与景观水体回用、保障工业区的环境安全和生态健康，以及近岸海域海水安全提供技术支撑（图 6-4）。

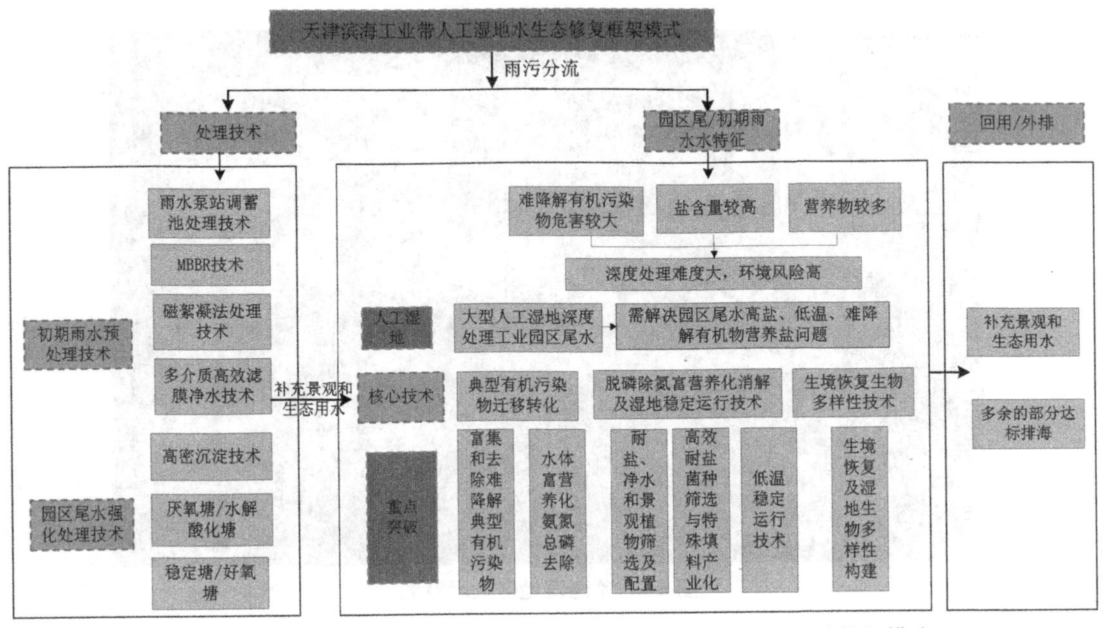

图 6-4　基于末端尾水深度净化的滨海人工湿地水生态修复思路框架模式

6.3.1　人工湿地生态修复增容方案

1. 增加湿地面积，完成环境容量扩增

临港经济区始建于 2003 年，是通过围海造地而形成的港口与工业一体化产业区，区域内人口约 10 万人。临港湿地位于天津市滨海新区临港经济区，临港一期构建于 2009 年，湿地一期工程建设面积约 63 公顷。

湿地系统的水源主要来自临港经济区胜科污水处理厂排水，其所排污水达到《城镇污水处理厂污染物排放标准》（GB 18918—2002）一级 B 标准。污水经过调节池、潜流湿地、表流湿地和生物栅，通过物理、化学及生化反应三重协同作用得到净化。其中，物理作用主要是过滤、沉积作用，污水在经过基质层及密集的植物茎叶和根系时，悬浮物被截留并沉积在基质中；化学反应主要是指化学沉淀、吸附、离子交换、拮抗和氧化还原反应；生化反应主要是指微生物在好氧、兼氧及厌氧状态下，通过开环、断键分解成简单分子、小分子等，实现对污染物的降解和去除。

临港生态湿地公园（一期人工湿地）将污水处理厂尾水通过潜流湿地、表流湿地和生物栅，通过物理、化学及生化反应三重协同作用对污染物进行消减，据估算，总计可消减CODCr约349 t/a、NH_3-N约129 t/a，BOD_5约159 t/a，TP约7.94 t/a，能够减少大量的污染物入海。在一期湿地的基础上，2019年临港又为了增加湿地面积，构建了湿地二期工程，二期湿地工程面积是一期湿地的两倍，达到120公顷。二期湿地工程的构建，能进一步对有机污染物进行消减，大大提高了水环境容量，对于落实渤海碧海行动计划、改善渤海水质和保护渤海海域的生态多样性具有重要意义。

图6-5 临港湿地区位示意图

2. 补充湿地公园景观和生态用水，扩增环境容量

在临港湿地二期工程中对分散雨水和集中雨水分别设计流量为2 000 m^3/d和3 000 m^3/d。工艺分别为收集调节池、旋流沉砂池、高密沉淀池处理工艺、MBBR和高密沉淀池处理工艺。对分散和集中雨水处理工艺的设计，每年可以为临港二期湿地工程引进大量雨水，补充公园湿地的景观和生态用水，从而扩增环境容量。

3. 增加景观效果，提高人文环境

天津临港经济区生态湿地公园是我国大型工业区内为数不多的以水处理为主兼具景观效果的湿地公园。湿地公园（湿地一期）内水体面积约17万m^3，项目将人工湿地与公园有效结合，立足于乡土植物筛选与景观配置，同时充分考虑了区域水环境改善以及居民休闲需求，借助于环境科学、景观生态学、环境经济学、管理学等理论和方法，解决了工业园区污水深度处理的难题及濒海工业园区海洋生态建设问题。绿化以三季有花、一季有果、四季有景为原则，突出层次及色彩搭配，并辅以大规格苗木点缀，共栽植各类苗木 120 余种、18.4 万余株，园林小品有大中型景观桥 34 座，景观亭 11 座，景观廊 2 处，景观台 9 处。根据不同的景观特色，还打造了“三区八景”，即月季园、主题雕塑和科普中心三个人文特色主题区和芦荡飞雪、蜿蜓蒲香、长田鹭飞、水荡沽田、柳影婆娑、棠海寻幽、烟水雾林、曲水花径等八个自然景点，各处通过水系、道路、堤岸、桥梁贯穿起来，辅以亭、台、廊等特色小品点缀其间，移步易景，形成不同类型的园林空间和观赏路线，从而使湿地公园成为一个兼具现代西方与中国传统之美的生态园林（图 6-6）。据统计，园区接待游人峰值达到约 800 人次 / 日。

临港经济区生态湿地公园统筹考虑人工湿地工艺中的主题性、自然性与功能性，解决了工业园区污水厂尾水高环境风险与高富营养化风险的问题，构建了”蓝脉绿网”的园区生态网络，提高了城市生态景观功能，形成绿色生态工业园区，补充了园区生态用水需求，对工业园区的生态文明建设起到决定性作用。

图 6-6　临港经济区人工湿地公园

4. 注重生物操纵技术，增加生物多样性

临港湿地二期划分为水生植物生态区块、鸟类生态区块和陆生植物生态区块三个功能区块。通过以下工程，为鸟类、昆虫软体动物提供适宜的生存环境，增加生物多样性。

①通过营建大面积浅滩，创造栖息和觅食空间：浅滩生境具有一定的水深和湿度条件，能为底栖生物提供较好的生存环境，有利于鸟类觅食，可较好地满足鸟类的生境需求。

②挖掘深水沟渠系统，构建生态廊道：在浅滩区外围深挖基底形成深水区，深度应保证

天津滨海最冷月份底层水体不结冰，并预留 0.5 m 深的流动水体。深水区地形以凹形为主，形成由浅至深的过渡分布，为鱼类、贝类、水生昆虫等提供丰富的水下微地形。

③构筑若干个小型岛屿，创建良好的隐蔽空间：在距离岸边一定距离的开阔水面处营造适宜鸟类栖息的岛屿，岛屿具有相对独立的空间，能为鸟类创造隐蔽空间，为其提供繁殖、逃遁、栖息的场所，为鸟类提供适宜的生存环境。

④设计外周环流渠，提高水体循环动力：在湿地保育区外周设计环流渠，在环流渠关键节点设置闸门，引入人工湿地处理后的净化水形成环流，可有效减少湿地系统水体的长期停滞，增加水体循环量。

⑤根据区域气候特征、水体环境特征、底栖动物的生活史特点以及鱼类、鸟类的摄食压力，临港湿地二期工程底栖动物群落的重建采取分种群、分区域、分季节投放的策略。通过投放鱼种可以达到短时间内鱼类群落的快速重建。重建过程中也能够利用鱼类的净化作用及多种水生生物形成的食物链输出转移功能，实现富营养化水体的净化和修复，以达到维持水生态系统稳定、提升水体景观的效果。

⑥综合考虑景观性、耐盐性、净水性三方面的内容，选用以乡土物种为主的滨海湿地植物物种清单中的植物，不仅增加耐盐效果和净化作用，而且还具有一定的经济效益、文化价值、景观效益和综合利用价值。

6.3.2　人工湿地生态修复预处理强化技术

1. 工业园区雨污分流、初期雨水预处理技术

初期雨水的污染程度较高，甚至超出普通城市污水的污染程度。通过雨水泵站调蓄池处理技术、磁絮凝沉淀技术，多介质高效滤膜净水技术等对初期雨水进行净化。

1）雨水泵站调蓄池处理技术

雨水泵站调蓄池主要是处理雨水系统的初期雨水和旱季存水，通过在雨水泵站前设置调蓄截流设施，将雨水系统的初期雨水和旱季存水等高污染负荷雨水收集、储存，进行水质处理后再排入受纳河道，以控制其对水体的污染负荷。泵站设备和调蓄池运行分为旱季模式、雨季模式、调蓄池运行模式。

（1）旱季运行模式

汇水范围内的部分污水进入泵站，先经过雨水格栅进入集水池，粗大漂浮物被雨水粗格栅拦截，而后经泵站内旱季污水泵提升排入相应的污水管道。此种工况下，雨水泵站进水闸门、调蓄池进水闸门开启，排入河道的闸门关闭。

（2）雨季运行模式

①初期雨水调蓄模式。降雨初期，雨水泵站进水闸门、调蓄池进水闸门开启，排入河道的闸门关闭，雨水经由水泵提升至调蓄池，直至调蓄池贮满为止。

②降雨后期排洪模式。降雨继续，调蓄池内的液位计探测到高水位后，发出信号自动开启雨水泵、关闭调蓄池进水闸门，同时开启雨水泵站排入河道的出水闸门，雨水泵逐台进入运行状态，管内雨水排放至河道。

③调蓄池排空模式。降雨过后，当下游总管及污水处理厂产生空余容量时，调蓄池排空泵开始工作，将池内初期雨水通过污水管道就近排入污水处理厂。

2)磁絮凝法处理技术

在降雨过程中，雨水及所形成的径流流经城市地面，冲刷、聚集了一系列污染物，导致溢流污水中污染物含量高，变化大，组分复杂，溢流污水如果不经任何处理直接排放至水体，会对城市水体造成严重污染。又因溢流污染在雨天产生，其排放具有间歇性、突然性、随机性且瞬时排放量较大的特点，为城市径流污染物的处理造成了很大困难。

磁絮凝法处理技术是常规混凝与磁化技术的有机结合，可以有效处理溢流污水。该技术通过磁化接种，即投加磁粉，并投加混凝剂，使污染物与磁粉絮凝结合成一体，形成带有磁性的絮凝体，从而使原本没有磁性的污染物具有磁性，然后通过高梯度磁分离技术或自身的高效沉降，使具有磁性的絮凝体与水体分离，从而将水体中污染物去除。

在投加絮凝剂的同时投加磁种，可以形成以磁种为核心的初始矾花，然后带有磁性的矾花吸附废水中的带电颗粒，进一步形成较大的复合磁絮凝体，最终在磁场的作用下快速沉降。经“絮凝剂 + 磁种 + 磁场”处理后，COD、NH_3-N、TP 和 TSS 去除率增加，对于溢流雨水的净化处理，磁絮凝法处理技术具有明显的优势。

由于磁粉的加入增加了颗粒的浓度和碰撞效率，形成了较大的、具有较强运动能力的含磁絮体，进而在磁场的作用下，通过磁凝聚力和絮凝剂的吸附架桥作用进一步形成粗大紧密的絮凝胶团，强化絮凝过程，最终增强了絮凝效果。

优点：①简单快速，经济有效；②能实现快速分离和快速沉降，而且在占地、能耗、操作、污泥含水率、脱水性能方面与传统分离技术相比具有明显的优势和独特性；③磁絮凝作用能降低污水处理周期，从而节约成本。

缺点：磁絮凝过程受多种因素影响，一旦有一种因素出现差异，就不能达到预期效果。

3)多介质高效滤膜净水技术

多介质高效滤膜净水设备为一体化大水量自动化净水装置，内部设计科学，由精密的过滤柱、配水系统、冲洗系统等。组成过滤介质是由粉末活性炭、次氧酸钙、沸石、RP 除磷剂及 RN 除氮剂等组成的复合组分，根据微污染水体水质及净化要求，将不同组分、不同比例配制的过滤介质置于滤膜设备内，对水体进行大水量循环净化，能有效去除水体中的 SS、COD、氨氮、总磷等污染物质和营养物质，迅速恢复水体清洁状态。

2. 有机污染物深度预处理技术

没有预处理设施的湿地系统，通过增加沉淀池、化粪池、厌氧消化池、浮动生物床等预处理构筑物，可以沉淀悬浮固体、抗冲击负荷和防止滤料堵塞，对人工湿地的运行有很好的调节作用。在污水进入人工湿地前进行充氧（曝气、跌水等），可提高污水的溶解氧浓度，为人工湿地创造有氧环境，促进亚硝酸菌和硝酸菌的增殖，也可提高人工湿地的硝化能力。

1)稳定塘强化预处理技术

将土地进行适当的人工修整，建成池塘，并设置围堤和防渗层，主要利用菌藻的共同作用处理废水中的有机污染物：污水中有机物主要由塘中细菌降解，细菌所需氧气由藻类和其他光合微生物的光合作用以及水面上方的空气提供。

按照塘内微生物的类型和供氧方式，氧化塘可以分为好氧塘、兼性塘、厌氧塘、曝气塘、深度处理塘。可以通过不同塘的组合使用，也可以增加专用生物曝气装置、增加植物、动物、藻类共生存、添加对目标污染物具有高效去除效果的复合材料等措施，可以变形出多种类型的氧化塘技术，如水生植物塘、生态塘、高效率藻类塘、生物滤塘、生态系统塘、组合塘等类型。氧化塘中不仅有分解者生物即细菌和真菌，生产者生物即藻类和其他水生植物，还有消费者生物，如鱼、虾、贝、螺、鸭、野生水禽等，三者分工协作，将塘中污水的有机污染物进行降解和转化，不仅去除了污染物，而且以水生植物和水产、水禽的形式作为资源回收。

稳定塘处理技术产生污泥量小，仅为活性污泥法所产生污泥量的 1/10，前端带有厌氧塘或碱性塘的塘系统，通过厌氧塘或兼职塘底部的污泥发酵坑使污泥发生酸化、水解和甲烷发酵，从而使有机固体颗粒转化为液体或气体，实现污泥等零排放。利用稳定塘不仅能够有效处理高浓度有机物水，也可以处理低浓度污水。工业园区的尾水进入稳定塘后，将尾水中的微量难降解有机污染物可进行进一步的降解，将净化后的污水引入人工湿地中，处理后的尾水可以用作景观和游览的水源。

2）MBBR 技术

工程上常用的加强预处理工艺有筛网、格栅、化粪池、水解酸化、混凝沉淀、生物滤池、调节池 / 曝气池、初沉池及 MBBR 技术等。MBBR 技术包括兼性厌氧池、生物接触氧化池和膜技术高密沉淀池，通过预处理系统回流比、曝气量和停留时间的调节而控制其出水的氨氮和总氮的含量。MBBR 技术采用厌氧消化 + 生物接触氧化技术，填料为半软性组合料，内置有污泥沉降系统，脱落的生物膜沉降后回流至厌氧区进行反硝化处理，剩余的污泥定期排入化粪池，后端有清水输配系统，出水通过输配系统进入人工湿地。

6.3.3 生物操纵技术，增加生物多样性研究

人工湿地划分为水生植物生态区块、鸟类生态区块和陆生植物生态三个功能区块。通过以下工程，为鸟类、昆虫及软体动物提供适宜的生存环境，以增加生物多样性。

①通过营建大面积浅滩，创造栖息和觅食空间。浅滩生境具有一定的水深和湿度条件，能为底栖生物提供较好的生存环境，有利于鸟类的觅食，可较好地满足鸟类的生境需求。

②挖掘深水沟渠系统，构建生态廊道。在浅滩区外围深挖基底形成深水区，深度应保证天津滨海最冷月份底层水体不结冰，并预留 0.5 m 深的流动水体。深水区地形以凹形为主，形成由浅至深的过渡分布，为鱼类、贝类、水生昆虫等提供丰富的水下微地形。

③构筑若干个小型岛屿，创建良好的隐蔽空间。在距离岸边一定距离的开阔水面处营造适宜鸟类栖息的岛屿，岛屿具有相对独立的空间，能为鸟类创造隐蔽空间，为其提供繁殖、逃遁、栖息的场所，为鸟类提供适宜的生存环境。

④设计外周环流渠，提高水体循环动力。在湿地外周设计环流渠，在环流渠关键节点设置闸门，引入人工湿地处理后的净化水形成环流，可有效减少湿地系统水体的长期停滞，增加水体循环量。

⑤根据区域气候特征、水体环境特征、底栖动物的生活史等特点以及鱼类、鸟类的摄食

压力，采取分种群、分区域、分季节投放的策略，重建底栖动物群落。通过投放鱼种可以达到短时间内鱼类群落的快速重建。重建过程中也能够利用鱼类的净化作用及多种水生生物形成的食物链输出转移功能，实现富营养化水体的净化和修复，以达到维持水生态系统稳定、提升水体景观的效果。

⑥综合考虑景观性、耐盐性、净水性三方面的内容，选用以乡土物种为主的滨海湿地植物物种清单中的植物，不仅增加耐盐效果和净化作用，而且还具有一定的经济效益、文化价值、景观效益和综合利用价值。

6.3.4　高盐难降解菌、脱氮除磷菌制剂、促进剂和特殊填料

1. 高含盐难降解菌菌制剂研发及产业化

以含多种多环芳香烃有机污染物的油田污染土壤及工业污水处理厂好氧池活性污泥为菌种来源，经过培养、驯化、筛选、富集获取强化高含盐难降解菌微生物菌株。耐受高含盐环境的盐单胞菌、枯草芽孢杆菌和假单孢菌等，降解芳香烃有机污染物的芽孢杆菌属、假单孢菌属、微杆菌属、土壤杆菌属，具有脱磷除氮功能的戴尔福特菌、链球菌属和动性球菌属，以及光合细菌红螺菌等。

2. 微生物激活剂、多孔复合填料研发和产业化

将产业化的不同耐盐菌、芽孢杆菌、脱磷除氮菌、副球菌、光合菌菌制剂掺入复合黏土，制作成菌的粉剂，然后将松散颗粒的复合黏土和炉渣、矿渣、粉煤、沸石、砾石、火山岩以及硅酸盐和胶黏剂和外加剂等原料按照一定比例混合后，混凝土外加剂用喷雾装置均匀地喷洒在混合料中，在制作填料过程中可以在混合物搅拌过程中引入大量均匀分布、稳定而封闭的微小气泡，构建成多种形状的多通道高效生物填料。多孔高效生物填料存在于表流中，通过多通道高效生物填料来固定高效降解菌，缩短微生物驯化筛选富集时间，减少其随水流失，提高人工湿地系统中有效微生物的浓度，为微生物的代谢活动营造良好的微环境。

6.3.5　人工湿地植物筛选配置技术研究

人工湿地植物筛选应首选本地种，同时考虑湿地进水的水质特点（如盐度等）和植物的除污净化能力。因此，应首先进行本地种植物调查，然后依据湿地进水水质特点进行植物筛选。对于天津地区，应选择耐盐、地上生物量大（易于收获处置）、净化能力强、景观效果好的湿生植物和水生植物作为滨海新区工业区人工湿地植物的备选关键种。

1. 天津滨海地区盐生植被种类

滨海地区特殊的地理位置使得该地带土壤含有大量盐分，土壤盐分以氯化物为主，含盐量通常在 1%~3%，土层上下均有盐分分布，导致地上植物以盐生植被（主要是草本植物）为主。天津滨海地区常见湿地植物有 90 种，可分为水生植物（挺水植物、浮水植物和沉水植物）和湿生植物（草本植物和木本植物）。

2. 湿地耐盐植物关键种的选择

通过资料收集与文献整理，以天津滨海地区浮水、挺水、沉水植物为基础，考虑植物景观特性、净水特性以及耐盐特性三个方面来选择湿地植物种类（表 6-3）。

表 6-3 备选植物

类别	植物名称
陆生植物	刺槐、国槐、油松、垂柳、银杏、二球悬铃木等大型乔木。 碱蓬、盐地碱蓬、滨藜、中亚滨藜、海蓬子、柽柳、凤尾兰
挺水植物	互花米草、千屈菜、鸢尾、三棱草、狭叶香蒲、水葱、香蒲、芦苇、美人蕉、菖蒲、黄菖蒲、梭鱼草、野慈姑
沉水植物	眼子菜、金鱼藻

3. 湿地耐盐植物的确定及配置

滨海工业园区湿地进水的含盐量多在 2 000~25 000 mg/L，其中大部分超过 5 000 mg/L。在这样的高盐环境中，传统人工湿地栽植的植物一般会受高盐胁迫而难以存活，因此有必要对耐盐植物进行筛选研究，优选出既耐盐又有利于污染物降解的植物，以充分发挥植物在人工湿地处理过程中的作用。滨海工业园区能够达到上述条件的湿地植物共 14 种，其中陆生植物 8 种，挺水植物 6 种。根据工业区人工湿地进水含量的不同选择湿生植物物种，并依据各种物种的综合生物特性（植株颜色、高度、生长期等）合理进行植物配置，设计景观效果，营造人工湿地观赏功能（表 6-4）。

表 6-4 备选植物

类别	植物名称
陆生植物	碱蓬、盐地碱蓬、滨藜、中亚滨藜、海蓬子、西伯利亚白刺、柽柳、凤尾兰
挺水植物	互花米草、三棱草、狭叶香蒲、水葱、芦苇、美人蕉

6.3.6 高盐低温双胁迫下人工湿地稳定运行技术研究

在外界环境中，温度与氧气成为制约低温条件下人工湿地顺利运行的两个关键因子，因此，氧和温度的调控是低温条件下人工湿地强化措施研究的关键。湿地冬季运行采取湿地保温、曝气充氧、冰下运行、改变布水方式、降低水力负荷等多种方法，也可以取得较好的效果。其核心工艺为水平潜流 + 表面流，表面流湿地可采取冰下运行；潜流湿地则可以采用湿地保温、曝气充氧的方法进行冬季运行强化。具体措施如下。

1. 湿地构建类型优选

湿地作为一种生态水处理工艺，其水质净化机制主要是依靠生物或微生物代谢活动，因此一般认为 0 ℃以下的湿地难以正常运行。

湿地类型按系统布水方式，一般分为表面流与潜流型两种。在冬季低温气候下，表面流人工湿地保温能力较差，且易对微生物数量及活性造成影响；而潜流型人工湿地污水在地表下运行，由于有填料及植被生长层的覆盖，可以有效保持水温，冬季低温运行仍然可以取得较好效果。因此一般不对其采取特殊的低温运行措施，维持夏季运行方式即可。

2. 选人工湿地防堵措施

针对湿地填料堵塞的问题，可在湿地的设计与运行中加以考虑以预防堵塞，具体措施包括在满足湿地处理要求的前提下，选择大粒径基质，以及含有较高钙、铁、铝的基质。因为大粒径基质堆放后可以产生大孔隙率，大孔隙率可以有效减缓湿地堵塞现象，且使湿地系统有较好的通气性，为微生物提供较好的生存环境，从而提高对 COD 和氮的去除率；而含有较高钙、铁、铝的飞灰、页岩、铝矾土等基质，则可以依靠基质自身的理化性质达到对磷的有效去除。

3. 湿地保温措施

寒冷地区冬季较低的温度会对人工湿地造成不利影响，因为低温严重影响了湿地微生物的活性，降低了微生物对有机物氮磷的去除效率。为了强化人工湿地冬季运行效果，可以采取覆盖保温层的方法对湿地进行强化保温。通过保温，减少冰层的厚度，提高水体的温度，从而提高对有机物的去除能力。

对于潜流湿地，由于有填料及植被生长层的覆盖，可以有效保持水温，冬季低温运行仍然可以取得较好效果。因此一般不对其采取特殊的低温运行措施，维持夏季运行方式即可。

但对于表面流湿地来说，冬季低温大大限制了表面流湿地在冬季寒冷的北方地区的应用。为扩大表面流湿地工艺在北方寒冷地区的推广应用，针对天津滨海冬季低温的气候特点，采取提高运行水深及冰下运行的方式，开展表面流湿地冬季冰下运行实验，研究表面流人工湿地冬季运行工艺参数。

对覆盖物的选择标准，北方人工湿地的保温措施一般采用冰、雪以及空气层等覆盖的方式，但是这些措施受气候条件的约束较大，保温效果也不稳定。除了冰、雪以及空气层，目前国内外学者还研究采用稻草、麦秆、PVC 透气薄膜、收割湿地植物、炭化后的芦苇屑、有机填料等来增强保温效果。

1）湿地植物残体覆盖保温

潜流湿地中的湿生植物在冬季枯死后，其植物残体是一种很好的保温材料，因此可在秋末冬初植物枯死后对植物进行收割，然后将植物残体覆盖在湿地表面，这样有利于湿地的保温，也有利于来年湿地植物更好地生长。

在使用植物秸秆覆盖保温时，应注意植物的枯叶，因其会随风飘扬，影响周围的卫生环境；在第二年春季气温回升后应及时去除保温层，否则保温层会隔绝光线对湿地表面的照射，减缓湿地表面升温速度，对芦苇生长造成不利影响，而且及时清除保温层还能避免植物腐烂释放出的污染物对湿地环境造成二次污染。

2）薄膜法强化湿地保温

薄膜法操作简单、成本低。当采用 PVC 或其他透气性塑料薄膜对湿地进行覆盖时，可事先对植物进行收割，并敷于薄膜下。白天天气晴朗的时候，薄膜接受阳光照射，处理单元中的温度升高；在冬季夜间，辐射能集中在 5~25 μm 的长波辐射，薄膜具有较好的阻隔能力,使系统中的温度长时间维持在较高的水平,从而提高微生物的活性,而且在薄膜下覆盖了约 40 cm 厚的植物体,可对人工湿地起到有效的保温作用。

具体铺设塑料薄膜时,可以在薄膜上预留出曝气管的通气孔,将曝气管露在外面,曝气管上有保温物覆盖,可以随时揭开进行曝气,这样就保证了冬季曝气管可以继续起到曝气作用,而曝气措施与保温隔离措施的复合应用也可使污水处理效果更好。但薄膜易破,且来年必须妥善处理,否则会造成白色污染。

4. 耐寒细菌强化除 N

针对冬季低温条件下细菌活性低、除 N 性能差的问题,可以将耐寒细菌用于人工湿地,以提高脱 N 性能。向湿地中投加耐寒细菌进行强化除 N,是冬季低温条件下人工湿地有效运行的一种强化途径。

5. 进出水方式优化

垂直潜流人工湿地的进水方式可分为连续进水、脉冲进水、间歇进水;出水方式可分为定水位出流和变水位出流。冬季运行宜采用连续进水方式,因为连续进水可以保证进水流量稳定,湿地内保持一定的温度,布水管不易结冰,且便于维护管理;其余季节运行时宜采用间歇式进水,间歇式进水可以使基质中的氧得到补充恢复,利于植物及微生物的生长,从而提高湿地的除污能力。

出水方式是在定水位出水和变水位出水之间变化进行的。在湿地调试阶段或改变运行方式时,可采用变水位出水;当湿地系统进入一个比较稳定的时期,应当采用定水位出水,以保证水力停留时间的稳定。

6. 湿地运行环境强化

1)湿地溶解氧的强化措施

溶解氧是影响氨、氮去除的关键因素,而寒冷地区冬季低温对湿地系统的溶解氧影响显著,因此有必要采取针对性的强化措施。可以采用人工曝气、多点进水及出水回流的方法对人工湿地氧环境进行改善。

在冬季低温条件下,增加曝气可以改善水流流态,如在人工湿地床体中增加通气管,使床体具有呼吸功能,增加床体的溶解氧,提高污水的溶解氧浓度,促进亚硝酸菌和硝酸菌的增殖,从而提高人工湿地的硝化能力。将污泥回流技术和鼓风曝气技术应用到湿地工艺上,可以取得较好的氨氮处理效果。

2)添加 C 源强化反硝化

在冬季低温条件下,BOD 等去除率偏高导致反硝化反应正常运行所需的 C 源不足。因此,在冬季寒冷时节,向系统中添加 C 源,可提高 BOD/NO_3-N,有利于反硝化进行。添加甲醇等原料虽然可以有效地补充湿地 C 源,但成本偏高。可以加入部分生活污水,或是不对植物进行收割,这样湿地植物冬天枯死后可以通过残叶腐烂给湿地提供部分 C 源。

7. 降低水力负荷

由于温度是影响湿地处理效果的关键因素之一,因此,在冬季湿地运行时期,适当降低水力负荷,可提高湿地去除效率。

6.3.7 人工湿地运行管理与维护

湿地系统的运行、维护和管理是湿地系统污水处理和生态修复效果的重要保障。人工湿地处理系统作为一种仿自然生态系统,基本上可以自我维持运行,但考虑到湿地的水质处理目的,仍需要对湿地进行科学的管理与维护。

1. 湿地植物管理

人工湿地植物生长的好坏与污水净化效率及生物量直接相关,因此对植物进行杂草控制、病虫害防治对湿地运行具有实际意义。

1)湿地植物控制

由于盐度高,临港人工湿地植物以(如芦苇、千屈菜、鸢尾、三棱草、狭叶香蒲、水葱、香蒲、美人蕉、菖蒲、黄菖蒲、梭鱼草、野慈姑等为景观植物。

①物理防治法。又称机械防除法,包括应用人力或机械装置对植物采取拔除幼苗、织物覆盖、连续刈割、火烧、水淹、掩埋等措施,来控制植物的生长。这些措施总体上都是防除繁殖和再生的根茎及可育的种子,从而抑制其再生和繁殖,限制其呼吸或光合作用,最终根除。与其他方法相比,物理法不会造成环境污染,对其他物种的影响也较小,在短时间内比较有效,但是大多费时费力,并且成本也较高。

②化学防治法。主要是应用各种药物来消除外来入侵种。药剂的专一性、剂量以及施药时间等很重要。施药部位、时间、剂量等不当就可能摧毁正常出现于生态系统中的本地物种。草甘膦(RodeoTM)是目前在国内外互花米草控制中唯一得到实际应用的除草剂,施用后能被植物迅速吸收,对植物细胞分裂、叶绿素合成、蒸腾、呼吸以及蛋白质代谢等过程产生影响,从而导致植株死亡。应用除草剂防除互花米草通常只能清除地表以上部分,对于种子和根系效果较差。而且化学品通常具有一定的毒性且有残毒问题,除草剂的使用会影响土壤或本地生态系统,在杀死互花米草的同时,也容易杀死其他植物和天敌,并容易造成环境污染,使防治区干扰程度加大,对生态系统中动植物的区系、生态环境以及人类健康、经济发展等造成影响。

③生物防治法。是以有害生物 - 天敌的生态平衡理论作为基本原理,依据生物之间相互依存、相互制约的关系,利用一种或多种生物控制另一种生物种群的消长,具体是指从互花米草原产地引进昆虫、真菌以及病原生物等天敌来抑制互花米草的生长和繁殖,从而遏制其种群的爆发。此方法不适用于临港工业区人工湿地,因其在抑制扩散互花米草的同时,也会对湿地功能单元内的互花米草产生负效应。

综上所述,结合临港工业区湿地的实际情况,对互花米草的管理首先应在设计阶段充分考虑其繁殖特性,将互花米草控制在硬质围隔单元内,有效控制其蔓延。同时,在湿地运行期间应加强对互花米草的监控和管理,及时清除扩散的互花米草,并对被破坏植物进行补种。

2)湿地植物种植

在人工湿地植物种植阶段,为使其成活率提高,一般会在床体介质上覆盖一层土。研究表明，正常潜流运行时，在厚度达 30 cm、相对干燥的覆土表面容易滋生杂草，因此，为使人工湿地土壤有良好的通气性、人工湿地植物能生长良好，临港湿地覆土厚度不宜超过 30 cm，宜为 15~20 cm。

在建造人工湿地引种植物时应与农作物栽培一样，根据气候和植物的特点在春季适当时候进行种植。栽种时保持一定的种植密度，若出现植物死亡现象需要及时调整或补栽。为防止杂草生长，人工湿地植物种植应相对密集，采用小于 0.5 m 的株行距，根据成活率的大小确定最终株行距，以保证此期间对杂草生长的抑制。但也要考虑人工湿地床体基质的孔隙度大小，防止植株过密时根部生长对床体的堵塞，降低人工湿地的水力负荷，缩短人工湿地的使用寿命。

3）湿地启动阶段的水力调控

人工湿地污水处理系统从启动到成熟及正常运行一般要经历两个阶段。第一阶段是启动阶段。在此阶段中整个系统处于不稳定状态，其中植物的生长、微生物的数量、种类及生物膜的生长都处于逐步发展的阶段。植物的茎叶不断生长，根系不断发育，并逐步向填料床深处扩展，微生物的数量不断增多，优势种群逐步形成；此时系统对污水的处理效果及运行稳定性尚处于变化之中。

在启动阶段种植湿地植物后应及时充水，并将水位控制在地面以下 0.25 m 处；按设计流量运行 3~4 个月后，将水位降低到距湿地床底 0.2 m 处运行，以促进植物的根系向床体深处发展；待根系深入到床底生长后可再将水位调回到设计高度开始正常运行。

4）湿地植物维护与杂草清除

北方地区人工湿地植物生长期约在 4~7 月，此时为植物迅速生长的发育期，在此期间应根据气候条件尽早清除人工湿地冬季保温设备 / 材料，使湿地温度尽快回升，促使人工湿地植物尽早发芽生长，利于提高污水处理效率，相应增加植物的生长时间。

人工湿地水热条件好且富含营养，杂草极易生长，出于维持湿地整体外观及水质处理效率，有必要定期去除杂草，以维持湿地植物的旺盛生长，保证具有高效净化功能植物的优势性。为防止杂草大量生长，每年春季植物发芽阶段可对湿地进行淹水，防止一些旱生杂草的生长。待植物生长良好，足以在与杂草生长竞争中占据优势时，再恢复正常水位（此过程大约半个月，可根据污水处理允许条件实施）。杂草也可以人工拔除，不建议在湿地中使用杀虫剂。

5）湿地植物病虫害防治

人工湿地作为一个人工生态系统，除了要求污水处理达到最大环境效益外，其系统植物也要在允许条件下达到其最大的经济效益——提高产量。因此，病虫害的防治也是其中的重要一环。但由于人工湿地最主要的功能是作为污水处理技术处理目标污水，达到污水无害化、资源化，所以在防治病虫害的过程中不可引入新的污染源，如农药等化学药剂。其病虫害控制模式可参考农作物的绿色病虫害防治方法。

①板诱杀或驱避害虫。黄色板涂油可诱杀蚜虫、白粉虱、白色可诱蓟马，银灰色可避蚜虫。

②应用昆虫生长调节剂。如灭幼脲、优乐得等，可使害虫不能正常生长发育（如影响幼

虫脱皮、延期或提早化蛹、蛹畸形、成虫小型、卵不孵化等)，造成其生理障碍死亡。还可以应用害虫性外激素防治害虫，这种干扰剂可妨碍害虫交配，使害虫不能正常繁殖后代。

③用生物防治害虫。保护利用益虫等有益动物以及应用病毒制剂等微生物农药防治害虫。

6）湿地植物收割

湿地植物虽然可以通过自身生长吸收移除一部分污染物，但移除量较少（大量研究表明，植物移除量 <5%），湿地植物最重要的作用是通过自身生长为湿地微生物提供适宜生长的环境。因此，湿地植物无须为了移除污染物而进行定期收割。另外，冬季低温会影响湿地水质处理效果，而湿地植物可以作为一种很好的保温材料，因此，临港湿地植物在入冬枯死后，不宜进行收割，待到来年三、四月份天气转暖时，再对湿地上的植物残体进行清除。

7）湿地植物利用

由于在入冬后未及时对植物进行收割，在来年春天再行收割时临港湿地植物已经腐烂大半，难以再作为动物饲料及造纸，但可以进行堆肥处理，腐熟堆肥可回用于南港工业区绿化。

2. 湿地运行、调控与监测

1）进出水装置维护及水位监测控制

为使临港湿地获得预期处理效果，必须对进出水装置进行定期维护，去除容易堵塞进出水管道的残渣，保持进出水流量的均衡性。临港湿地进、出水水位可以调节，要定期对进、出水水位进行监测，随时发现异常情况并进行有针对性的处理。

①当水位发生重大变化时，要立即对人工湿地处理系统进行详细的检查，因为这可能是渗漏、出水管的堵塞或护堤损坏等情况造成的。当潜流湿地出现地表漫流时，说明湿地有堵塞现象，此时，可将水位降低几英寸，这相当于增大了湿地系统的坡度，使水的流速加快，以克服堵塞增加的水流阻力。当湿地系统的漫流情况非常严重时，根据需要可以将系统前端约 1/3 部分（3~8 m 段）的植物挖走，并挖出填料，更换上新的填料并重新种植植物。

②在湿地建立初期，当植物成活后，可以通过降低水位迫使植物根系向下发展来满足生长对水的需求，从而刺激植物根系向下生长。

③在植物的生长季节，每个月将湿地排干一次，然后马上升高水位，可以将氧气带入湿地。这不仅有助于氧化沉淀在湿地里的有机碳化物、硫化铁和其他缺氧化合物，并且可能抑制细菌的活性、周期性淹水以及植物栽种不久后的淹水，还有助于控制杂草。

2）护堤的维护

要经常对护堤进行检查，防止水面以下护堤的外部斜坡面出现渗水现象，过多的或颜色异常暗绿的植被生长都是出现渗漏的症状。定期清除护堤和堤面上的杂草，以免杂草蔓延到人工湿地处理系统中，与湿地植物形成强有力的竞争。

3）湿地监测

在成功运行的人工湿地系统中，监测是最为重要的一项因素。临港湿地应进行进、出水水质、水位以及生物状况指标的定期监测。

3. 更换湿地基质

对于堵塞较严重的潜流湿地，可以采用更换部分湿地基质的方法，这种方法可以有效地恢复人工湿地的功能。但对大规模的湿地而言，更换基质的缺点是更换困难、工程量浩大、更换的时候湿地需要停床休息并且更换耗时较长。

对于水平潜流湿地，通常在进水段污染负荷较高，有机沉淀物及水中杂质大多截流在进水前端。靖玉明等运用潜流人工湿地系统对污染河水进行处理的中试研究发现，在运行两年后，潜流人工湿地填料即出现一定的堵塞，填料孔隙率最大减少了 2.67%，料孔隙堵塞现象主要发生在该中试系统的前段（水流方向距进水点 0~5 m）。对于垂直流人工湿地，大量研究表明，其堵塞部位主要是基质上层。Langergraber 的研究表明，人工湿地发生堵塞前，上层的基质最小含水量呈现出指数增长的趋势，并最后达到完全饱和；上层基质中水的渗透速率过小引起下层的最大含水量呈现出下降趋势。

4. 停床休作与轮休

停床休作指的是人工湿地堵塞后，停止其运行，使其进行休息来恢复基质的孔隙率。轮休是指运行时平行的湿地间轮流运行和轮流休息。国外通常将堵塞后的人工湿地进行停床休作，来恢复基质的部分渗透性能。在研究人工湿地堵塞解决措施的过程中，轮休措施被众多研究者所提及，并被认为是最有效的解决堵塞的措施。长时间连续进水会使系统的基质一直处于还原状态，从而造成胞外聚合物积累，导致湿地逐渐堵塞。Ryszard Blazejeski 等认为，厌氧条件加速了系统的堵塞，因此人工湿地间歇运行和适当湿地干化，对于避免系统堵塞也是必要的。人工湿地若采取间歇进水则会使基质得到“休息”，使基质保持一定的好氧状态，避免胞外聚合物的过度积累，防止基质堵塞。

休作与轮休可以从两个方面来改善堵塞状况。第一个方面是休作与轮休时，基质的大气复氧能力增强，基质中氧水平的提高有利于增强基质中好氧微生物的活性，加快其对沉积污染物的降解。第二个方面是湿地系统停止进水，基质中的微生物会因为所需营养物质得不到补充而进入内源呼吸阶段，消耗胞内成分或者胞外聚合物，逐渐老化并死亡。Platzer 等的研究结果均表明，连续运行的人工湿地最容易发生基质堵塞。莫凤莺等的研究表明，当人工湿地系统因有机物质累积引起堵塞时，停止运行约 15 d，基质的渗透性就可以得到很大程度的改善，从而缓解基质堵塞问题。李怀正等研究了轮休措施对堵塞的垂直潜流人工湿地的影响，研究结果表明，轮休措施对解决垂直流人工湿地的堵塞有显著的改善作用，采取轮休措施后不可滤物质的含量比轮休前降低，其中不可滤有机物的减少量非常明显，不可滤无机物的含量短期轮休后基本稳定，而长时间轮休后，有较大幅度的降低；短期轮休后 TN、TP 和 COD 的去除率都比轮休前低，氨、氮的去除率比轮休前提高了。因此，应结合人工湿地的基质、植物种类调整运行工况，进行不同时间长度和方式的轮休，以确保植物生长不受该措施的影响。

不足的是，休作与轮休这两种措施需要建造多个平行湿地，以保证污水处理站的正常处理水平。这样会大幅度增加湿地系统的投资费用，而且轮作轮休受天气的影响也较大。

5. 设计导淤系统

陈晓东等的研究表明，将湿地的布水设计与导淤设计相结合，在压力布水上升式垂直流与水平流的复合潜流湿地中，设计导淤系统（由导淤层填料，导淤布水管线、导淤排水和控制管线组成）可有效地解决潜流湿地的堵塞，提高湿地使用寿命。采用该设计的潜流湿地目前已连续运行 9 年未出现明显堵塞问题。

导淤系统设置于湿地底部，根据湿地单元的尺寸与构造进行设计，选择不同的导淤填料、粒径和导淤层厚度，选择合理的导淤管分配方式和数量，以及控制导淤周期和时间，同时也要兼顾工程造价因素。导淤系统一般定期开启，利用快速的水流将这些沉积物从湿地排出。

6. 加抑制剂和溶脱剂

堵塞填料孔隙的物质中有一部分是微生物代谢过程中产生的胞外聚合物。因此，寻找杀死部分或某种微生物的方法以及抑制胞外聚合物大量产生的方法来防止基质堵塞是众多学者们研究的热点。Shaw 等的研究中将 5% 的 $NaClO_3$ 加入进水中，细菌被杀死并且胞外多糖被溶解，基质的水力传导性可以得到完全恢复。朱伟等的实验研究表明，用氢氧化钠、次氯酸钠、盐酸、加酶洗衣粉可以使有效孔隙率和渗透系数均有不同程度的增加，以次氯酸钠最为明显，可以使渗透系数恢复到原来的 69%；氢氧化钠、次氯酸钠、盐酸三种溶液对基质中的微生物类群和基质酶都产生了伤害，但是经过 7 d 可以基本恢复。这说明化学溶脱法对解决人工湿地的堵塞问题有一定的作用。但是人工湿地去除污水中的污染物主要依靠的是微生物的新陈代谢活动，这种杀死微生物或抑制其活性的方法来解决堵塞尚需进行更深入的研究。

7. 反冲洗

反冲洗是污水处理工程中解决滤料堵塞问题的有效技术措施。人工湿地发生淤堵使 COD 去除率下降，反冲洗后随着水力停留时间的延长，COD 去除率较反冲洗前有所提高。堵塞型垂直潜流人工湿地采取反冲洗措施后，水力传导性能得以大幅提高，从而促使人工湿地壅水状况得到根本改善。由此可见，反冲洗措施对解决人工湿地的堵塞有明显效果。

马飞等运用小型湿地实验系统进行了湿地反冲洗实验研究，反冲洗时，水泵从反冲洗水箱抽水进入设在湿地模型底部的反冲洗进水管，反冲洗由湿地模型底的出水管出水。如气水联合反冲洗则用气泵将空气泵入反冲洗进水管，形成气液两相流，反冲洗水泵及气泵均有转子流量计准确计量。实验结果表明，反冲洗措施对解决垂直潜流人工湿地的堵塞有明显的改善，反冲洗后随着实际水力停留时间的延长，COD 去除率较反冲洗前有所提高，在几种反冲洗方案中，气水联合反冲洗方案在单位面积流量为 8~10 L/(m^2·s)，反冲洗时间为 5~7 min 时反冲洗效果最好。

8. 曝气充氧

厌氧状态是导致基质中胞外聚合物积累的重要原因，污水中溶解氧的浓度高时，局部基质的 Eh 值、土壤微生物新陈代谢活性提高，有机质中间代谢产物产生的量降低，基质的堵塞情况可以得到一定程度的缓解。因此，对污水进行预曝气充氧可以起到一定的预防堵塞作用，曝气可以提高湿地基质中的 DO 值，使微生物的分解作用得以更好的发挥，同时也可防止土壤中胞外聚合物的蓄积。曝气充氧分为两种，一种是对进入人工湿地的污水进行预曝气来预防基质的堵塞，另一种是运行过程中在基质内进行曝气来预防堵塞。

预曝气法常采用自然跌水复氧和自然沟槽复氧法复氧。运行过程中,在基质内曝气通常通过管道布设曝气装置来完成,但在基质中布设曝气系统,增加了人工湿地的基建费用和运行费用。王磊等用轮换式微曝气系统,通过在进水管中布设曝气管,对人工湿地系统进行微曝气,结果表明垂直流人工湿地中的溶解氧环境得到了改善,悬浮物及脱落的生物膜在气流作用下不易沉降下来堵塞基质孔隙。在布水管周围供给空气可以提高溶解氧的浓度,维持基质中降解污染物所需的氧量,维持微生物的分解,同时还可以预防胞外聚合物在基质中蓄积。

9. 人工湿地堵塞机理与特点

由于人工湿地去除污水中污染物的机理,其在处理污水的过程中,进入人工湿地的污染物被填料—植物—微生物系统去除或截留,被截留的污染物有的以原有形态残留在填料孔隙中,有的在微生物的作用下转变成其他形态或微生物组织残留在填料孔隙中,有的则被湿地植物作为生长养料转化为植物组织。随着人工湿地的运行,残留在填料孔隙中的污染物不断累积占据填料孔隙,使填料有效孔隙体积不断减少,累积到一定程度后造成填料孔隙的淤堵。

人工湿地堵塞是一个复杂的过程。国内外专家学者已对人工湿地堵塞的机制进行专门的研究,认为人工湿地基质堵塞的机制分为三个阶段:第一阶段,湿地基质的渗透速率缓慢地下降,下降速率不明显,这一阶段的时间长短不一;第二阶段,基质渗透速率实质性地平稳下降;第三阶段,人工湿地基质间歇的系统堵塞阶段直至持续堵塞发生和表面壅水,使人工湿地处于厌氧状态。朱洁、陈洪斌的研究表明:人工湿地开始运行后,污水中的SS在植物茎叶及填料的截留作用下,一部分在植物茎叶间,一部分在基质表面及孔隙中聚集,基质的部分孔隙被堵塞,大气复氧能力减弱,导致局部基质的氧化还原电位降低,进而厌氧微环境逐渐形成;基质中微生物的氧化能力强弱由氧化还原电位高低反映出来,氧化还原电位高则微生物的氧化能力强,胞外聚合物的蓄积比较缓慢;氧化还原电位低则微生物的氧化能力弱,胞外聚合物在孔隙内聚集较快;随着污水在基质间不断渗流,基质中的厌氧区域渐渐处于低氧化还原电位状态,胞外聚合物的累积速度加快,基质的孔隙被进一步堵塞;随着胞外聚合物积累的进行,胶体状态或不同粒径悬浮态的底物不断地被胞外聚合物吸附和凝聚,从而形成较大粒径的絮团状聚积物,致使无机物和有机物的共同累积,加速了基质孔隙堵塞的进行;最终在各种因素的综合作用下,基质的孔隙被完全堵塞,净化能力减弱。

10. 人工湿地堵塞的影响因素

造成人工湿地堵塞的因素是多方面的。当垂直流人工湿地用来治理含较多易降解的SS成分时,堵塞容易发生。由于湿地系统中植物能够向系统中贡献较多的有机物,因而植物对系统的堵塞也有很大的影响。由于废水中连续的营养物质的供应,系统内产生的生物量不断增加也是影响堵塞的一个因素。微生物可能将少量慢分解的和难分解的化合物轻度改变就直接进入稳定的腐殖质成分,而且生物量的体积对系统堵塞的影响要比其干重大。为了维持湿地的功能,生物量的产生速度和矿化速度必须达到一种平衡状态。Ryszard等认为厌氧条件加速了系统的堵塞,因而间歇的投水方式和适当的湿地干化期对于避免系统堵塞也是必要的。

1）堵塞物成分

在堵塞物成分的分析方面，国内外学者也进行了相关的研究。Rich 的研究认为，人工湿地中堵塞物的成分由具有较高含水率的多聚物和腐殖质组成。Long.M.N.guyen 研究人工湿地用于处理奶厂废水时有机物的组成、微生物数量和微生物活性，认为有机物积累是湿地基质堵塞的主要原因，这些难降解的有机物由腐殖酸、黄腐酸和胡敏素组成。叶建锋等在研究垂直流人工湿地堵塞机制中认为基质层中不可滤物质的积累是堵塞的主要成因，不可滤物质由不可滤无机物和不可滤有机物组成。J.Garoia 的研究认为有机物沉积和微生物生物量的生长是垂直流人工湿地堵塞的主要原因。

2）堵塞位置

关于人工湿地基质堵塞的位置，各文献报道的有所偏差。在付贵萍、吴振斌等的研究中认为，人工湿地基质渗透系数最小的填料层不是在最表层，而是在表层以下的 15~30 cm 处。叶建锋等的研究认为垂直流人工湿地的堵塞层发生在布水管下 10~20 cm 处。而 Long.M.N.guyen 的研究认为砾石床人工湿地最表层的 10 cm 有机物的积累是底下层的 2 倍以上。G.F.Hua 研究垂直流人工湿地堵塞模式时认为 80%~90% 的固体物质积累在人工湿地表面的 0~6 cm 层。综上，人工湿地堵塞的部位为基质的中上层。

3）填料影响

基质是人工湿地的重要组成部分，基质填料的选择直接影响到人工湿地对污染物的去除效果和湿地的稳定运行。

粒径是填料选择的一个重要因素，粒径的分布决定了基质孔隙的大小和水力渗透性能。选择粒径大的填料虽然可以解决水力传导率低的问题，但是污水在湿地系统中的停留时间短，微生物不容易在基质上挂膜，从而影响出水效果。填料堵塞的一个重要原因就是基质的孔隙率较低，因为填料的粒径小，因而表面积较大，因此微生物容易附着，同时可以使大部分污染物被截留。砾石填料的常用尺寸为 3~6 mm、5~10 mm、5~12 mm。付贵萍、吴振斌等采用直径为 2~5 mm 的砂粒作为复合垂直流人工湿地中的填料，试验 5 年中未发生填料堵塞现象。

除填料粒径外，不同填料粒径的配比选择对人工湿地基质堵塞也有重要影响。莫凤莺等的研究中通过将堵塞后的人工湿地下行流中的沙填料粒径为 0~4 mm（厚为 600 mm）更换成粒径是 4~8 mm（厚为 500 mm）和 8~16 mm（厚为 350 mm）的碎石填料，上行流中 0~4 mm（厚为 500 mm）的细沙换成 0~4 mm（厚 300 mm）和 4~8 mm（厚 100 mm）碎石代替，成功解决了原复合垂直流人工湿地系统基质的堵塞问题。Y.Q.zhao 用填料从上到下粒径依次增大和反级配的两套人工湿地系统处理牲畜废水时表明反级配系统有延缓堵塞的作用。除填料粒径、填料粒径配比和级配外，填料的种类也是影响污染物去除和基质堵塞的重要因素。雷明和李凌云的研究认为，砾石中分解的钙会和废水中含有的硅进行反应，形成无机凝胶体堵塞基质；另外 $CaCO_3$ 在较低 pH 下会沉淀下来堵塞基质。

4）有机负荷影响

有很多研究发现有机负荷是基质堵塞的主要影响因素，因为过高的有机负荷可能导致有机物不能及时被分解而沉积进而导致堵塞。湿地中累积的有机物总量一般要超过废水所带有机物总量。一方面，在营养物质丰富的湿地系统中，微生物大量繁殖所形成的颗粒状有机物是系统中有机物累积总量的一部分；另一方面，植物地上部分衰落时的残留物、根系及根系分泌物都有助于系统中有机物累积量的增加。

Platzer 和 Mauch 研究发现，在中欧平常气候下，人工湿地有机负荷超过 25 g BOD/($m^2 \cdot d$)就会发生堵塞。Fwong 和 Laak 认为，有机负荷在人工湿地系统平衡中起到极其重要的作用，堵塞后，由于湿地系统中的功能性微生物较少，因此在恢复平衡以前，微生物不能分解过高的有机负荷，从而形成堵塞。Laak 的研究表明，有机物的累积情况也是湿地系统平衡中的一个重要影响因素，随着有机物的累积，其沉积在湿地表面形成黑色的黏膜，由于温度较低，一些未发生变化的有机物导致了基质的外部堵塞，同时，孔隙内部的沉积物直接导致了内部堵塞。付贵萍等指出，影响填料的一些性质如缓冲性、通气状况等是由于其中含有大量的有机质所引起的，这些有机质在湿地系统的平衡中起着重要的作用。詹德昊等研究发现，渗透系数是一个重要参数，它与有机质的含量呈负相关关系，同时，他也是反应湿地系统是否平衡的指向性参数。

熊佐芳等研究说明采用基质孔隙率的变化和堵塞物的定量化分析方法研究了 0.3、0.6、0.9、1.2 $m^3/(m^2 \cdot d)$等数个水力负荷对垂直流人工湿地基质堵塞的影响，同时分析了人工湿地去除污染物的能力随运行时间的变化情况。结果表明，水力负荷对人工湿地基质堵塞有较大影响，在水力负荷小于 0.3 $m^3/(m^2 \cdot d)$时不易发生堵塞；基质中累积物的含量随着基质深度的增加而减小，其中无机物的累积比有机物的累积高出 4.5 倍以上；基质的堵塞对 COD 的去除效果影响不明显，但对氨、氮的去除效果影响较大。随着基质堵塞程度的加剧，氨、氮的去除率逐渐下降。应结合考虑基质堵塞和污染物去除效果方面因素来选择垂直流人工湿地的水力负荷条件，以确保人工湿地的持久稳定运行。

5)悬浮固体的影响

人工湿地中的悬浮物尤其是不可生化降解的悬浮物是基质堵塞的重要影响因素。童巍等研究了影响填料有效孔隙率的主要因素，包括截留悬浮颗粒物总量、COD 去除率等，研究发现无机颗粒进水系统更容易导致人工湿地系统的堵塞，同时指出系统截留的 SS 在 4 g/cm^3 以上。Winter 等发现进水的 COD 和直径 >50 μm 的悬浮物在湿地堵塞过程中起主要作用。

6)植物的影响

湿地植物对于防基质堵塞有一定的作用。王展等借助反应器理论研究了芦苇、旱伞草、灯芯草、美人蕉 4 种不同植物根系对基质水力条件及水质净化的影响，结果表明：植物根系向下穿透基质的时候，可起到一定的疏通作用，使基质孔隙率提高 3%~4%；但是植物根系在穿透过程中会产生横向的压力，使填料断面孔隙均一化；植物起到了一定的防堵塞作用，但不是决定性的作用；植物地上部分枯落的残留物、根系及根系的分泌物会造成有机物累积的加快。Tanner 等通过对比研究种有植物和无植物的处理经厌氧塘和好氧塘预处理的奶牛养殖场废水的砾石床人工湿地堵塞后基质中有机颗粒累积情况，发现无植物的人工湿地有机物积累量平均为 0.423 kg/m^2，而种有植物的有机物累积量平均为 4 kg/m^2；还发现有植物的人工湿地系统保持了较高的填料渗透性，但更多的有机物也累积在其基质间。Long Nguyen 的研究认为，污水的渗透会受到表层 10 cm 基质内的植物根部限制，且植物根部腐烂后会引起有机物的累积，降低基质的孔隙率，加速其堵塞。莫凤莺等的研究发现，种植弊草的人工湿地系统比种植水葱的湿地系统基质堵塞严重。

虽然人工湿地中的植物对于污水中相应的指标有一定的净化功能，但是其根茎深入填料层对于湿地的堵塞也起着不容忽视的作用。对于人工湿地来说，大多选择根际发达、根须较长的植物，以便能够充分输氧。但是这又使植物根系不但占据了上层填料层相当的孔隙空间，而且使微生物获得了良好的繁殖空间，进而降低了上层填料层的孔隙率。这使得本不充分的正粒径级配填料层的过滤空间又大为减少。另外，有研究表明在湿地营养物质丰富的系统中，植物是最大和最有可能有机物的外加来源。由于丰富充沛的水分和养分的供给，湿地植物年产量很高（2.8~3.5 kg/m²），而由植物产生的地上部分衰落的残余物、根系及根系分泌物多数聚集在湿地表层上部，形成表面污泥沉淀物，大多数湿地中此类沉淀物均超过了50 mm 深。有资料显示，湿地运行前两年记载的有机物累积量比相同的未种植物的湿地床中还要高 1.2~2.0 kg/m²，由此可见植物的对堵塞的影响相当大。

7）运行方式的影响

许多研究表明间歇进水有利于减缓人工湿地基质堵塞。湿地基质中溶解氧的浓度会直接受到湿地运行方式的影响，其与基质内整体的氧化还原电位呈正相关关系。长时间的连续进水方式会使湿地系统复氧的能力减弱，导致系统的基质处于还原状态，而间歇运行有利于湿地系统复氧。Deveries J 的研究表明，间歇进水的运行方式有利于人工湿地基质层保持氧水平在好氧状态，加快生物降解有机物的速度，可以有效地减缓堵塞。Watson 等的研究也认为，采用间歇投配污水会使土壤得到一定的恢复，保持土壤一定程度的好氧状态，避免胞外聚合物的过度累积，可防止土壤堵塞。付贵萍等的研究采用了 6~10 min 进水时间的间歇投配污水方式，缩短了人工湿地基质被水淹没的时间，有利于基质的间歇复氧，有效地避免了发生基质堵塞现象。刘洋等的研究发现当湿地间歇运行停置时间为 2 d 时，TP 去除率可提高 6% 左右。但是也有个别的学者通过实验得出相反的结论，如 Kristiansen 的研究表明间歇进水导致人工湿地基质更快地发生堵塞。间歇式运行方式在日本、美国等得到了广泛应用。间歇投配方式在我国的许多试验和工程中也得到了重视和应用。一般来说，人工湿地进水的间歇时间越长其对污染物的处理能力恢复得越好，其对污水的渗透速率也越大，但是考虑延缓堵塞的同时还要考虑到处理负荷和处理效率，间歇时间不会无限地延长。H. Bouwer 等的研究表明，夏季适宜的恢复时间为 10 d，冬季为 20 d。

8）温度的影响

温度对土壤堵塞具有双重影响。一方面，较高的温度导致了高的生物活性和高的生长速率，但同时由于微生物的快速增长，填充了填料的孔隙，从而引发土壤堵塞；另一方面，较低温度抑制了生物活性，代谢速度慢，致使有机固体颗粒在填料中的大量累积和土壤厌氧程度的加剧，也易引发土壤堵塞。可见，温度对土壤堵塞具有双重影响。

6.4　小结

本节以临港经济区为例，在了解了工业园区尾水水质特征的基础上，构建了基于末端尾水深度净化的滨海人工湿地水生态修复思路。重点对人工湿地修复增容及预处理强化技术进行研究，通过生物操纵技术，增加生物多样性，通过产业化工程菌制剂提高有机污染物的降解率，对人工湿地耐盐植物的筛选和配置在提高湿地功效的基础上增加湿地景观效果，并对人工湿地进行运行管理与维护，最终保障临港经济区高盐低温双胁迫条件下湿地的稳定运行，为工业园区污水处理尾水深度净化与景观水体回用、保障工业区的环境安全和生态健康，以及近岸海域海水安全提供技术支撑。图 6-7 为工业园区生态修复模式。

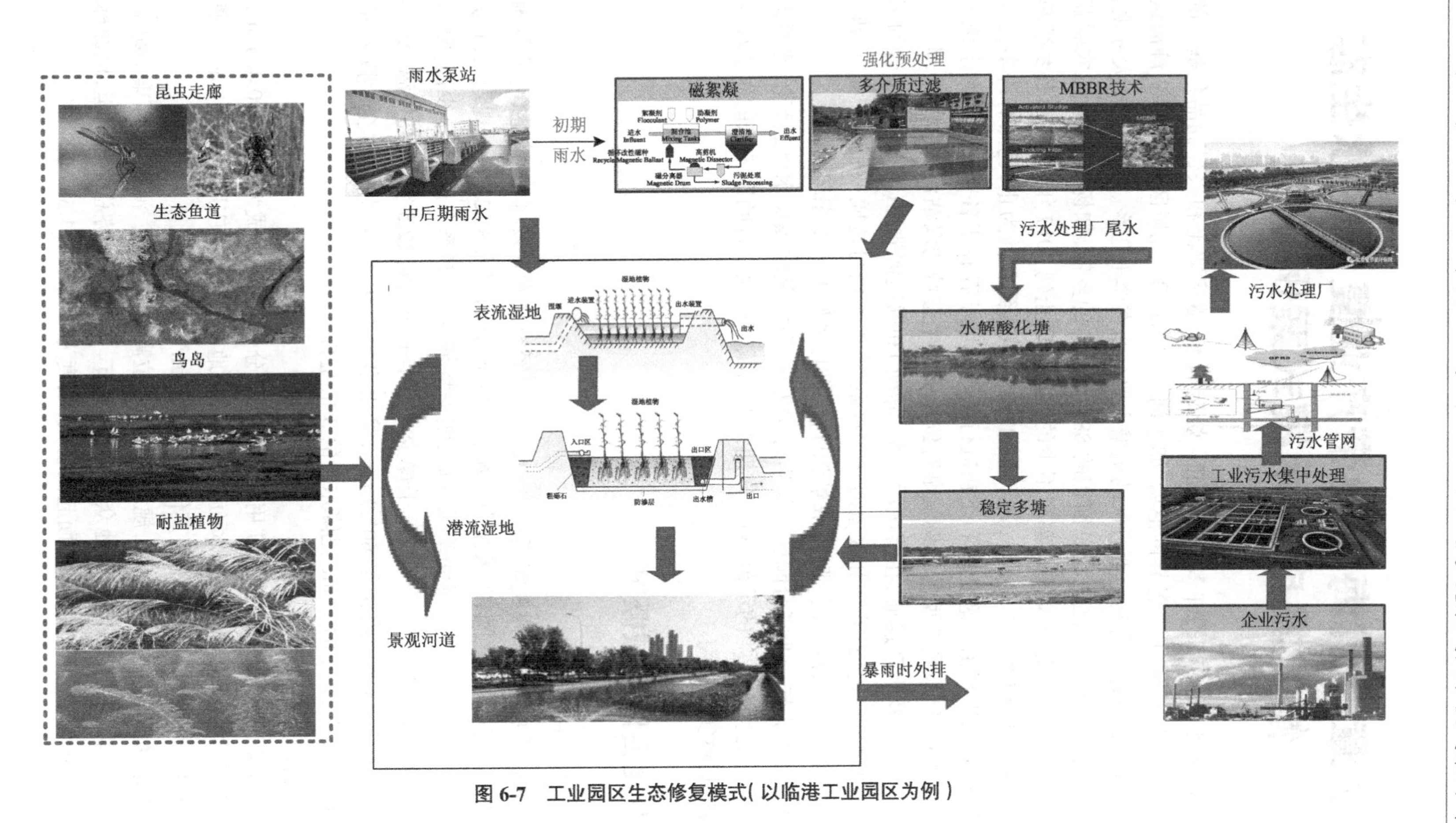

图 6-7　工业园区生态修复模式（以临港工业园区为例）

第7章　滨海工业带产业复合区水生态修复集成技术模式案例研究

由于历史原因，天津市的许多乡镇因窑厂烧砖取土、盖房取土和兴建商品鱼基地的需要，形成了许多大小不等、形态各异的池塘，如宁河区的潘庄镇、北辰区的宜兴埠、静海区的良王庄乡、武清区的黄花店等地。西青区的坑塘主要分布在李七庄乡、西营门乡、大寺镇、王稳庄镇、南河镇，其面积占全区池塘总面积的88%。其余的乡镇，如杨柳青镇、工农联盟农场、杨柳青农场、辛口镇、张家窝镇也都有不少的池塘。截止到2017年，天津市各乡镇总计发现并进行治理的坑塘多达1 584个，沟渠1 347个。但是到目前为止，仍然有许多已经治理但是有反复的、未进行治理恶化的和正在进行治理的坑塘存在于各个乡镇。对于该类废水坑塘的治理和修复，最具典型的案例就是对位于中新生态城的汉沽污水库的治理。通过坑塘治理、生态修复及水系连通，在营城污水库（静湖）和蓟运河故道（故道河）围合的区域建设生态岛，构建了蓟运河、静湖和故道河三大水系，将生态城打造成一个集产业、会展、旅游、休闲、居住等于一体的风情小镇，形成景观优美、循环良好的水生态环境。

以典型滨海工业带产业复合园区中新生态城为例，研究其将黑臭水体进行治理到将其打造成风景优美的生态岛屿的示范模式，以期为中国城市产业复合园区未来的生态环境和植物景观再造提供实践指南。

7.1　产业复合园区域概况

1. 地理位置及气候特点

中新天津生态城位于天津滨海新区内，毗邻天津经济技术开发区、天津港、海滨休闲旅游区，地处塘沽街、汉沽街之间，距天津中心城区45 km，总面积为31.23 km^2，规划人口为35万。该区域气候属于大陆性半湿润季风气候，四季特征分明：春季多风，干旱少雨；夏季炎热，雨水集中；秋季天高气爽；冬季寒冷，干燥少雪。年平均气温12.5 ℃，最高气温39.9 ℃，最低气温 −18.3 ℃。年平均降雨量602.9 mm，降水多集中在7、8月份，占全年降水量的60%。年蒸发量为1 750~1 840 mm，是降水量的3倍左右。

2. 生态城内部用地现状

规划区总面积34.2 km^2，若按照其用地现状来划分，其主要构成为：盐田10.06 km^2，水库4.79 km^2，养殖水面4.17 km^2，河流水面0.56 km^2，耕地0.6 km^2，村庄用地0.30 km^2，交通用地0.23 km^2，林地、园地、未利用土地等其他用地13.5 km^2。

生态城用地属于水质性缺水地区，规划区地下水位高，排水不畅，河流、排灌渠道纵横交错；坑塘、水库、牛轭湖、盐池、鱼塘虾池众多，星罗棋布。规划区地势总体较平坦，地面标高一般在1.0~3.0 m（大沽高程）之间，地面起伏甚微，坡度为1/10 000~1/5 000。

研究区北侧为汉沽街营城镇，南部主要为八一盐场的晒盐池，局部为养鱼、虾池，在盐池及养鱼池中南部分布少量青沱子村低矮建筑物；中北部为面积约 2.6 km^2 的汉沽污水库及由蓟运河废弃段建成的面积约 8 km 的营城水库区域，主要为养蟹、虾池，局部为葡萄园，其中营城镇位于东北角处。

7.2 产业复合园区水环境概况

1. 主要河流水系

1）蓟运河

蓟运河是海河流域北系的主要河流之一，干流河道始于蓟州区九王庄，止于汉沽街蓟运河防潮闸，流域面积 10 288 km^2，全长 189 km，与永定新河汇流后入海。蓟运河河道功能为行洪排涝，河道沿岸有宁河区芦台镇、汉沽街和中新生态城等中心城镇，由于近年来持续干旱少雨，上游基本无下泄流量进入。蓟运河沿河水闸泵站众多，原有畅通的河道被分割成为多段完全由人工控制的水库性河道，河道连通性及自净能力变差。加之沿河未经处理的城镇生活污水的排入以及蓟运河闸年久失修，海水倒灌多年，污染河床，导致蓟运河水质咸化和恶化。目前，蓟运河的水量水质状况不能满足生态及景观的需要。

2）静湖

静湖，原为营城污水库，宏观上来说是由故道河内部的低洼地形成的。随着蓟运河流量的减少，故道河外围不再有蓄水。静湖（污水库）被确定为汉沽化工区的污水存放地，截止到现在已经有 30 多年的历史了。污水库由于工业废水多年的累积沉淀，以甲基汞、多氯联苯为代表的有机化合物含量高，可生化性差。同时，由于污水的常年存在，污水库底泥受到严重的污染，底泥厚度不均，入口处深度较大。静湖水面面积为 1.17 km^2，常水位总水量为 330 万 m^3。2013 年 9 月，对污染水体和底泥进行了全方位处理。

3）故道河

故道河，原为营城水库，是一座以灌溉为主的平原型水库。故道河的水源主要来自燕山山脉的蓟运河，其汇水点在蓟运河的入海口附近。故道河主要功能为汛期调蓄。蓟运河故道两侧部分河段，有较宽的缓坡地带，形成了较好的自然湿地及生态。故道河具有生态护岸，总水量为 950.4 万 m^3。

4）惠风溪

惠风溪位于起步区东侧边缘，是起步区边界和生态城的一条绿色廊道。北与故道河相连，南至中央大道。为生态城新景观水体，兼具雨水收集、排涝功能。惠风溪与静湖、故道河是天津生态城内的重要景观与生态水系。常水位总水量为 39.6 万 m^3。

2. 研究区域主要水环境问题

1）水资源量不足

中新生态城位于严重缺水的海河流域下游，属于资源型严重缺水地区。生态城目前仍主要依靠传统水源，非传统水源的利用尚处于起步阶段。海水淡化工程虽已形成一定规模，但淡化水利用途径有限。

2)水质污染较严重

汉沽污水库位于天津中新生态城核心区域,主要用于清污分流,以保证蓟运河的水质。该区域属于天津滨海工业带产业复合园区,附近的工业区和居住区一直往污水库里排放工业、生活废水污水,形成了化工企业的氧化塘,30余年底部沉积污泥达385万 m^3,污水存量215万 m^3。其污染成分复杂,治理难度较大,水体自净能力基本丧失,严重影响底栖生物和水生生物的生存。

“十一五”期间,经过污水库治理之后变成景观水体“静湖”,水质总体上可达到地表水V类标准。但从冬季至夏季,随着时间的推移,气温逐渐升高,静湖和故道河水体中氮、磷等营养物质的浓度逐渐升高,含量逐月缓慢累积,水质数值也存在季节性较大波动。水体叶绿素含量逐月升高。藻类的大量繁殖易遮蔽阳光,使水底植物因光合作用受阻而死亡,腐败后放出氮、磷等营养物质,再供藻类利用,从而影响整体水质。

蓟运河、潮白新河和永定河水质均为劣V类水,而生态城水质规划目标为达到地表IV类标准,现状常规水源无法满足河道生态用水的水质要求。生态城周边水体主要污染指标为氨、氮、氟化物、化学需氧量、总磷。34.2 km^2 的生态城有1/3都是被严重污染的水体,1/3是被废弃的盐田,余下的是盐碱荒地。

7.3 产业复合园区水污染治理及生态修复技术研究

1. 管网全覆盖

中新生态城属于滨海工业产业复合区,区域内有现代产业园区,园区内含制药、涂料、喷墨、精细等多种化工企业,区域内也存在大量的生活居民。非工业污水直接进入预留污水管网,工业废水达标后方可排入管网,污水和雨水管线随道路建设铺设。通过沿河、沿湖铺设污水截流管线,并合理设置提升(输运)泵房,将污水截流并纳入城市污水收集和处理系统。在河道两岸建设截污管网,把污水改道至截污干管,然后输送到污水厂进行处理。污水收集管线实现全部地块覆盖达到160 km,实现污水处理率100%。

2. 内源控制

生态城污水库(现在为静湖)坑塘底泥通过“水体重污染底泥环保疏浚、土工管袋脱水减容、固化稳定和资源化”进行无害化和资源化利用,减少内源污染。根据摸底调查,基本上可以将库区的底泥按照其受污染程度分为轻度污染区、中度污染区和重度污染区。轻度污染区的底泥将用化学絮凝加土工布袋脱水后作为污水库区人工景观岛的填料。中度污染区的底泥需要先加入稳定剂,再进行化学药剂絮凝。土工布袋脱水后晾晒,然后被回用为填岛材料或周边堤岸重砌的填料。重度污染区主要是污水库的入水口附近区域的表层底泥,污染物含量高、有毒有害物累积严重,除了采用化学稳定、化学絮凝和脱水达到减量化和稳定化的目的之外,还需要就地干化进一步减量。由于其有毒有害物质含量高,很难旧地再利用,干化后的污泥将被送往天津市危险废物处置中心进行有效的处置(7-1)。

污水坑塘中化工污水进入营城污水处理厂,处理达标后与工业尾水汇合进入人工湿地深度处理,出水进行回用、景观水体、生态补水和水体循环。其次蓟运河故道部分区段也进行清淤和拓宽，减少内源污染。

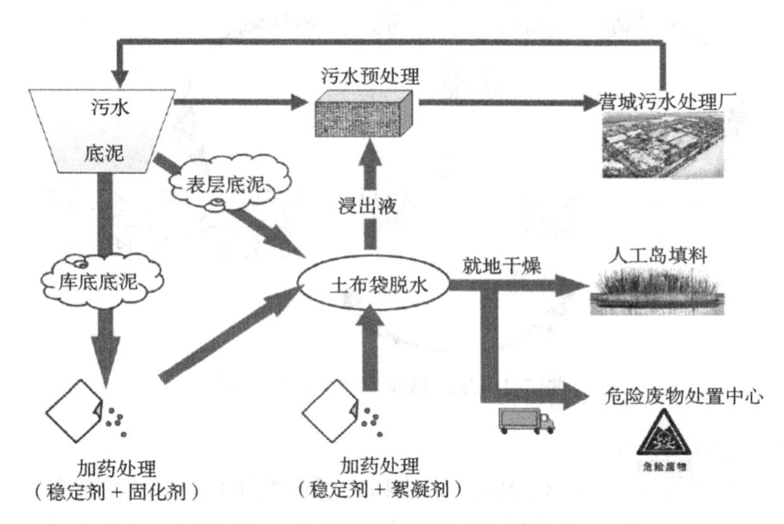

图 7-1　生态城污水库治理流程

3. 产业复合园区雨水净化技术

通过在社区内采用各种不同形式、不同规模的雨水收集、调蓄措施，使雨水中的不溶性有机物通过湿地的沉淀、过滤作用，可以很快地被截留进而被微生物利用；废水中可溶性有机物则可通过植物根系生物膜的吸附、吸收及生物代谢降解过程而被分解去除。随着处理过程的不断进行，湿地床中的微生物也繁殖生长，通过对湿地床填料的定期更换及对湿地植物的收割而将新生的有机体从系统中去除。

1）初期雨水调蓄池

截流初期雨污混合污水；当晴天或是降雨较小时，雨水直接进入污水处理厂；当暴雨发生时，部分雨污水进入调蓄池进行储存，等管道的排水能力恢复后再输送到污水处理厂进行处理。从源头上对初期雨水进行净化、利用雨水泵站调蓄池削弱初期雨水中的污染物。

雨水净化技术中调蓄池可以储存初期污染性较高的雨水，处理后再利用，不仅减轻了对河流等水体的污染，消减了城市洪峰，减轻了市政排水管道的压力，也有效地控制了面源污染。同时，还最大可能地实现了雨水资源再利用。被截留的初期雨水经过处理后，除了可以用来浇灌绿化带、浇洒庭院街道等以外，也可以通过人造地景和生态景观帮助其下渗，补给地下水资源。

2）海绵城市湿地技术

在城市绿化里，我们可以采用初级别的如树池、绿色屋顶、雨水罐、渗沟、植草沟、渗水砖、下沉绿地等措施进行排水和收水。随后，收集的雨水进入湿塘、渗透塘、蓄水池、雨水湿地和雨水花园、湿地结合下沉绿地等。超标暴雨或极端天气特大暴雨进入包括具有排水功能的道路、沟渠等地表径流和大型天然或人工河湖等。具体技术如图 7-2。

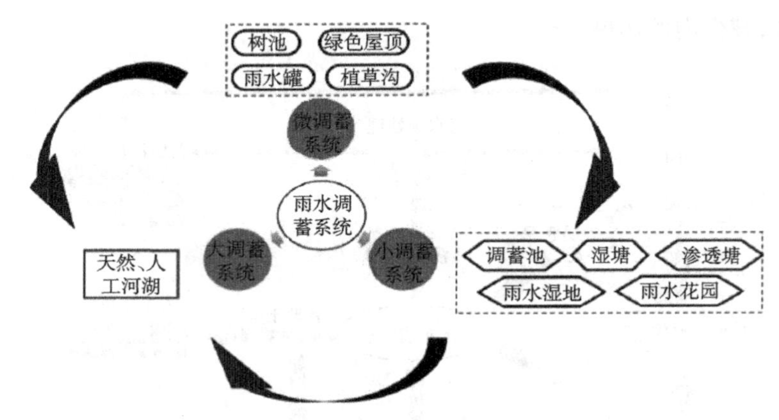

图 7-2　生态城雨水收集净化技术

(1)多维生态截控技术

广泛应用于城市建筑与小区、道路、绿地和广场内的下凹式绿地、植草沟、透水铺装、生物带滞留和植被缓冲带等,或者采用就地处理等工程措施,避免城区截流的污水直接排入城市河流下游,以"城市海绵体"建设为理念,改善城市生态系统,消减地表径流污染。通过植物截留、土壤渗滤作用净化初期雨水径流污染,降低雨水径流的流速,消减径流量,降低雨水对河道水体的冲击负荷,改善入河水质;改善景观 环境,达到良好的景观效果。

(2)复合雨水处理技术

①下沉式绿地+植草沟。利用现状下洼地势,将地形整理成下沉式绿地,在底部设置植草沟,在其沟底适当铺设碎石层,既提高景观观赏性,同时增加土壤渗透系数。

②下沉式绿地+湿塘。在海堤西侧,背景林前方,利用现状虾塘或下洼地势,将其整理成为湿塘,收集周边场地、绿地及植草沟的雨水,形成具有调蓄、净化、涵养功能于一体的雨水湿地。

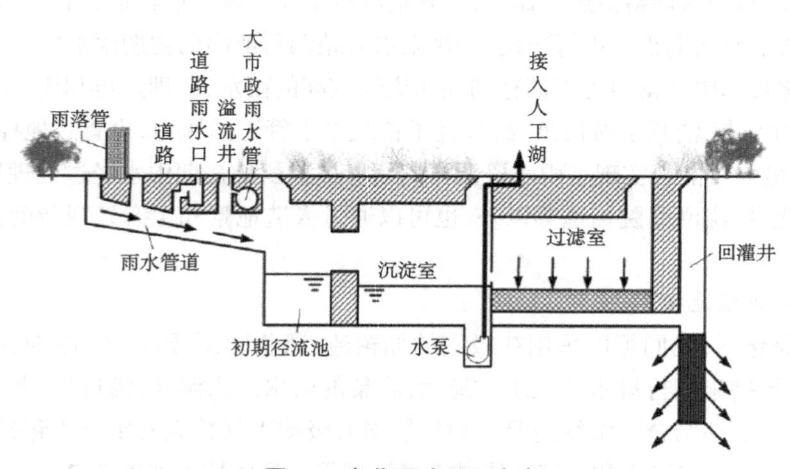

图 7-3　初期雨水处理方案

生态城对于雨水资源的再利用突破了传统雨水快速排放的理念,利用各种人工或自然措施,对雨水径流实施收集、调蓄、净化和利用,改善城市水环境和生态环境。通过在社区内构建各种不同形式、不同规模的雨水收集、处理系统加以循环利用，或者通过各种人工或自然渗透设施使雨水渗入地下，补充地下水资源。

4. 区域内水体的治理及修复

1）工业园区尾水湿地修复技术、生境恢复

营城污水处理厂污水厂尾水进入受纳水体之前，充分利用自然湿地或者人工潜流湿地建立前置处理，并按一定的技术参数建成植物床，通过光合作用使植物根区及根网带形成富氧区，促使床体内微生物大量繁殖，通过微生物活动的分解和植物的吸收吸附及分泌物的杀菌等作用，使水体得到净化。同时，通过增加来水在湿地区域内的水力停留时间减缓悬浮物的水平流速，沉淀过滤去除悬浮物。随着水力停留时间的延长，湿地系统中的植物根茎系统对于附着的有机物、氮、磷等营养物质的吸收和消耗也会帮助净化水质，实现对来水低能耗、低成本的深度处理。人工浮岛对于水质净化的功能与成效和人工湿地类似。

中新生态城围绕故道河设置雨水泵站，每处雨水泵站均设置相应处理能力的多功能人工湿地，在雨季发挥处理雨水径流的重要功能，在非雨季发挥旁路净化景观水体、养护湿地生态系统的功能。

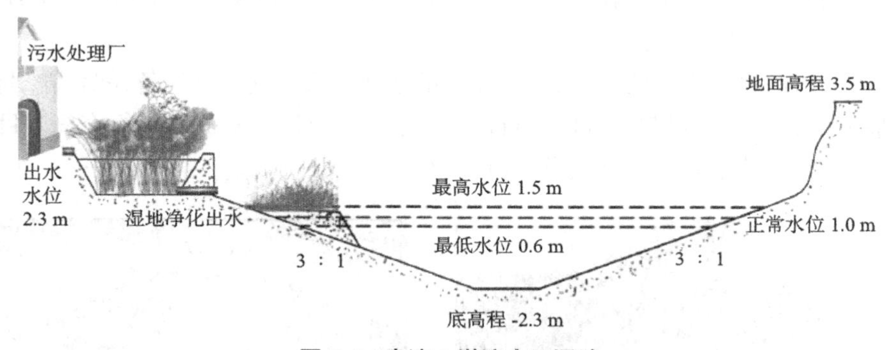

图 7-4　表流 + 潜流人工湿地

缓冲带潜流湿地，设计为水上岛屿链滩涂，修复湿地的生态功能，方便涨潮时期遗鸥在此停歇。在局部视野较好的位置上设置保护性观鸟平台，增加视觉感官，也可以为遗鸥提供有利的栖息地。在滩涂高潮的位置上设置鸟类栖息的场所，不同形式的下沉式绿地为不同的适生植物群落提供生长环境，不同环境产生的微生物及水生动物为不同鸟类提供所需要的食物。

可适生植物有：挺水植物（如芦苇、千屈菜、香蒲等）、沉水植物（如金鱼藻、狐尾藻等）。可适生动物有：鹤类、鸳类、鱼类、虾类、泥鳅类、雁鸭类等。保留现有的水面草沟池塘、浅滩浮岛、淤泥潮滩，可以形成鸟岛、昆虫廊道和鱼塘，为生境恢复创造条件。

2）生态浮岛

人工生态浮岛技术就是人工把水生植物或陆生植物移栽到水面浮岛上，人工浮岛上设有凹槽，植物在浮岛上生长，通过根系吸收水体中的氮、磷等营养物质，促进水中悬浮颗粒物的沉积，利用微生物进行水质净化（图 7-5）。

图 7-5　人工生态浮岛

浮岛栽种植物大体上可分为 4 大类。花卉类:美人蕉、旱伞草、海芋、吉祥草、葱兰、凤眼莲、紫罗兰等；蔬菜类:雍菜、芹菜、葱等；饲料类:香根草、水稻、牛筋草、稗草、水花生、狗尾草、一年蓬、飞蓬等;其他类:芦苇、荻香蒲、菖蒲、石菖蒲、水蓼、毛蓼、夹竹桃、席草等。

3)人工曝气

对水体充氧、提高水中的溶解氧,满足污染物氧化降解、好氧生化降解、水生动植物呼吸等各方面对氧的需求,可以有效地消除水体的缺氧状态,避免黑臭等情况发生。常见河道治理曝气形式有推流式曝气机、微孔曝气系统、喷泉曝气机(表曝机)、纳米曝气系统、造流曝气机(离心曝气机)和膜曝气技术。

静湖和故道河目前水体流动较弱,需在局部增加推流曝气复氧设备,配合静湖和故道河的内部循环泵站的运作,强制对水体进行循环,配合景观建设,对湖水进行充氧。目前,静湖和惠风溪均配置了若干太阳能曝气设备(图 7-6)。

图 7-6　喷泉型曝气机、太阳能曝气设备

4)岸带修复

在蓟运河故道两岸建设生态河岸,为生物提供栖息地。四条生态廊道——琥珀溪、东风溪、甘露溪、惠风溪两岸构建缓坡绿化带,起到护岸、绿化的作用,同时通过绿地的植物吸收和土壤过滤起到对初期雨水的截污作用(图 7-7)。

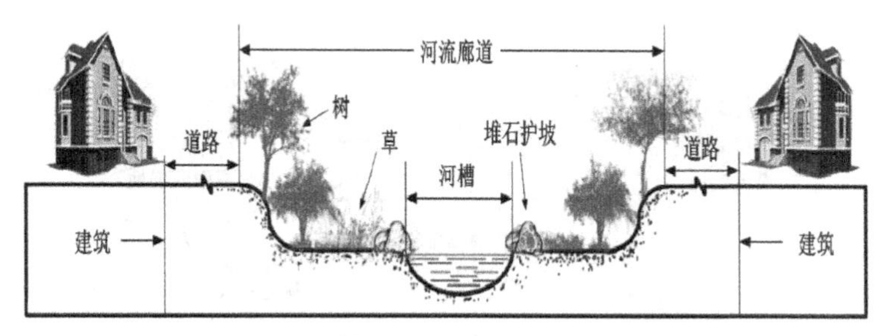

图 7-7 生态河岸

生态河岸把滨水区植被与堤内植被连成一体,构成一个完整的河流生态系统。生态河岸的坡脚护底具有高孔隙率、多鱼类巢穴、多生物生长带、多流速变化等特点,为鱼类等水生动物及两栖类动物提供了栖息、繁衍和避难场所。生态河岸采用自然材料,形成一种"可渗性"界面。丰水期,河水向堤岸外的地下水层渗透储存,缓解洪灾;枯水期,地下水通过堤岸反渗入河,起着滞洪补枯、调节水位的作用。另外,生态河岸上的大量植被也有涵蓄水分。增强水体自净能力的作用,同时,生态河堤繁茂的绿树草丛不仅为陆地昆虫和鸟类等提供了觅食、繁衍的好场所,而且浸入水中的柳枝、根系还为鱼类产卵、幼鱼避难、觅食提供了场所,形成一个水陆复合型生物共存的生态系统。河流生态系统通过食物链消减有机污染物,从而改善河流水质。另外,生态河堤修建的各种鱼巢、鱼道,造成的不同流速带,形成了水的紊流,使空气中的氧溶入水中,促进水体净化。

(1)生态护岸植物配置

可在0.5 m水深以下的岸坡区种植挺水植物如香蒲、芦苇、荷花、水葱,在0.5 m以上岸坡种植湿地植物如香根草和风车草。他们在浅水湿地、水中或者陆地上均可生长,其根系发达且深,有固岸护坡、防浪击、防岸坡坍塌的作用。风车草对氮、磷及COD都有一定的去除率。岸坡上种植这些植物对地表径流流入湖中的水起到过滤作用,阻拦并吸收、转化、积累输入的部分有机质及营养盐,再通过收割利用,移出水体,有利于水体自净,营养盐收支平衡,防止水体富营养化。

(2)湖面植物配置

水面可分散地放置凤眼莲、睡莲、萍蓬草等飘浮植物,不仅可以绿化、美化水体,而且可以通过他们吸收、转化和输出水中的营养盐,减少入湖水体的光通量,从而抑制浮游藻类的生长,增加水体的透明度。

5. 多水源补水及水系连通

中新生态城水环境空间结构主要为一岛三水六廊:一岛是指在营城污水库(静湖)和蓟运河故道(故道河)围合的区域建设生态岛;三水是指蓟运河、静湖、故道河和惠风溪等三大水系;六廊是指以蓟运河和故道河围合区域为中心,构建六条以人工水体和绿化为主的生态廊道,以人工强化水系为生态走廊,以水系两侧湿地为缓冲带,加强与区域生态系统的沟通与联系,构成生态城绿化体系的骨架,形成以景观、环境、休闲等功能为主的城市"绿脉"。为了保证"一岛三水六廊"的水系连通,需要对多水源进行补充,才能形成水系连通(图

7-8)。

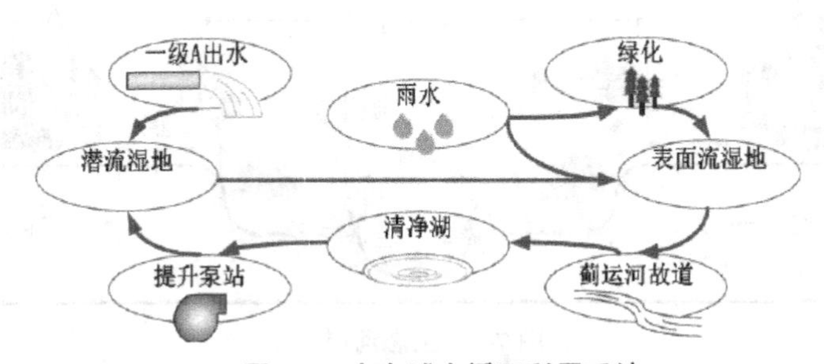

图 7-8 生态城水循环利用系统

1)水量平衡计算

静湖、故道河及惠风溪构成生态城景观水系,其基本地形信息见表 7-1。

表 7-1 基本地形信息

水体	面积 /m²	常水位 /m	枯水位 /m	溶剂 / 万 m³
静湖	117	1	0.6	351.0
故道河	228	1	0.6	752.4
惠风溪	12	1	0.6	39.6
总计	357	/	/	1 142.6

水平衡计算主要包括水面直接降雨、蒸发损失量、地表径流、湖底渗漏、生态需水量等,生态城水系统水平衡计算结果为:水面降雨量 195 万 m^3/a;周边地表径流 787 万 m^3/a;生态补水量 3 008 万 m^3/a;水面蒸发损失 723 万 m^3/a;渗漏损失 50 万 m^3/a。

2)多种非常规水源配置与利用

中新生态城的水资源是多元化的,具体包含自来水、地下水、海水淡化水、污水处理厂一级 A 出水、再生水(RO 出水)、雨水、北塘水库水及蓟运河水。因此,优化水资源利用、构建合理的水资源结构,对于保障生态城的经济与社会发展是非常重要的。

6. 多水源利用技术

1)污水厂尾水

营城污水库的治理需统一考虑。将污水处理厂处理后的污水通过潜流人工湿地进行初步处理,然后溢流入蓟运河故道,通过其 10 多千米河道的自然循环,结合近岸人工湿地和自然河漫滩湿地的吸附、净化,最后回流至污水库库区,利用不断的循环净化和稀释,最终使生态城规划区内水环境的水质得到修复。

以营城污水厂作为生态城水系的日常补水水源(补水规模约为 10 万 m^3/d)。污水厂尾水平均每日补水约需 8 万 m^3。生态城水系平均每年可置换约 2.8 次,即大约 130 d 的生态城水体水系可进行完全置换。

2)雨水利用

收集雨水、深度处理的回用水等,不仅可以有效地补给传统的供水,实现污染源头的减量，而且还能减少向自然环境排放的废水量，或者降低对水资源循环再利用的处理要求。考虑到生态城的气候条件和降雨特性，有效地收集和处理暴雨径流，使暴雨水质达到可以重新利用或者排放到接纳水体的水质标准也是雨水资源利用进程中一个重要的里程碑。而将蓄水池、各种水道水渠、人工湖或水库作为城市中潜在的宝贵资源，丰富了环境美学、生态学规划，优化了景观环境。

3）再生水厂

再生水厂的补水，可作为季节性或者紧急性补水水源。静湖和故道河的循环泵站仍持续开启，保持该部分水体循环。

4）河道水体

蓟运河故道与蓟运河之间，甘露溪、慧风溪与渤海之间通过防洪（潮）闸进行隔离，构建半封闭式自循环生态水系和人工河道，采取自然循环、人工强化循环及内部循环等多种方式，加强水体循环流动，保持水质。

总之，蓟运河故道和四条生态廊道的小溪形成连通，在连通处建设人工湿地，对排入故道的初期雨水进行净化；利用外排泵站将蓟运河故道和蓟运河进行水系的连通，在蓟运河水位超出警戒水位时，启动蓟运河外排泵站，调节蓟运河故道水位，充分发挥调蓄排涝功能。通过在蓟运河故道两岸建设生态河岸，为生物提供栖息地；对河道进行清淤拓宽，恢复河道功能，形成自然生态景观。

清净湖（治理后的营城污水库区）的主要功能是营造自然景观，建立水生生态循环，兼具环境教育的功能。通过恢复退化湿地、重建污水库的水生生态系统，把污染严重的污水库建设成为集生态修复、水体净化、水体景观功能为一体的生态景观湖泊。

7.4　产业复合园区生境恢复集成技术体系研究

中新天津生态城总面积约 30 km^2。现状土地 1/3 为盐田，1/3 为水面，1/3 为荒滩，土壤盐渍化程度高，水质存在污染，属于水质性缺水地区。生态城植物群落分布与土壤含盐量密切相关。生态城地处海积平原区，地势低平，区域内由东向西，植被类型随土壤含盐量的变化而变化。在汉北公路东侧盐池周边和永定新河河口，土壤盐度比较高（1.9%~2.5%），限制了植物的分布，仅发现有少量的耐盐植物种类，如盐地碱蓬，有些样地甚至形成裸露荒地，没有植物分布。在规划区中心蓟运河故道围绕的区域，土壤盐度为 0.15%~0.4%，植物种类有所增加，不仅发现耐盐植物，如盐地碱蓬、碱菀、罗布麻，一些低耐盐的植物也分布于此，如芦苇、藜、地肤等植物。而蓟运河东岸与蓟运河故道交界处，调查样地内土壤盐度较低（0.14%~0.2%），因此分布的植物种类丰富，不仅有草本和灌木，而且还有少量的乔木，是生态城植物最丰富的区域，为野生动物特别是野生鸟类栖息提供了良好的自然环境。微地貌内随地势高低变化，土壤盐分变化，植物群落的组成也发生改变。如蓟运河故道河岸地势较低处，分布有盐地碱蓬群落，样地土壤盐分在 8%~1.2%；地势稍高处，有大量芦苇群落出现，样地土壤盐分在 0.2%~0.4%；而更高的路基边缘，土地进一步脱盐，土壤盐分 0.13%~0.2%，分布着蒿属、白刺群落以至狗尾草等中生、旱生植物种类。可见在本区土壤盐分的差异是植物群落演替的动因。

研究区范围内自然植被群落的植物种类单一，主要是草本植物（碱蓬、盐蒿、芦苇），植物群落结构简单，生态系统十分脆弱，影响了生态城的可持续发展。因此采取人工客土移植的方式对生态城水岸带的植物群落进行改造，可丰富其物种多样性，并营造出更稳定的生态系统，进而对生态城的可持续发展起到促进作用。近水岸人工植被带的植物种类与多样性相对于坡岸和岸上人工植被带较少，需要增加近水岸带植物种类。对耐盐碱、水湿的植物种类进行筛选，尤其以水生植物为主，不仅可以增加植物群落的多样性，而且可以为河岸带的景观布局创造更好的效果。

7.5　小结

本节以中新生态城为例，在了解产业复合园区概况及园区水环境特征及水系状况的基础上，提出了一系列的修复措施，首先，通过管网全覆盖进行内源污染物控制，随后，通过多级雨水净化、海绵城市技术以及人工湿地技术进行地下水涵养；通过污水厂尾水，雨水、再生水、河道水体进行多水源补水，将人工湿地河道水体进行水系连通，将修复与生境恢复技术引入循环水系中，构建了产业复合园区水生态修复集成技术模式。

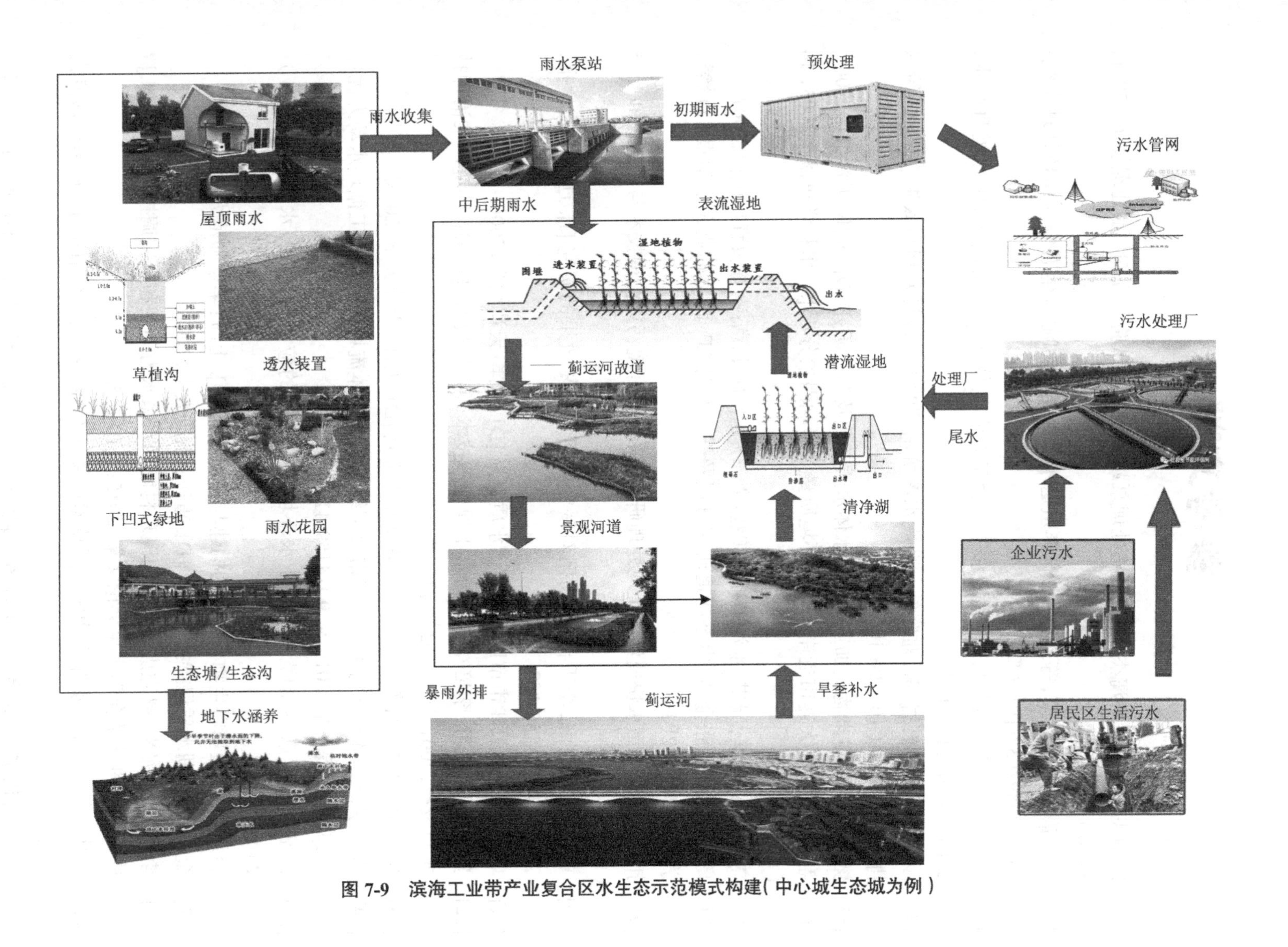

图 7-9　滨海工业带产业复合区水生态示范模式构建（中心城生态城为例）

参考文献

[1] 段明飞,吴春笃,解清杰. 磁絮凝法处理泵站溢流污水试验研究 [J]. 水处理技术, 2011, 37(6):38-40,49.

[2] 段云霞,孙静,周滨,等. 一种水产养殖退水旁路治理和湿地生态修复循环处理系统: 201920689263.6 [P]. 2020-06-07.

[3] 段云霞,檀翠玲,石岩,等. 黑臭水体组合工艺专利技术研究及设计 [J]. 水处理技术, 2018, 44(6):134-137.

[4] 段云霞,张涛,石岩,等. 难降解制药废水渗坑治理的工艺设计及运行效果 [J]. 中国给水排水,2018, 34(10):96-100.

[5] 樊在义. 天津空港物流加工区景观水体水质变化及调控研究 [D]. 天津:天津大学,2008.

[6] 盖美,王本德. 大连市近岸海域水环境质量及影响因素分析 [J]. 水科学进展, 2003, 14(4):454-458.

[7] 高廷耀,顾国维,周琪. 水污染控制工程(第 3 版)[M]. 北京:高等教育出版社,2007.

[8] 高晓琴,姜姜,张金池. 生态河道研究进展及发展趋势 [J]. 南京林业大学学报(自然科学版),2008,32(1): 103-106.

[9] 郭伟,李培军. 污水快速渗滤土地处理研究进展 [J]. 环境污染治理技术与设备, 2004, 5(8):1-7.

[10] 韩波波,杨清海,李秀艳. 生物栅对绥宁河河水修复效果的研究 [J]. 辽东学院学报, 2007,14(3):150-153.

[11] 韩东刚. 改善天津市市区二级河道水质研究 [D]. 天津:天津大学,2006.

[12] 贾宏宇,孙铁珩,李培军,等. 污水土地处理技术研究的最新进展 [J]. 环境污染治理技术与设备,2001,2(1):62-65,47.

[13] 贾璐颖. 湖泊富营养化治理技术集成方法研究 [D]. 天津:天津大学,2013.

[14] 贾泽宇,郑剑锋,孙力平,等. 城市大型缓流景观水体流场模拟及人工循环水动力优化 [J]. 环境工程学报,2015,9(9):4159-4164.

[15] 江浩,吴涛. 微纳米曝气技术在水环境治理方面的应用 [J]. 海河水利, 2011,(1): 24-26.

[16] 金承翔. 新型填料生物栅系统的构建与应用研究 [D]. 上海:华东师范大学,2006.

[17] 金龙. 棕榈湖水质保持技术研究 [D]. 重庆: 重庆大学,2007.

[18] 李飞鹏,张海平,赵虎虎,等. 崇明瀛东村南湖水系水力调度和水质调控技术研究 [C]// 中国环境科学学会学术年会论文集. 2015:2118-2122.

[19] 李华芝. 富营养化水体生物栅修复技术中微生态种群结构研究 [D]. 上海:华东师范大学,2006.

[20] 李玮,肖伟华,秦大庸,等. 水环境承载力研究方法及发展趋势分析 [J]. 水电能源科学,

2010,28(11):30-32.

[21] 李英杰,金相灿,年跃刚. 人工浮岛技术及其应用 [J]. 水处理技术, 2007, 33(10): 49-51,77.

[22] 李英军,刘忠林. EM 有效微生物技术在我国的应用研究进展 [J]. 环境与开发, 2001, 16(3):12-13.

[23] 林俊强,陈凯麒,曹晓红,等. 河流生态修复的顶层设计思考 [J]. 水利学报, 2018, 49(4):483-491.

[24] 刘建康,谢平. 用鲢鳙直接控制微囊藻水华的围隔试验和湖泊实践 [J]. 生态科学, 2003,22(3):193-198.

[25] 刘婧尧,胡雨村,金相哲. 基于系统动力学的天津市水资源可持续利用 [J]. 华中师范大学学报(自然科学版),2014,48(1):106-111.

[26] 刘娜娜,杨德全,张书宽. 生态河道中护岸形式的探索及应用 [J]. 中国农村水利水电, 2006,10:97-99.

[27] 陆晖,胡湛波,蒋哲,等. 微纳米曝气技术对城市景观水体修复的影响 [J]. 环境工程学报,2016,10(4):1755-1760.

[28] 段云霞,乔楠,孙静,等. 一种对河道 / 湖库水体修复的生态系统: 202020389332.4 [P]2021-01-01.

[29] 段云霞,石岩,邵晓龙,等. 高盐低温双胁迫下人工湿地稳定运行技术研究 [J]. 城市环境与城市生态,2016,29(3):37-41.

[30] 罗虹. 沉水植物、挺水植物、滤食性动物对富营养化淡水生态系统的修复效果研究 [D]. 上海:华东师范大学,2009.

[31] 潘碌亭. 中国微污染水源水处理技术研究现状与进展 [J]. 工业水处理, 2006, 26(6): 6-10.

[32] 钱嫦萍,王东启,陈振楼,等. 生物修复技术在黑臭河道治理中的应用 [J]. 水处理技术, 2009,35(4):13-17.

[33] 秦蓉. 奉贤微污染景观水体生物生态修复技术小试研究 [D]. 上海:华东师范大学, 2010.

[34] 邱佩璜. 杭州市城市河道生态治理模式与河道评价体系研究 [D]. 杭州:浙江大学, 2017.

[35] 任婧文. 农村污水处理设施综合技术应用研究 [D]. 广州:华南理工大学,2012.

[36] 石建屏,李新. 滇池流域水环境承载力及其动态变化特征研究 [J]. 环境科学学报, 2012,32(7):1777-1784.

[37] 史秀华,梁素娟,杜林根. 人工浮岛的制作解析及其在湿地中的应用展望 [J]. 广东科技,2008,(12):201-202.

[38] 宋旭,蔡继杰,丁学锋,等. 富营养化水体的物理 - 生态修复技术发展综述 [J]. 农业环境科学学报,2007,26(增刊):465-468.

[39] 谭淑妃. 几种富营养化水体生态修复技术的比较 [J]. 中国水运,2016,16(7): 113-116.

[40] 谭小红. 基于接触氧化与水生植物协同作用的城市内河就地截污装置研究 [D]. 宁波:宁波大学,2015.

[41] 唐静杰,周青. 生态浮床在富营养化水体修复中的应用 [J]. 环境与可持续发展,2009,34(2):24-26.

[42] 唐林森,陈进,黄茁. 人工生物浮岛在富营养化水体治理中的应用 [J]. 长江科学院院报,2008,25(1):21-24,39.

[43] 孙井梅,于海明,李阳,等. 用于分流制雨水入河污染物截控的多维生态排水系统:201310223682 9.7[P].2013-09-18.

[44] 田伟君,翟金波. 生物膜技术在污染河道治理中的应用 [J]. 环境保护,2003,(8):19-21.

[45] 佟新华. 日本水环境质量影响因素及水生态环境保护措施研究 [J]. 现代日本经济,2014,(5):85-94.

[46] 童敏,李真,黄民生,等. 多功能人工水草生物膜处理黑臭河水研究 [J]. 水处理技术,2011,37(8):112-116.

[47] 王珺. 组合稳定塘系统对污水处理厂 CAST 工艺出水深度处理试验研究 [D]. 重庆:重庆大学,2011.

[48] 王乐. 中新天津生态城河岸带植物配置设计研究与评价 [D]. 北京:北京林业大学,2015.

[49] 王美丽,袁震,何连生,等. 微纳米曝气技术处理黑臭河道废水的研究 [C]// 中国环境科学学会学术年会论文集. 北京:中国环境科学出版社,2014:4642-4648.

[50] 王士强,郑继明,邓静,等. 河道漂浮垃圾的产生及处理方法探索 [J]. 产业与科技论坛,2015,14(17):77-78.

[51] 王莹,阮宏华. 水岸带研究综述 [J]. 南京林业大学学报(自然科学版),2009,33(6):127-131.

[52] 温东辉,李璐. 以有机污染为主的河流治理技术研究进展 [J]. 生态环境,2007,16(5):1539-1545.

[53] 吴红星,李健. 退化河流滨岸带生态系统的修复及评价研究进展 [J]. 污染防治技术,2011,24(5):1-7.

[54] 吴永红,方涛,丘昌强,等. 藻 - 菌生物膜法改善富营养化水体水质的效果 [J]. 环境科学,2005,26(1): 84-89.

[55] 吴永红,刘剑彤,丘昌强. 两种改善富营养化湖泊水质的生物膜技术比较 [J]. 水处理技术,2005,31(5):34-37.

[56] 吴振斌,邱东茹,贺锋,等. 沉水植物重建对富营养水体氮磷营养水平的影响 [J]. 应用生态学报,2003,14(8):1351-1353.

[57] 徐洪文,卢妍. 水生植物在水生态修复中的研究进展 [J]. 中国农学通报,2011,27(3):413-416.

[58] 徐敬亮. 人工湿地技术在处理农村生活污水中的应用研究 [D]. 南昌:南昌大学,2014.

[59] 徐香勤,蔡文倩,雷坤,等. 天津市河流生态完整性评价 [J]. 环境科学研究, 2020, 33（10）: 2308-2317.

[60] 徐香勤,蔡文倩,王艳,等. 天津市典型湖库湿地生态完整性评价 [J]. 应用生态学报, 2020,131(8): 2767-2774.

[61] 徐一剑,孔彦鸿. 城市水环境系统规划调控模型与技术 [J]. 城市发展研究, 2016, 23（6）:21-27.

[62] 徐祖信. 我国河流单因子水质标识指数评价方法研究 [J]. 同济大学学报(自然科学版),2005,33(3):321-325.

[63] 许静. 氧化塘系统处理农村生活污水的试验研究 [D]. 沈阳:东北大学, 2014.

[64] 许珍,陈进. 水岸带生态系统功能及修复方法浅析 [C]// 中国水利技术信息中心. 第八届全国河湖治理与水生态文明发展论坛论文集. 北京:北京东方园林生态股份有限公司,2016:368-371.

[65] 杨旻,吴小刚,张维昊,等. 富营养化水体生态修复中水生植物的应用研究 [J]. 环境科学与技术,2007,130(7):98-102.

[66] 杨新萍,周立祥,戴媛媛,等. 潜流人工湿地处理微污染河道水中有机物和氮的净化效率及沿程变化 [J]. 环境科学,2008,29(8):2176-2182.

[67] 杨玉东. 河岸带生态修复技术研究进展 [J]. 环境保护与循环经济,2015,(1):55-57.

[68] 于凤. 天津市废弃地生态修复与利用的途径和方法研究(以生态城为例)[D]. 天津:天津大学,2018.

[69] 于学珍. 富营养化水体生物栅强化净化关键技术试验研究 [D]. 上海:华东师范大学,2006.

[70] 袁腾. 微污染河水的旁路生态净化实验研究及老运粮河河水净化中试试验 [D]. 西安:西安建筑科技大学,2015.

[71] 张爱静,付意成. 基于 EKC 曲线的浑太河流域水环境保护影响因素分析 [J]. 中国水利水电科学研究院学报,2017,15(2):107-115,122.

[72] 张杭丽,何争妍,张晔,等. 杭州市城区河道水体生态修复模式的构建 [J]. 浙江建筑,2011,28(11):8-10.

[73] 张薇,史开武,孔惠. 曝气生物滤池(BAF)的发展与现状 [J]. 北京石油化工学院学报,2005,13(3):24-30.

[74] 张巍,许静,李晓东,等. 稳定塘处理污水的机理研究及应用研究进展 [J]. 生态环境学报, 2014,23(8): 1396-1401.

[75] 张永波,马祖宜,张庆保. 城市水资源水环境系统多阶段灰色动态仿真模型 [J]. 太原理工大学学报,1998,29(3):260-263,267.

[76] 赵光琦,崔心红,张群,等. 河岸带植被重建的生态修复技术及应用 [J]. 园林科技,2010,(2):23-29,33.

[77] 赵广琦,邵飞,崔心红. 生态河道的坡岸绿化技术探索与应用 [J]. 中国园林, 2008, 24（11）:65-70.

[78] 赵益华. 中新生态城景观水系补水与水动力循环工程方案研究 [D]. 天津：天津大学，2016.

[79] 赵志萍. 河流黑臭水体的微生物修复研究 [D]. 咸阳：西北农林科技大学，2007.

[80] 郑有刚，王宇庭，李凤梅. 放养渔业与水体富营养化关系的研究进展 [J]. 莱阳农学院学报，2002，19（3）：171-175.

[81] 朱雪诞. 用 EM 菌处理高浓度污废水的试验研究 [D]. 南京：河海大学，2001.

[82] 朱宜平，张海平，陈玲. 景观水体的水动力优化设计 [J]. 中国给水排水，2007，23（10）：36-38.

[83] 刘俊良. 城市节制用水规划原理与技术 [M]. 北京：化学工业出版，2003.

[84] 全国逾七成城市排查出黑臭水体 [J]. 中国建设信息化，2016，（4）：2.

[85] 钱嫦萍，陈振楼，王东启. 城市河流黑臭的原因分析及生态危害 [J]. 城市环境，2002，16（3）：21-23.

[86] 李相力，张鹏程，于洪存. 沈阳市卫工河黑臭现象分析 [J]. 环境保护科学，2003，29（119）：26-28.

[87] LAZA RO TR.Urban hydrology [M].Michigan：Ann Arbor Science Publishers，1979：50.

[88] WOOD S S T. Wetlands in water pollution contro [J].Water science and technology，1983，15：191.

[89] 李伟杰，汪永辉. 铁离子在水体中价态的转化及其与河道黑臭的关系 [J]. 净水技术，2007（2）：8-12

[90] 徐祖信. 河流污染治理技术与实践 [M]. 北京：中国水利水电出版社，2003.

[91] 李文红，陈英旭，孙建平. 疏浚对影响上覆水体自净能力的研究 [J]. 农业环境科学学报，2003，22（3）：318-320.

[92] MURPHY T P，LAWON A，KUMAGAI M，et al. Review of emergingissues in sediment treatment [J]. Aquatic ecosystem health and management，1999，2（4）：419-434.

[93] 王曙光，栾兆坤，宫小燕.CEPT 技术处理污染黑臭水体的研究 [J]. 中国给水排水，2001，17（4）：16-18.

[94] 王玮，卢先伟，刘圣阶，等 . 有效微生物菌群修复污染河流的应用研究 [J]. 浙江水利水电专科学校学报，2006，18（2）：41-43.

[95] 赵志萍，呼世斌，房发俐，等.EM 的定向富集及处理黑臭河水的研究 [J]. 西北农业学报，2007，16（2）：210-213.

[96] 段云霞，石岩. 城市黑臭水体治理实用技术与案例分析 [M]. 天津：天津大学出版社，2017.

[97] 段云霞，孙静，周滨，等. 一种利用废弃水产养殖塘拦截农业面源污染生态沟渠系统及方法：202020389333.9[P]. 2020-12-18.

[98] 陈彬. 加拿大微生物技术在上海中心城区黑臭河道治理中的应用 [J]. 上海水务，2006，22（3）：45-46，49.

[99] 黄翔峰，陈旭远，陆丽君，等. 河道植被护坡技术的应用及评价方法 [J]. 环境科学与技

术,2010,33(7):191-195,200.

[100] 江栋,李开明,刘军,等. 黑臭河道生物修复中氧化塘应用研究 [J]. 生态环境,2005,14(6):822-826.

[101] 黄民生,徐亚同,戚仁海. 苏州河污染支流——绥宁河生物修复试验研究 [J]. 上海环境科学,2003,22(6):384-388.

[102] 王海,张甲耀,魏明宝. 生物强化技术在生物修复中的应用 [J]. 广州环境科学,2003,18(4):1-4,31.

[103] 王淑梅,王宝贞,金文标,等. 城市污染河流水质原位综合净化技术 [J]. 城市环境与城市生态,2008,21(4):1-4.

[104] 金承翔,孙建军,黄民生. 组合生物技术对黑臭水体净化修复研究 [J]. 净水技术,2005,24(4):1-4.

[105] KARR J R,CHU E W. Sustaining living rivers[J].Hydrobiologia,2000(4):1-14.

[106] 张艳会,杨桂山,万荣荣. 湖泊水生态系统健康评价指标研究 [J]. 资源科学,2014,36(6):1306-1315.

[107] 张光生,谢锋,梁小虎. 水生生态系统健康的评价指标和评价方法 [J]. 中国农学通报,2010,26(24):334-337.

[108] 彭涛,陈晓宏. 海河流域典型河口生态系统健康评价 [J]. 武汉大学学报(工学版),2009,42(5):631-634,639.

[109] 邢美楠,张圆,檀翠玲,等. 天津市滨海新区水文水资源概况 [C]// 中国环境科学学会学术年会,2013.

[110] 么男. 天津市河湖水生态治理与修复技术研究 [D]. 天津:天津大学,2015.

[111] 杨璐,杜红玉,宋雪珺,等. 黄浦江河岸带植物资源调查与健康状况评价 [J]. 中南林业科技大学学报,2017,37(8):72-80.

[112] 唐明坤,郑从军,廖清贵,等. 基于河岸带植物多样性的河流健康评价:以柏条河—府河河段为例 [J]. 四川林业科技,2014,35(6):9-16.

[113] YEOM D H, ADAMS S M. Assessing effects of stress across levels of biological organization using an aquatic ecosystem health index[J]. Ecotoxicology & Environmental Safety,2007,67(2):285-295.

[114] 吴良冰,张华,孙毅,等. 湿地生态系统健康评价研究进展 [J]. 中国农村水利水电,2009,(10):22-26.

[115] 夏会娟,孔维静,王汨,等. 北京市北运河水系水生植物群落结构与生物完整性 [J]. 应用与环境生物学报,2018,24(2):260-268.

[116] 杨波,齐实,孙嘉,等. 河岸植被缓冲带完整性及恢复措施:以北京市密云水库上游潮白河流域为例 [J]. 水土保持通报,2014,34(4):178-183.

[117] 尤宾,上官宗光,薛运宏. 淮干上游健康评估(试点)河岸带现状调查 [J]. 治淮,2013,(1):35-36.

[118] 谢楚芳,舒潼,刘毅,等. 以植被生物完整性评价梁子湖湖滨湿地生态系统健康 [J]. 长

江流域资源与环境，2015，24（8）：1387-1394.

[119] 裴雪姣，牛翠娟，高欣，等. 应用鱼类完整性评价体系评价辽河流域健康 [J]. 生态学报，2010，30（21）：5735-5746.

[120] 陈玉辉. 典型城市黑臭河道治理后的富营养化分析与预测研究 [D]. 上海：华东师范大学，2013.

[121] LINDERNAN R L. The trophic-dynamic aspect of ecology[J].Ecology，1942（23）：399-418.

[122] 曹承进. 三峡水库富营养化分析及水华预警研究 [D]. 上海：华东师范大学，2009.

[123] VOLLENWEIDER R A，MARCHETTI R，VIVIANI R，et al. Coastal marine eutrophication：principles and control[J].Marine coastal eutrophication，1992，1-20.

[124] NIXON S W. Coastal marine europhication：a defmition，social causes，and future concerns[J].Ophelia，1995，41：199-219

[125] 金相灿，屠清瑛. 湖泊富营养化调查规范 [M]. 第 2 版. 北京：中国环境科学出版社，1990.

[126] JORGENSEN F L，BOCA R. Application of ecology in environmental management [M]. Boca Raton，FL，USA：CRC Press，1983：45-52.

[127] THOMANN R V，MUELLER J A. Principle of surface water quality modeling and control [M].New York：Haper&ROV，1987.

[128] 饶群，丙孝芳. 富营养化机理及数学模拟研究进展 [J]. 水文，2001，21（2）：15-19，24.

[129] 李小平. 美国湖泊富营养化的研究和治理 [J]. 自然杂志，2002，24（2）：63-68.

[130] 付春平，钟成华，邓春光. 水体富营养化成因分析 [J]. 重庆建筑大学学报，2005，27（1）：128-131.

[131] 郑英. 城市河道水环境治理与景观设计 [D]. 天津：天津大学，2007.

[132] 杨芸. 论多自然河流治理法对河流生态环境的影响 [J]. 四川环境，1999，18（1）：19-24.

[133] 黄子璐. 湖滨湿地生态系统管理与恢复工程成效评价 [D]. 南京：南京林业大学，2011.

[134] 刘春兰. 白洋淀湿地退化与生态恢复研究 [D]. 石家庄：河北师范大学，2004.

[135] 李相逸. 七里海湿地植物群落与动物生境的景观生态化恢复研究 [D]. 天津：天津大学，2014.

[136] 张永春，张毅敏，胡孟春，等. 平原河网地区源污染控制的前置库技术研究 [J]. 中国水利，2006，（17）：14-18.

[137] 滕华国. 河道生态治理技术与案例分析 [D]. 咸阳：西北农业科技大学，2014.

[138] 彭澄瑶. 城市水资源可持续规划与水生态环境修复 [D]. 北京：北京工业大学，2011.

[139] 李笑晨，郭小平，胡雨村，等. 天津中新生态城水岸带植物群落多样性与土壤因子的关系研究 [J]. 广东农业科学，2014，41（16）：156-160.

[140] 刘振江，赵益华，陶君，等. 中新生态城污水库环境治理与生态重建 [J]. 中国给水排水，2016，32（1）：78-82.

[141] 边金钟,王建华,王洪起,等. 于桥水库富营养化前置库对策可行性研究 [J]. 城市环境与城市生态,1994,7(3):5-10.

[142] 金丹越,黄艳菊. 天津于桥水库主要环境问题及其防治对策 [J]. 环境科学研究,2004,(17):77-79,85.

[143] 廖先容,扈幸伟,邬龙. 城市河流滨岸缓冲带生态修复模式研究 [J]. 水利水电技术,2017,48(10):109-112.